物联网工程专业系列教材

物联网典型应用案例

主　编　张翼英

副主编　欧清海　杨　洁　何清素

中国水利水电出版社
www.waterpub.com.cn

内 容 提 要

本书结合目前"互联网+"及相关技术的发展,面向物联网典型应用,从技术、架构、功能到发展趋势,详细介绍了物联网在智能电网、智能物流等多个重要领域的应用状况及系统设计。全书共分7章,第1章以智能电网为基础,基于物联网技术重新定义了智能家居,并给出智能家居的系统组成、功能应用;第2章介绍了智能安防监控系统;第3章介绍了基于物联网技术的智能楼宇系统;第4章基于智能配用电,介绍了物联网技术在智能变电站中的应用情况和系统设计;第5章介绍了物联网技术支撑下的冷链物流;第6章介绍了智能医疗和诊断系统;第7章主要介绍了基于GIS、LBS等物联网技术支撑的智慧旅游系统。

本书可以作为高等院校物联网专业等相关专业的学生进行物联网系统工程设计和课程设计的参考书;也可以作为物联网技术相关研究人员、企事业单位相关专业人员进行物联网工作的重要参考资料。

本书配有电子教案,读者可以到中国水利水电出版社网站和万水书苑上免费下载,网址为 http://www.waterpub.com.cn/softdown/和 http://www.wsbookshow.com。

图书在版编目(CIP)数据

物联网典型应用案例 / 张翼英主编. -- 北京 : 中
国水利水电出版社, 2016.3 (2019.2 重印)
物联网工程专业系列教材
ISBN 978-7-5170-4174-0

Ⅰ. ①物… Ⅱ. ①张… Ⅲ. ①互联网络-应用-案例
-高等学校-教材②智能技术-应用-案例-高等学校-
教材 Ⅳ. ①TP393.4②TP18

中国版本图书馆CIP数据核字(2016)第048273号

| 策划编辑:石永峰 | 责任编辑:宋俊娥 | 加工编辑:夏雪丽 | 封面设计:李 佳 |

书 名	物联网工程专业系列教材 **物联网典型应用案例**
作 者	主 编 张翼英 副主编 欧清海 杨 洁 何清素
出版发行	中国水利水电出版社 (北京市海淀区玉渊潭南路1号D座 100038) 网址:www.waterpub.com.cn E-mail: mchannel@263.net(万水) sales@waterpub.com.cn 电话:(010)68367658(发行部)、82562819(万水)
经 售	北京科水图书销售中心(零售) 电话:(010)88383994、63202643、68545874 全国各地新华书店和相关出版物销售网点
排 版	北京万水电子信息有限公司
印 刷	三河市铭浩彩色印装有限公司
规 格	184mm×260mm 16开本 17.25印张 427千字
版 次	2016年3月第1版 2019年2月第2次印刷
印 数	3001—5000册
定 价	36.00元

前　　言

随着"互联网+"的推进，物联网应用从概念炒作逐渐落地。硬件工业的发展、网络技术推陈出新、移动应用爆炸式增长，都极大地促进了物联网系统的不断成熟和广泛应用。国家已将"物联网"明确列入《国家中长期科学技术发展规划（2006－2020 年）》和 2050 年国家产业路线图。国家发展战略为我国物联网的发展提供了强大的契机和推动力。2013 年 2 月《国务院关于推进物联网有序健康发展的指导意见》提出了我国物联网发展的总体目标，即："实现物联网在经济社会各领域的广泛应用，掌握物联网关键核心技术，基本形成安全可控、具有国际竞争力的物联网产业体系，成为推动经济社会智能化和可持续发展的重要力量"。到 2015 年，要实现物联网在经济社会重要领域的规模示范应用，突破一批核心技术，初步形成物联网产业体系。

2013 年以来，传感技术、云计算、大数据、移动互联网融合发展，全球物联网应用已进入实质推进阶段。物联网的理念和相关技术产品已经广泛渗透到社会经济民生的各个领域，在越来越多的行业创新中发挥着关键作用。物联网凭借与新一代信息技术的深度集成和综合应用，在推动转型升级、提升社会服务、改善服务民生、推动增效节能等方面发挥着重要的作用，在部分领域正带来真正的"智慧"应用。通过运用物联网、云计算、大数据、空间地理信息集成等新一代信息技术，有效地促进城市规划、建设、管理和服务智慧化的新理念和新模式，全面提升基础设施智能化水平，深化物联网、大数据等新一代信息技术创新应用。

本书汇集十余名相关专业博士和行业专家，结合各自在物联网相关领域的理论研究成果和工程建设实践，从物联网关键技术、环境配置搭建和典型系统开发等多方面介绍了物联网技术在诸多关键领域的应用实践。

第 1 章以智能电网为背景，首先阐述了智能家居的发展状况、功能和特点，从智能家居网络建设、重要平台搭建及通信网络建设方面介绍了智能家居系统的组成、功能等；并对智能插座、智能开关、智能网关及智能控制终端等进行了介绍。最后，根据目前智能家居现状分析了智能家居的发展趋势。

第 2 章从安全防范角度介绍了安全防范的重要性及智能安全防范系统的组成和功能。本章主要介绍了基于物联网的智能安防系统的设计与实施，对各个功能模块的架构和功能进行详细说明。最后，对智能视频分析新技术进行介绍。

第 3 章在介绍智能楼宇特点和国内外发展现状的基础上，对智能楼宇系统功能和系统架构进行了阐述，并详细介绍了智能楼宇在楼宇自动化、安防消防、物业管理、综合布线、信息网络、公共广播、机房建设及一卡通方面的具体应用。

第 4 章首先介绍了智能变电站的发展过程和特点、优势，然后对智能变电站的组成结构和信息化应用做了详细的阐述，如：综合自动化系统、输变电状态监测系统、一体化监控系统、调度自动化系统等，最后，针对某智能变电站典型应用案例做了详细分析和介绍。

第 5 章详细介绍了智能冷链物流，将物联网技术应用于冷链物流的原材料采购、产品储存、运输、销售等各个环节，对整个过程实施智能化监控。在深入分析冷链物流的主要特征和发展现状的基础上，对物联网在冷链物流中的应用技术进行了阐述，并介绍了冷链物流未来的发展趋势。从物联网传输层出发，主要介绍了支撑传输层的信息通信技术。

第 6 章详细介绍了通过智能医疗打造健康档案区域医疗信息平台，利用先进的物联网技术，实现医患、医疗机构、医疗设备之间的互通，使医疗过程信息化、智能化和互动化。同时，详细阐述了智能医疗和智能诊断的结构体系，分析了典型案例的工作机理和应用方案，介绍了智能医疗和诊断系统未来的发展趋势。

第 7 章基于互联网、物联网、云计算、大数据、GIS、虚拟现实、电子商务等信息化技术，提出在传统旅游业的基础上拓展和延伸的智慧旅游。结合现代公共服务和企业管理理念，以旅游活动为载体，提升旅游经营管理能力和服务水平。同时介绍了智慧旅游的产生背景和基本概念，结合物联网的特点，分析了智慧旅游的总体架构及技术特征，并对智慧旅游中的典型物联网应用方案进行介绍。

本书由张翼英博士主编，欧清海、杨洁、何清素任副主编。其中，张翼英博士负责全书的组织统稿。张翼英、欧清海和刘亚坤对全书进行了审校。

本书第 1 章由张翼英博士、丁月民博士编写；第 2 章由张茜博士、何清素编写；第 3 章由刘亚坤、张翼英博士、欧清海编写；第 4 章由刘亚坤、张翼英博士编写；第 5 章由张茜博士、蒋梨花编写；第 6 章由马兴毅博士、张翼英博士编写；第 7 章由杨洁、张敦银、孙大伟编写。

同时，感谢国家电网公司信息通信分公司在本书出版过程中的大力支持；感谢中国水利水电出版社万水分社石永峰副总编辑的帮助；感谢国家电网公司信息通信分公司朱新佳主任、赵丙镇主任的大力支持；感谢深圳市国电科技通信有限公司杨成月博士、山东大学孙丰金博士；感谢张素香博士、侯荣旭、甄岩博士、高德荃博士等同志对本书的撰写所做出的工作。

希望本书能够对关心物联网技术进步、从事物联网工程研发和推动物联网产业发展的各级领导和行业部门、研发工程师、高校师生以及产业链相关各领域的从业人员、投融资人士等读者群都能有所裨益，为我国物联网及"互联网+"技术尽快落地尽绵薄之力。由于笔者水平及时间所限，各位作者写作角度和风格各异，书中难免会有局限和不足之处，欢迎广大专家和读者不吝指正。

作　者

2015 年 11 月

目 录

第 1 章　智能家居

本章导读

智能家居是以住宅为平台，兼备建筑、网络通讯、智能家电、设备自动化，集系统、结构、服务、管理为一体的高效、舒适、安全、便利、环保的居住环境。物联网及其相关技术大大加速了智能家居的建设进程，重新定义了智能家居的概念及形式。通过智能交互终端将各种智能家庭终端（如视频监控、计算机、智能空调等）以有线或无线的方式相互连接组成家庭网络，并延伸到公共网络，实现信息在家庭内部终端之间、家庭内部网络与公共网络之间的充分流通和共享，使用户对家庭内部终端的远程智能监控和管理成为可能。

本章我们将学习以下内容：
- 智能家居的发展现状
- 智能家居主要功能和特点
- 智能家居系统构成
- 智能家居发展趋势

智能家居是以住宅为平台，兼备建筑、网络通讯、智能家电、设备自动化，集系统、结构、服务、管理为一体的高效、舒适、安全、便利、环保的居住环境。主要是将智能电表作为通信基站，在家庭内部用电设备互联互通的基础上，完成对家庭用能等信息的采集，实现对家庭用能设备的监测、分析及控制，以及三表抄收、家庭安防等其他功能，为居民提供绿色、便捷、优质、舒适的生活。同时，建立一个由家庭安全防护系统、网络服务系统和家庭自动化系统组成的家庭综合服务与管理集成系统，从而实现全面的安全防护、便利的通讯网络以及舒适的居住环境的家庭住宅。完整的智能家居系统一般有照明控制系统、电器控制系统、安防门禁系统、消防报警系统、远程控制系统等组成，整个系统实现了信息的采集、输入和输出、集中控制、远程控制、联动控制等功能，提升家居安全性、便利性、舒适性、艺术性，并实现环保节能的居住环境。

基于物联网的智能家居，主要表现为利用智能信息感知设备（同家居系统中的各个终端松耦合或紧耦合）将家居生活中有关的各种子系统有机地结合在一起，并与互联网连接，进行监控、管理、信息交换和通信，实现家居智能化。

本章将介绍物联网在智能家居方面的应用、相关技术以及发展趋势。

1.1　智能家居概述

智能家居（Smart Home），也被称为智能住宅（Smart House）、家庭自动化（Home Automation）、网络家居（Network Home）、电子家居（Electronic Home）、数码家居（Digital Home）

等，是智能建筑在住宅领域的延伸。智能家居是建筑艺术、生活理念与电子信息技术等现代科技手段结合的产物，其主要目的是为用户营造良好的家居环境、方便用户的日常生活。

1.1.1 智能家居的定义

智能家居是指在传统住宅的基础上，利用计算机技术（Computer）、通讯技术（Communication）、自动控制技术（Control）及图形显示技术（CRT）等，通过有效的传输网络，将家居生活中有关的设施集成，从而为住宅内部设施与家庭日常事务的管理提供高技术、智能化、互动化手段的居住环境。通过构建高效的管理系统，智能家居可以提升家居环境的安全性、舒适性、便利性以及艺术性，实现环保节能，如图1.1所示。

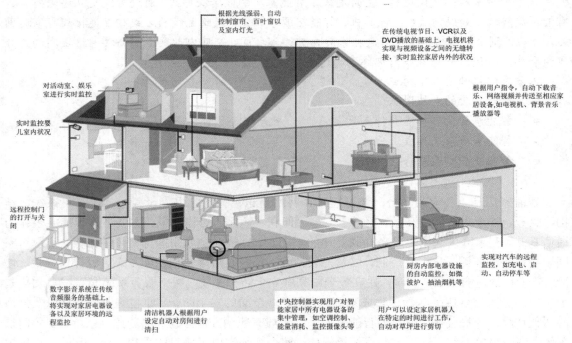

图1.1 智能家居模型

智能电表的普及，电价的改革，智能家电、纯电动汽车和混合动力汽车的出现与发展，对家庭用电行为会带来巨大的影响，家庭用户不再只关注用电总量，而同时会更加关注用电的时段、所用电力的清洁程度（火力、水力、风力还是太阳能发电等），相当一部分电力用户，会由过去被动地等待电力企业告知其用电信息，变为主动地去了解用电信息、自主地去调整用电习惯，以求更加合理地选择用电方式，有效降低电费支出。新事物的出现，也让家庭用户生活方式发生了很大的转变，家庭用户会思考如何控制家中的电器在什么时候启动、关闭，使用什么模式，如何计划电动汽车在什么时候、在哪里充换电等。

目前智能家居一般要求有三大基本功能单元：第一，要求有一个家庭布线系统，如电力线、电话线、互联网线缆、控制网络线缆等；第二，必须有一个兼容性强的智能家居中央处理平台，以实现对住宅内部设施的集中控制；第三，真正的智能家居至少需要三种网络的支持：宽带互联网、家庭内部信息网和家庭控制网络。

通常，智能家居以智能小区为依托。智能小区是指通过利用现代通信网络技术、计算机技术、自动控制技术、IC 卡技术，通过有效的传输网络，建立一个由住宅小区综合物业管理中心与安防系统、信息服务系统、物业管理系统以及家居智能化组成的"三位一体"住宅小区服务和管理集成系统，使小区与每个家庭能达到安全、舒适、温馨和便利的生活环境。智能小区与公共建筑中的智能建筑的主要区别是，智能小区强调住宅单元个体，侧重物业管理功能。智能小区包含的系统有综合布线系统、有线电视系统、电话交换机系统、门禁系统、楼宇对讲系统、监控系统、防盗和联网报警系统、集中抄表系统、小区能源管理系统、宽带网络接入、停车管理系统、公共广播系统、物业管理系统、小区电子商务系统等，少数智能小区的高层项目、会所、运动中心还应用了楼宇自控系统。真正意义的智能小区中的单元——单个住宅，应该安装智能家居（Smart home），这样智能小区的功能才得以有效运用，对大型社区来说，智能小区是智能家居运行的基础平台。智能小区示意图如图 1.2 所示。

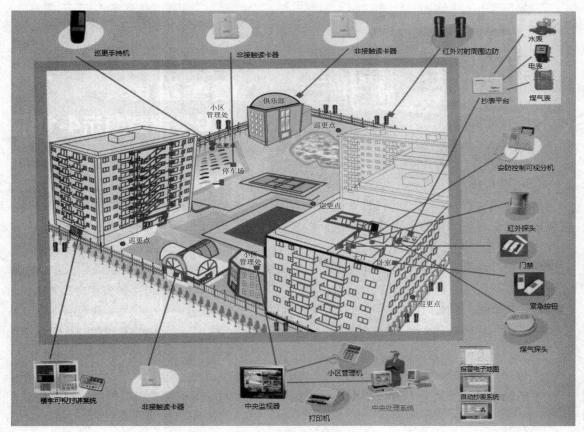

图 1.2　智能小区示意图

1.1.2　智能家居的组成

智能家居主要由智能电表、智能家庭网关、智能交互终端、交互机顶盒、智能插座、智能传感器、智能家电等硬件设备、控制软件系统组成，如图 1.3 所示。

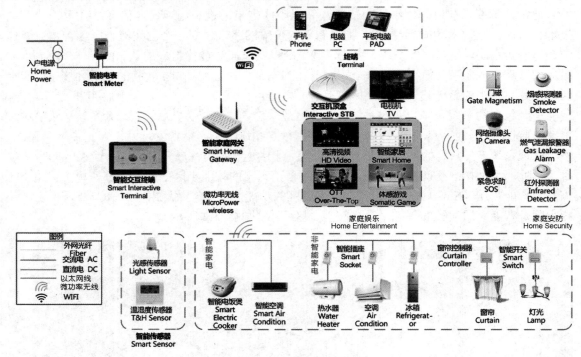

图 1.3   智能家居组成

1．硬件设备

（1）智能电表

基于电力光纤到户建设，将智能电表作为通信基站，与用户的智能家庭网关进行连接，实现智能家居各项工作的无线通信。

（2）智能交互终端

智能交互终端是实现家庭智能用电服务的关键设备，其利用先进的信息通信技术，对家庭用电设备进行统一监控与管理，对电能质量、家庭用电信息等数据进行采集和分析，指导用户进行合理用电，调节电网峰谷负荷，实现电网与用户之间智能交互。此外，通过智能交互终端，可为用户提供家庭安防、社区服务、Internet 服务等增值服务。智能家居控制终端系统如图 1.4 所示。

（3）智能家庭网关

智能家庭网关主要是家庭控制枢纽，主要负责具体的安防报警、家电控制、用电信息采集。智能家居适配器含 4 个串口，可封装 4 个通信模块，与安防、家电、水气表、智能插座进行通信。智能交互终端、机顶盒等产品通过无线方式与智能家庭网关进行数据交互。

（4）智能交互机顶盒

智能交互机顶盒是一套基于宽带网络开展的以媒体为主的 IPTV 业务，以宽带数字机顶盒和电视机为用户终端，向用户提供交互式智能用电服务和使用简便的电视式体验，主要提供家庭用电信息管理、能效管理、家庭娱乐、远程教育、培训咨询和日常生活信息获取、交互方面的应用。

图 1.4　智能家居控制终端系统

（5）智能插座

智能插座能实时、准确、灵敏地采集用电负荷数据，按照实际情况，选取最适合的通信方式，主要实现的功能有：测量显示、通断控制、家电控制命令的透明传输等。

采集非智能家电的电压、电流、功率、功率因数实时值；对家电的通断电进行控制；可由智能交互终端、用电信息采集主站、网络客户端、手机等介质对智能插座进行操作。

智能家居典型硬件如图 1.5 所示。

（a）智能插座

（b）智能家庭网关

（c）无线灯光控制器

（d）控制终端

图 1.5　智能家居典型硬件

2. 软件系统

智能家居功能包括户内应用和网络应用两部分，功能架构图如图 1.6 所示。

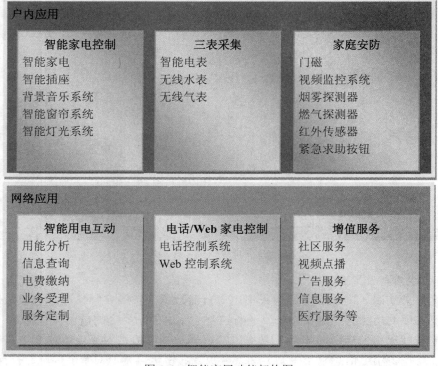

图 1.6　智能家居功能架构图

- 智能家电控制：通过家庭内部部署的各类传感器和互联互通网络，实现对家庭用能、环境、设备运行状况等信息的快速采集与控制，实现对家电的远程控制和联动。
- 智能三表采集：实现对电能表、水表、燃气表等居民家用收费表计的自动周期性远程抄表或手动启动远程抄表，并可根据需求调用历史记录，进行用能展示等。
- 家庭安防功能：实现可视监控、红外探测、烟雾探测、燃气泄漏探测、紧急求助、门禁管理等，获取报警信息并上报物业公司和业主。
- 智能用电双向互动是电网企业通过互动服务平台为小区电力用户提供多样化、互动化的用电便民服务，包括用能分析、信息查询、电费缴纳、业务受理、服务定制等功能。
- 通过互联网登录控制网站或拨打电话控制平台实现对家电进行远程控制和管理，实现家电模式联动。
- 增值服务：利用智能小区的信息网络资源，向用户提供社区服务、视频点播、广告、信息、医疗、购物等功能。

1.1.3　智能家居的特点

设计完善的智能家居系统应具备以下几个特点：

（1）舒适

智能家居以住宅为平台，其本意是运用现代科技为人们提供更加舒适的居住环境。因此，在设计过程中必须以人为本，充分考虑用户的生活习惯及感受。违背了舒适这一特点，不仅用户难以接受，智能家居这一概念也变得毫无意义。

（2）使用简单

智能家居服务对象为普通大众，大都缺乏专业知识。因此，只有使用起来简单方便的系统才能普遍为用户所接受。违背了这一特点，智能家居系统只能作为少数人群的专利，难以推广。

（3）可以远程监控

随着电子技术的发展和物联网概念的提出，网络大融合成为必然的发展趋势，智能家居也不能例外。而且随着生活节奏的加快，人们对家居环境实现远程监控的需求也越来越高。因此，只有具备远程监控功能的智能家居才能顺应发展潮流，反之，难逃被淘汰的命运。

（4）保密性好

智能家居系统与互联网的融合，一方面方便了用户对家居环境的实时监控，但另一方面也使网络黑客入侵智能家居系统成为可能，为用户带来了风险。因此，智能家居系统必须具有良好的保密性，确保用户的身份不被假冒，用户信息不被侵犯。

（5）稳定性好

由于智能家居以住宅为平台，布线布局结构复杂，安装成本相对较高，一旦安装完成，可能会运行十余年甚至数十年的时间，期间难免会出现设备故障等问题。设计完善的智能家居系统应该具备自动识别、处理故障的能力，保证系统本身的稳定性。

（6）兼容性好

一套完整的智能家居系统必然包含多种由不同公司生产，遵循不同技术标准的电子设备。只有具备了良好的兼容性，各电子设备之间才可能实现交互，智能家居系统才可能成为一个有机的整体。良好的兼容性也为日后添加、删除设备，拓展系统提供了条件。

（7）智能化

家居系统的智能化主要体现在通过一系列的传感设备对家居环境进行感知与评估，并且按照用户或厂家设定的逻辑，控制家居系统中的执行器，做出相应的响应。这也是智能家居系统区别于传统家居系统最显著的特点。

（8）节能减排

智能家居系统可以根据家居环境的变化，按照特定的逻辑及时调节电子设备的工作强度甚至于关闭不需要的电子设备；既有效地控制了能源消耗、保护了环境，又降低了用户开支。这也是智能家居系统区别于传统家居系统的一大特点。

1.2　智能家居的发展状况

智能家居概念的起源甚早，但一直未有具体的建筑案例出现，直到 1984 年美国联合科技公司对位于美国康涅狄格州哈特福德市的一座废旧大楼进行改造时，采用计算机系统对大楼的空调、电梯、照明等设备进行监测和控制，并提供语音通信、电子邮件和情报资料等方面的信息服务，才出现了世界上首栋"智能型建筑"，从此也揭开了全世界争相建造智能家居的序幕。

1.2.1　国外的发展状况

20 世纪 80 年代初，随着大量采用电子技术的家用电器面市，住宅电子化出现。80 年代中期，将家用电器、通信设备与安全防范设备各自独立的功能综合为一体后，形成了住宅自动化概念。80 年代末，通信与信息技术的发展，出现了通过总线技术对住宅中各种通信、家电、安防设备进行监控与管理的商用系统，也就是现在智能家居的原型。自 1998 年微软提出"维纳斯计划"之后，相关行业都在积极推动智能家居产业的发展，并取得突破性进展。图 1.7 是2005－2009 年国外智能家居产能、产量以及销售统计。

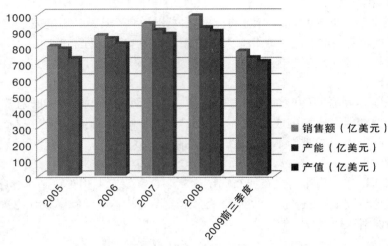

图 1.7　2005－2009 年度国外智能家居产能产量销售统计

欧美的智能家居主要利用数字家庭和数字技术，偏重于豪华感，追求舒适和享受。因此其能源消耗很大，不符合现阶段世界范围内低碳、环保和开源节流的理念。最具代表性的是商业巨头比尔·盖茨位于美国西雅图的华盛顿湖畔的豪宅，内部共铺设 52 英里的电缆，将住宅内部家用电器连成标准的智能家居网络。

日本的智能家居以节约能源为主，大量采用新材料和高新智能科技，充分利用信息、网络控制与人工智能技术，实现住宅技术现代化。例如，由积水建房和大阪瓦斯株式会社联合开发的智能家居项目，在智能控制系统的基础上，采用燃料电池与太阳能电池产生电能，并存储在锂离子电池和能量存储系统中，以达到节约能源的目的。

韩国政府对智能小区和智能家居采取多项政策扶持，规定在首尔等大城市的新建小区必须具有智能家居系统。目前，韩国全国 80%以上的新建项目采用智能家居系统，产生了像三星、LG 等知名的智能家居品牌。由韩国 LG 电子开发的 HomNet 智能家居系统，在韩国的用户已经超过 6 万，是目前最为普及的系统之一。

1.2.2　我国的发展状况

我国的智能家居是与智能小区同步发展的，其发展经历了以下几个阶段。

2000 年——智能家居概念年：各小区的开发商在住宅设计阶段已经或多或少地考虑了智能化功能的设施，在房地产的销售广告中，已开始将"智能化"作为一个"亮点"来宣传。

2001－2002 年——智能家居研究开发年：有些机构和公司开始引进一些国外的系统和产品，在一些豪华的公寓和住宅中已经可以看到它们的踪迹。

2002－2004 年——智能家居实验年：国内一些公司的网络产品逐渐进入市场。

2004－2005 年——智能家居推广年：新建的住宅和小区大部分配备一定的智能化设施和设备，我国自行设计和生产的可连网的家用电器、设备也有相当的规模。

2006 年至今——智能家居普及年：整个市场将以我国自行研究和开发的系统及产品为主，国外的产品将在高档系统产品中占有一席之地。

中国智能化住宅的发展，在经历了近 10 年的探索阶段之后，建筑面积目前已达到 400 亿平万米。预计到 2020 年还将新增 300 亿平方米。全国智能化住宅小区的建设数量未来 10 年将达到上万个，以北京、上海、深圳等经济发达地区发展相对超前。与此同时，产生了海尔 U-home、安居宝、索博、霍尼韦尔、瑞讯、瑞朗等知名智能家居品牌。其中，海尔和霍尼韦尔的示范应用值得借鉴。青岛东城国际作为 U-home 智能家居示范项目，曾在 2008 年底让前 1000 户业主享受到了 U-home 智能系统带来的便利与舒适。

同国外相比，我国对家庭网络和信息家电相关产品的研制起步较晚。从中国的国情来看，其中实用型与舒适型应当成为住宅建设的主流，因为实用型住宅主要面向国内目前低收入者，舒适型面向中等偏上收入者。但是住宅是一项使用寿命较长、一次投资较大的特殊商品，因此，建设时的标准必须具有一定的超前性。由于智能家居系统能够为人们提供更加轻松、有序、高效的现代生活环境，因此已经成为房地产商追逐的热点。

1.2.3　关键技术

1．网络传输技术

在网络组网方案中，智能家居网络控制系统内部传输接口可以通过有线传输方式和无线传输方式两种传输途径来实现。

（1）有线传输技术

有线传输方式的家居网络采用的传输线缆主要有电力线、电话线、同轴电缆、以太网双绞线、光纤、现场总线以及专用总线等。

1）电话线联网

这种方式是通过在电话线上加载高频载波信号来实现信息的传递，可以同时满足 XDSL、电话业务和家庭内部数据传输。它具有价格低、传输速度快、用户界面好、无需铺设新的电缆等优点。可能存在的问题是电话线插座数量有限，在扩充新的节点时还是会面临重新布线的问题。

2）电力线联网

在基于电力线联网的智能家居系统中，电力线在家庭中扮演两个角色：传送电能以及将家庭中所有电器设备连成家庭内部通信网络，数据通过入口或出口的调制、解调模块后，再通过家庭内部电力线进行传输。

采用电力线通信来实现家居智能化是比较好的方式，信号的传输仅借助电力线完成，不需要繁杂的布线，节省了重新布线的开支，只需在低压用电设备电源侧电力线插座上连接一个通信控制开关和电力通信模块，由家庭网络智能控制数据终端通过电力线对通信控制开关进行操作，简单方便地实现了家居智能化。存在的问题是国内电力质量不高，其稳定性受到较大限制，经常出现信号传输不稳定的现象，需要增加不固定的阻波与滤波装置。其次，电力线的通信范围就是单一变压器的供电范围，如果一个小区使用一台变压器，电力线信号会在小区内所有家庭间传输，容易造成通讯干扰；而且接入设备昂贵。

3）以太网联网

采用的传输介质有双绞线和光纤，传输协议主要是逻辑链路控制协议（IEEE 802.2）和载波监听多路访问/冲突检测（CSMA/CD，IEEE 802.3），数据传输率相当高，可以达到 10 Mb/s 或者 100 Mb/s，甚至更高的 1000 Mb/s，能够传输电话、数据、视频和家电控制信息，主要用于基于个人电脑的有线局域网和高速因特网。它的优势在于技术已经十分成熟，以太网的组网设备在市场上可以很容易地购买到。以太网本身的实现成本并不高，但专门布线需要花费大量的费用。家庭中的用户可能更愿意使用家居中已经铺设好的电缆或电话线，而不愿意重新安装以太网线。

4）总线联网

通过采用总线的形式来组建智能家居系统。它的优点是抗干扰能力强，技术成熟；缺点是需要重新铺设线路。RS-485 总线是一种国际性的开放式的总线。采用双绞线差分传输方式，可连接成半双工和全双工两种通信方式，传输介质一般采用双绞线，最远传输距离为 1200m。一般采用总线型网络结构，不支持环型或星型网络。LonWorks 是具有强劲势力的全新的总线技术，它采用了 ISO/OSI 模型的全部七层通信协议，采用面向对象的设计方法，其通信最大速率为 1.25 Mb/s，直接通信距离可达 2.7 km，支持双绞线、同轴电缆、光线等多种通信介质，在自动楼宇控制中得到广泛应用。

有线方式中的一些技术发展已经相对比较成熟，在行业中已经具有一定的标准型和通用性，但电话线、以太网、电力线等有线组网技术普遍存在布线麻烦，增减设备需要重新布线，影响美观，系统的可扩展性差，安装和维护成本高，移动性能差的缺陷。

5）电力光纤联网

电力光纤，又称光纤复合低压电缆（Optical Fiber Composite Low-voltage Cable，OPLC），即在传统的低压电力线中融合光缆，使电缆在进行电力传输的同时兼具光纤通信的功能，向用户提供先进、可靠的信息服务。电力光纤具有带宽高、抗干扰能力强以及建设经济的特点，能够承载用电信息采集、智能用电双向交互以及"三网融合"（电信网、广播电视网、互联网）业务。

（2）无线传输技术

无线传输方式的家居网络采用的传输技术主要有红外线传输、窄带射频传输（433MHz，915MHz 和 2.4GHz）、宽带射频传输、超宽带（UWB）传输等。

1）红外线（IrDA）传输

红外数据通信（Infrared Data Association，IrDA）技术是家庭无线控制网络的一个选择，它设备简单、价格低廉，很容易推广。而且现有的家电通常具有红外线遥控功能，只需稍加改造就能很容易融入到智能家居控制网络中。红外通讯一般采用红外波段内的近红外线、波长在 0.75vm 和 25pm 之间。由于波长短，对障碍物的衍射能力差，要求控制器与接收器之间必须达到可视，并且通信角度不能大于 35 度，另外通信距离短，通常最大不超过 10m，因此该模式仅适用于无阻隔的短距离的家居中设备的点对点通信，属于点对点的半双工通信方式，使用不便且失误率高，没有标准的通信协议，不便于大范围组建家庭通信网络。

2）窄带射频传输

窄带射频传输频段主要集中在国际电信联盟（ITU）所规定的工业、科研和医疗频段，即 ISM 频段。使用 ISM 频段，无需向相关地区官方机构购买使用权，可以降低开发成本，但必须遵守发射功率的限制，以免对其他频段的信号造成干扰。例如，中国和欧洲支持的 433MHz 频段（433.05～434.79MHz），美国支持的 915MHz 频段（902～928MHz），以及国际通用的

2.4GHz 频段（2.4～2.5GHz）。其中，433MHz 频段与 915MHz 频段由于信号频率较低，具有比较好的穿透性，信号传输距离远（开阔环境下可达数百米）；但是受到发射功率和带宽的限制，传输速率较低，一般在 10Kbps～150Kbps 之间。2.4GHz 频段的信号则具有较差的穿透性，信号传输距离较近，一般在几十米左右，但具有较高的信号传输速率，可达 250Kbps。由于具有传输速率较低和能耗小的特点，在智能家居系统中窄带射频传输技术主用应用于传感信息采集和控制等方面。

3）超宽带（UWB）射频传输

根据美国联邦通信委员会的定义，超宽带射频传输技术是指传输信号绝对带宽不低于 500MHz，或传输信号算术中心频率（信号带宽与中心频率的比值）不低于 20%的无线通信技术，其工作频段在 3.1～10.6GHz 之间。由于具有非常宽的信号传输带宽，UWB 技术支持非常高的信号传输速率，在 10 米左右的传输范围达到数百 Mbps 甚至数 Gbps，可以与有线传输技术相媲美。此外，UWB 技术还具有传输功率低，传输距离短，保密性好，抗干扰能力强，兼容窄带无线传输技术等特点，满足智能家居系统对无线传输技术的一切要求。但是，UWB 传输技术仍然处于发展阶段，缺乏统一的行业技术标准和集成模块，目前还不能在智能家居系统中得到广泛的应用。

无线传输的优势是省去了大量的电缆连线，移动性很好，可以随时增加链路，安装、扩容很方便。但是，无线通信的质量低于有线通信，其信号衰减要比同距离的有线通信大，而且传输信道容易受到干扰，可靠性没有有线方式高。随着人们健康意识的提高，对电磁辐射的重视也越来越大，无线传输方式也将受到一定程度的限制。

2. 控制网络

基于物联网的智能家居系统中，控制网络主要使用了 BACnet 通信协议、LonWorks 技术、EIB 技术、X10 技术和 ZigBee 技术等。

1）BACnet 协议

BACnet 作为一个开放、不拘泥于固定厂商的网络通信协议，其发展起源于 1987 年 6 月在田纳西州纳什维尔举行的美国冷冻空调协会标准委员会（Standard Project Committee）。BACnet 在 1995 年时成为美国国家标准协会及美国冷冻空调协会的建筑自动化控制网络传输协议（ASHRAE/ANSI SSPC 135）标准，并在 2003 年时被采纳为 ISO 标准。BACnet 协议的出现打破了市场上设备种类繁多且互不兼容的局面。

BACnet 协议可以划分为四层，其架构如图 1.8 所示，分别对应于 OSI 七层网络模型中的物理层、数据链路层、网络层以及应用层。四层网络模型的运用，既可以减小通信过程中网络控制信息的长度，也可以降低 BACnet 设备的复杂度，便于开发和生产。

在物理层和数据链路层，BACnet 兼容多种传输媒介和传输技术。因此，BACnet 协议可以满足各种小型、中型乃至大型系统的不同需求。基于 RS-232 的端到端通信协议，传输距离在 15m 以内，传输速率在 9.6～115K 之间，适用于小范围内、两个设备之间的相互通信。基于 RS-485 的 MS/TP 总线协议，协议栈简单，支持总线联网，且对处理器性能要求不高，因此具有易开发、低成本的特点，适用于对传输速率要求不高且计算能力有限的小型监控系统，如空调系统和灯光控制系统。对 Ethernet 和 ARCnet 传输技术的支持，使 BACnet 适用于较大范围的高速率监控系统，如安保系统。而对 IP 协议的支持则使 BACnet 协议具备了向用户提供远程监控服务的功能。

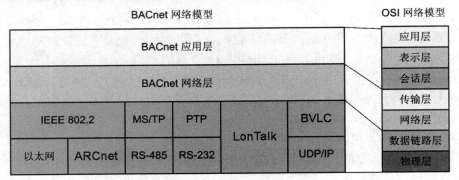

图 1.8　BACnet 协议架构

在网络层，为了兼容不同的网络传输技术，实现报文在不同的 BACnet 子网之间的传输，BACnet 协议引入了 BACnet 路由的概念。每个 BACnet 路由连接两个数据传输技术相同或者不同的 BACnet 子网，并根据路由器、子网标号、MAC 地址转发报文。BACnet 路由还可以按照特定的协议，通过相互交换链路信息的方式自动创建或更新路由器，方便系统集成和维护。BACnet 在智能家居系统中的应用如图 1.9 所示。

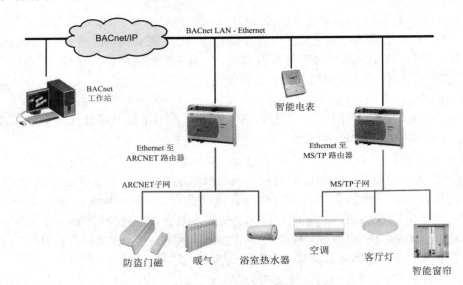

图 1.9　BACnet 协议在智能家居系统中的应用

在应用层，BACnet 协议采用了面向对象的方式。BACnet 协议中，所有的数据都可以用对象、属性和服务的概念进行表示。对象可以理解为一个抽象的数据结构，是描述特定功能的信息的集合。每个对象又通过一系列的属性对信息进行描述。

（2）LonWorks 协议

LonWorks 技术为设计、创建、安装和维护设备网络方面的许多问题提供解决方案：网络的大小可以是 2～32385 个设备，并且可以适用于任何场合，从超市到加油站，从飞机到铁路客车，从单个家庭到一栋摩天大楼。目前在几乎每种网络应用中，有一种趋势就是远离专用控制方案和集中系统。制造商正在使用基于开放技术的产品，如现成的芯片、操作系统和功能模块产品。这些特性可以改进可靠性、提高灵活性、降低系统成本、改善系统性能。LonWorks

技术通过所提供的互操作性、先进的技术架构、快速的产品开发和可估算的成本节约，加速了这个趋势的发展。

LonWorks 网络中设备的通信是采用一种称为 LonTalk 的网络标准语言实现的。LonTalk 协议由各种允许网络上不同设备彼此间智能通信的底层协议组成。LonTalk 协议提供一整套通信服务，这使得设备中的应用程序能够在网络上同其他设备发送和接收报文而无需知道网络的拓扑结构或者网络的名称、地址，或其他设备的功能。LonWorks 协议能够有选择地提供端到端的报文确认、报文证实和优先级发送，以提供规定受限制的事务处理次数。对网络管理服务的支持使得远程网络管理工具能够通过网络和其他设备相互作用，这包括网络地址和参数的重新配置、下载应用程序、报告网络问题和启动、停止、复位设备的应用程序。LonTalk 也就是 LonWorks 系统，可以在任何物理媒介上通信，包括电力线、双绞线、无线（RF）、红外（IR）、同轴电缆和光纤。

（3）EIB 协议

EIB（European Installation Bus）即欧洲安装总线，是为智能建筑发展而制定的建筑领域的现场总线技术标准，它有效地解决了智能建筑的瓶颈问题和降低了安装成本，是一个在欧洲占主导地位的楼宇自动化（BA）和家庭自动化（HA）标准。作为 EIB 的管理机构，EIBA 委员会（European Installation Bus Association）拥有 100 家会员，这些会员占据了欧洲楼宇、家庭自动化设备销售额的 80%。该协议已被美国消费电子制造商协会（CEMA）吸收作为家庭网络 EIA-776 标准。以用户为导向，具有开放性、互操作和灵活性的 EIB 协议应用于包括照明、安防、HVAC（通风温度控制）、时间事件管理等家庭楼宇领域的所有分支，它具有以下三个特点：

- 分布性：无中心分布式结构彻底解决了控制网络"孤岛"和"瓶颈"问题，可使系统发挥其最佳效率；同时降低了布线量和安装费用。
- 互操作：开放性结构与组编址通讯使设备间具有互操作，形成一致的自动化控制网络。
- 灵活性：EIB 对电力线传输和无线频率传输的支持使系统扩充修改简易化。

从 1999 年 EIB 在我国进行推广和使用。它既可以满足现代化建筑越来越复杂的配套设施以及多功能的要求，又易于操作，具有高度的经济性、灵活性及安全性。EIB 主要能够实现灯光控制、遮阳控制、空调控制、低压配电监控等多种功能，既可在现场通过智能面板控制，也可在中央控制室通过可视化软件控制。

EIB 通信模型（HBES/CM）是参照 OSI 参考模型（OSI/RM）设计的。与 OSI/RM 不同，HBES/CM 中的某些层是空缺的。这种设计在工业现场总线领域很常见，为了满足实时性和低成本的要求，针对现场总线承担的具体任务，其通信模型一般在 OSI/RM 的基础上进行不同程度的简化。在 HBES 通信模型的总体结构中，会话层（Session Layer）和表示层（Presentation Layer）的功能并入应用层（Application Layer）。EIB 通信模型的总体结构图如图 1.10 所示。

EIB 通信模型总体上包括三个部分：通信、应用和管理。下面将详细描述通信部分。HBES/CM 定义了相当于通用 OSI/RM 的各层，并附加了管理功能。HBES 控制网络的通信是通过两种服务方式实现的：信息通道和控制通道。在通信过程中，控制通道的功能分布在各层中实现，而信息通道只有物理层提供支持。控制通道是 HBES 控制网络通信的基础，它可以对信息通道进行管理，使用包交换；而信息通道则是用电路交换，主要用于向音频和视频类型的数据流提供服务。不是所有的家庭和楼宇自动化系统都提供信息通道，但至少提供一个控制通道。

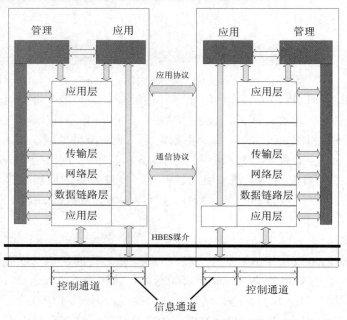

图 1.10　EIB 通信模型的总体结构图

（4）X10 协议

X10 协议是专门为智能家居系统制定的、以电力线或无线信号为传输媒介对电子设备进行控制的开放性国际标准。由于 X10 具有不需要重新布线、安装方便的优点，在欧美地区已经被广泛地应用于灯光、家用电器、背景音乐的控制等方面，如图 1.11 所示。

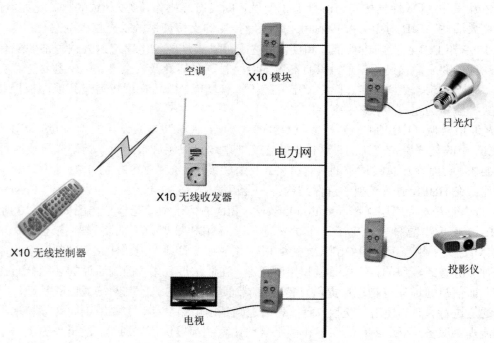

图 1.11　X10 协议在智能家居系统中的应用

X10 系统网络主要由控制器、无线接收机、电力线以及终端执行模块组成。控制器以无线射频的方式发送用户指令，在北美地区的射频频率为 310MHz，在欧洲为 433MHz。无线接收机接受无线信号后，以电力线将用户指令转发到相应终端执行模块，从而实现对家电的控制。

X10 协议的数据帧格式由三部分组成：启动码、字母码和功能码。启动码用来表明传输过程的开始。字母码由 4 个比特构成，分别代表字母 A 到 P，用于标明终端设备的地址。功能码由 5 个比特构成：当最后一个比特为"0"时，功能码的前 4 个比特代表数字码，数字码与字母码结合使用，用于表明设备的地址（如 A5、B3 等），因此 X10 系统最多可以实现对 256 路（16 路字母码乘以 16 路数字码）设备的寻址；当最后一个比特为"1"时，功能码的前 4 个比特则代表用户指令，如关闭、打开等。（具体字母码、数字码以及用户指令的编码方式请查询 X10 协议标准。）为了避免电力线噪声的干扰，增强系统的稳定性，X10 协议规定所有的报文都重复发送两次，因此系统整体的传输速率在 20bps 左右。由于 X10 协议的传输速率较低，因此在智能家居系统中只能用于对智能家电的控制，不能用来传输音频信息。

（5）ZigBee 技术

由于 ZigBee 技术具有复杂度低、成本低、功耗小、网络自组织等特性，且安装过程简单、不需要重新布线，因此，非常适合在智能家居系统中应用。通过 ZigBee 网关，ZigBee 网络可以实现与 BACnet 网络、LonWorks 网络的交互，从而实现对 ZigBee 节点的远程监控。ZigBee 技术在智能家居系统中主要用于信息采集和终端设备远程控制，具体包括：灯光控制、环境参数监测、安保/防灾、窗帘远程控制等方面，如图 1.12 所示。

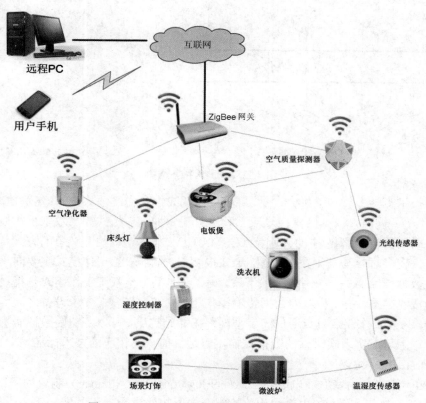

图 1.12　ZigBee 协议在智能家居系统中的应用

3. 信息网络

信息网络主要使用以太网、HomePNA、HomePlug、蓝牙技术、Wi-Fi 等有线和无线网络技术。下面分别对信息网络的各项技术原理进行简单介绍。

（1）以太网

以太网（Ethernet）技术对应于美国电气电子工程师学会（IEEE）制定的 IEEE 802.3 技术标准，规定了 ISO/OSI 网络模型中物理层和数据链路层的内容，具有成本低廉，拓展性好，技术标准前向兼容，并且开发、使用、维护简单的特点，是目前应用最为普遍的计算机局域网组网技术。以太网技术支持点对点通信、总线型网络拓扑和星型网络拓扑三种基本组网方式，如图 1.13 所示。由于受到传输速率和传输效率的限制，总线型网络拓扑主要存在于信息网络发展初期，随着以太网技术的发展，星型网络拓扑逐渐取代总线型网络拓扑，成为目前的智能家居系统中信息网络的主流组网技术。

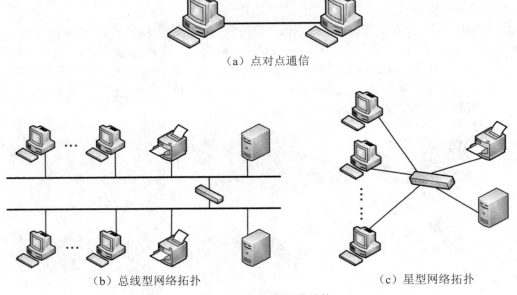

（a）点对点通信

（b）总线型网络拓扑 （c）星型网络拓扑

图 1.13　以太网拓扑结构

以太网技术支持多种传输媒介，主要可以分为双绞线和光纤两大类，其传输速率从 10Mbps 至 40Gbps 不等。同时，以太网支持半双工和全双工两种工作模式。半双工工作模式下，以太网设备采用载波侦听多路复用/冲突避免（CSMA/CD）技术，以相互竞争的方式传输数据，因此在网络节点较多时容易发生数据碰撞，导致报文丢失，半双工工作模式主要向于向用户提供非实时性的数据传输服务，如网络视频下载、电子邮件等。全双工工作模式是指设备可以同时实现发送和接收数据，是一种双向数据传输模式。全双工工作模式要求设备之间存在独立的数据传输媒介，只能工作在点对点通信和星型网络拓扑结构中，可以避免因数据碰撞而导致的报文丢失，理论上可以实现实时性的数据传输，但是目前缺乏相应的技术标准。

（2）HomePlug 协议

HomePlug 协议是由家庭插电联盟（HomePlug Powerline Alliance）制定的网络传输协议，目的是利用住宅中广泛存在的电力线为传输媒介向用户提供高速率的宽带服务。如图 1.13 所示，智能家居系统中的终端设备以有线或无线的方式与相应的 HomePlug 适配器进行连接，通过电力线网络进行数据传输，分别向用户提供高清电视（HDTV）、网络视频下载、语音（VoIP）、互联网、游戏、远程网络摄像头服务等。由于 HomePlug 协议以现有的电力线网络为传输介质，安装过程中不需要重新布线，建设时间短，节约成本，并且用户可以随时随地通过电源插座进行数据传输，使用简单、方便，因此受到国内外的广泛关注。

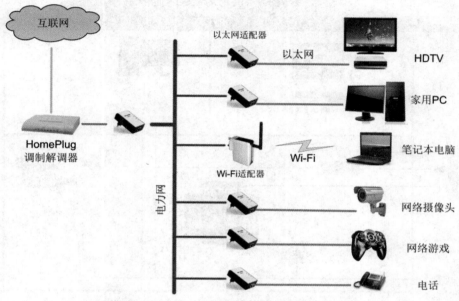

图 1.14 HomePlug 协议在智能家居系统中的应用

HomePlug 协议的最初版本为 HomePlug 1.0，发布于 2001 年，其物理层传输速率仅为 14Mbps，不能很好地满足用户对信息网络的需求。为了进一步提高 HomePlug 协议的数据传输速率，更好地向用户提供服务，家庭插电联盟在 2005 年发布了新版本的 HomePlug 标准，称为 HomePlug AV，其物理层数据传输速率可达 200 Mbps，并且与 HomePlug 1.0 兼容。HomePlug AV 的物理层工作在 2～28MHz 频带范围内，采用正交频分复用（OFDM）技术和 Turbo 卷积编码（TCC）技术。由于系统工作频率较低，因此可以覆盖较大的范围，信号传输距离通常情况下可达 1km。在媒体接入层（MAC 层），HomePlug AV 分别定义了竞争区间和无竞争区间：竞争区间内，终端设备采用载波侦听多路访问/冲突避免（CSMA/CA）技术进行数据传输，主要向用户提供对时延要求不高的数据传输服务，如网络电话、网络视频下载等；无竞争区间则采用时分多路复用（TDMA）技术，终端设备在系统分配的相应时隙内传输数据，主要向用户提供对实时性要求较高的数据传输服务，如高清电视（HDTV）、网络摄像头等。另外，家庭插电联盟发布的最新版本的 HomePlug 协议，其物理层传输速率在以电力线为媒介的系统中可达 500Mbps，而在以同轴电缆为媒介的系统中可达 700Mbps。

（3）HomePNA 协议

HomePNA 技术是由家庭电话线网络联盟（Home Phoneline Networking Alliance）制定的网络传输协议，目的是利用住宅中的电话线或有线电视线缆（同轴电缆）向用户提供视频、语音以及数据服务，如图 1.15 所示。智能家居系统中的终端设备可以通过相应的 HomePNA 适配器或网桥接入 HomePNA 网络，使用方便。由于采用住宅中存在的有线电缆作为传输媒介，HomePNA 技术与 HomePlug 技术一样在安装过程中不需要重新布线，具有安装简单、节约成本的特点。

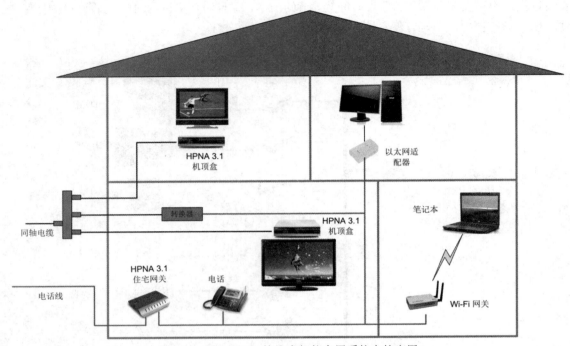

图 1.15　HomePNA 协议在智能家居系统中的应用

最新版本的 HomePNA 协议支持系统工作在多个频带范围内：以电话线为传输媒介时，HomePNA 系统工作在 4～20MHz 或者 12～28MHz 的频率范围内，信号传输距离在 300 米左右，最高传输速率可达 160Mbps；在以同轴电缆为传输媒介时，HomePNA 系统可以工作在 4 个频带范围内，即 4～20MHz、12～28MHz、36～52MHz 以及 4～36MHz，信号传输距离在 1000 米左右，最高传输速率可达 320Mbps。对多个传输频带的支持使得 HomePNA 系统可以兼容传输介质中原有的语音、传真以及数字用户线路（xDSL）等服务。在媒体接入层，HomePNA 协议同时采用载波侦听多路访问/冲突避免技术（CSMA/CA）和时分多路复用技术（TDMA），CSMA/CA 技术可以提高系统的带宽利用率，主要向用户传输对时延要求不高的数据服务，而 TDMA 技术的运用可以向用户提供实时性的数据传输服务。HomePNA 系统最多可以容纳 64 个终端设备。由于 HomePNA 具有较高的传输速率且支持实时传输，因此可以向用户提供高清电视（HDTV）服务以及交互式网络电视服务（IPTV）。

（4）Wi-Fi 网络协议

Wi-Fi 的特点是：无线传输，无需布线；发射功率较低，绿色安全；网络自动配置，使用简单；兼容性好，易于拓展，但是 Wi-Fi 不支持实时数据传输。因此，在智能家居系统中，Wi-Fi 技术主要用于向移动终端提供对时延要求不高的数据传输服务，如网络视频下载、电子邮件、网络电话等，如图 1.16 所示。

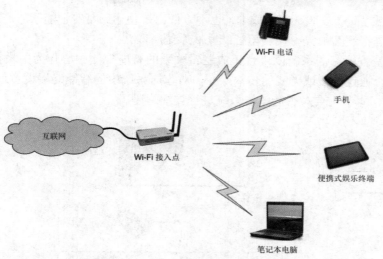

图 1.16　Wi-Fi 协议在智能家居系统中的应用

（5）Bluetooth 协议

蓝牙技术是一种低成本、短距离、支持点对点和点到多点通信的无线通信技术，它最早是作为红外技术和有线电缆的替代品而设计的一种低功耗、短距离、自组织的无线接口，旨在实现移动电话、便携式电脑和其他电子装置之间的无缝连接，进而形成一个个域网，使得其范围内的各种信息化的移动和便携设备都能实现资源共享。蓝牙技术有着非常强大的数据通信功能，目前，在智能家居系统中的应用主要集中在数据交换、健康管理、语音信号传输等方面。

1.3　智能家居系统

网络化的嵌入式无线智能家居控制系统是未来智能家居的发展方向，它能够提供标准化接口和无线网络互连功能，而且可以通过嵌入式通信协议实现相互通信功能。各种家庭互连的无线标准不断提出，推动了智能家居控制系统的无线化和接口标准化发展，无线互联为人们提供更好的移动性和更多的便利，而标准化无线接口为不同厂家的产品提供互兼容特性。各种无线网络技术迅速发展，从广域网（Internet，GSM\GPRS\3G）到基于 IEEE802.11 系列的无线局域网（WLAN）、基于蓝牙的无线个人网（WPAN），新网络技术给智能家居行业的设计赋予了一种全新的技术理念，"网络控制一切"将会在不久的将来成为生活中的现实。另外，随着嵌入式系统的发展，人们可以以更低的成本来开发家居主控制器，并且家居设备和主控制器都能够以低功耗的方式来运行，降低了运作的成本。

智能家居系统以其体系结构为特征可以划分为两大类：拼凑型智能家居系统和集中控制型智能家居系统。

在智能家居发展的初级阶段，由于缺乏统一的技术标准及接口，拼凑型智能家居系统占主导地位。拼凑型智能家居系统由多个相互独立的子系统构成，每个子系统可以独立地实现智能家居的某项或某几项功能，但各个子系统之间互不兼容，缺乏应有的交互机制。例如，目前市场上比较流行的灯光控制系统和 HVAC 系统。这类系统开发相对简单，功能也比较完善；但是由于各个子系统之间互不兼容，安装过程中需要多次布线，并且子系统之间必须配备独立的控制模块，既提高了安装、制造成本，也不方便用户使用。随着智能家居产业的发展，拼凑型智能家居系统将逐渐被集中控制型智能家居系统所取代。

　　集中控制型智能家居系统以一台集成逻辑关系的智能控制中心作为中央控制单元，采用新型拓扑结构，通过有线或无线的传输媒介，对家居系统中的智能终端设备进行管理和控制，如图 1.17 所示。本节主要对智能家居系统进行详细阐述。

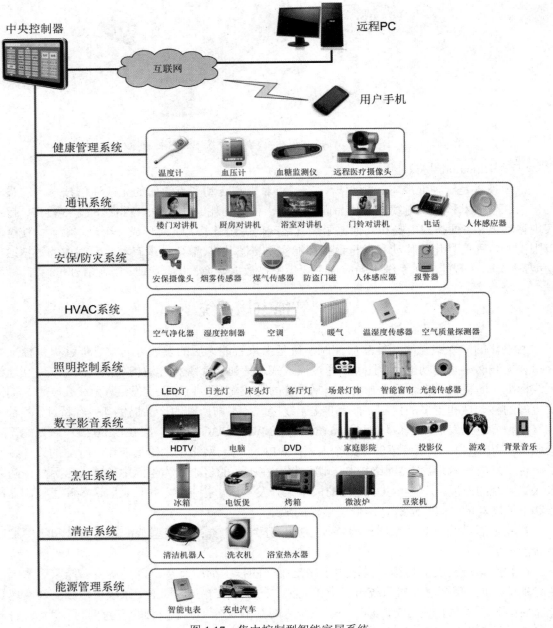

图 1.17　集中控制型智能家居系统

1.3.1　智能家居物理架构

智能家居通信网络是指在家庭内部通过有线或无线的传输介质将各种电气设备和电气子系统连接起来，采用统一通信协议，对内实现资源共享，对外通过网关与外部网络互联进行信息交换的网络。网络的拓扑结构是抛开网络物理连接来讨论网络系统的连接形式，网络中各站点相互连接的方法和形式称为网络拓扑。它的结构主要有星型结构、总线型结构、树型结构、网状结构、蜂窝状结构等。在智能家居网络中用的比较多的是星型结构和总线型结构。

智能家居通信网络主要包括信息网络和控制网络。信息网络是利用计算机网络和软件技术，提供 Internet 访问、电子邮件、电子商务、家居自动化、视频点播等服务。而控制网络主要是利用数据采集和自动化控制技术，实现家居设备管理、安全防范、自动抄表、一卡通等功能。物理架构包括：设备接入层、发布层、业务层、存储层四部分，如图 1.18 所示。

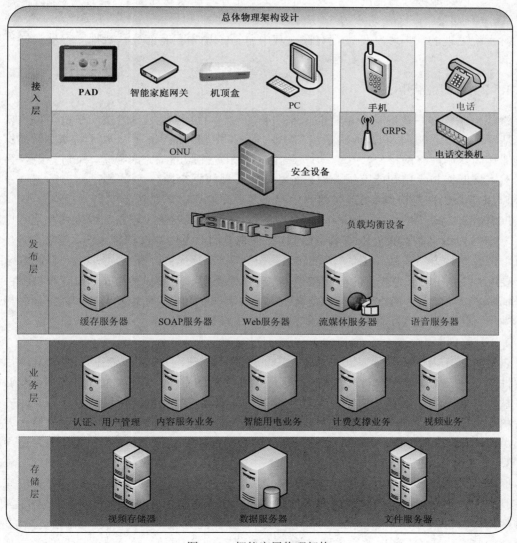

图 1.18　智能家居物理架构

（1）设备接入层

设备接入层包括家庭 PC、PAD、机顶盒、控制中心及手机、电话等家庭设备所组成的基础设备层和 ONU 以及公共接入资源，如：GPRS 系统和程控电话接入系统。接入层是智能家居的核心应用层，是实现家居智能化的表现层。在具体的实现中，可以将其他层次抽象并简化到接入层，实现智能家居的家庭化。但是通常来说，为了实现更好的服务、更开放的接入，可逐步连接到公共网和公共服务中，实现更广泛的智能化。

（2）系统发布层

实现对用户需求的接收并将系统处理后的结果反馈给各终端设备。内容包括：Web 内容发布、视频内容发布、语音服务和缓存加速服务。

（3）业务层

业务层作为本系统的核心部分，负责对发布层传输的请求进行处理。其中包括：认证、用户管理，内容服务，智能用电业务，计费支撑业务，视频业务等。

（4）存储层

对系统处理的数据和文件进行存储，其中包括：视频存储部分、数据库存储、文件存储服务。

1.3.2 智能控制中心

智能控制管理系统的核心是智能控制中心的设计，在可供选择的技术平台中，主要有三种：基于 PC 机、单片机和嵌入式系统，分别代表了中国智能家居行业技术特点。智能家居主控制器作为家居网络的核心，实现一个家居的管理和控制功能，完成显示、控制、报警等任务，并通过家居网络与上层智能家居管理系统和底层实现数据交换。

1. 基于 PC 机架构的系统

PC 机架构系统是以家用电脑作为主控制器，通过总线同各个设备、以太网相连，电脑充当了一个网关和处理器的角色，同时在电脑上安装专门开发的软件管理系统，对家居各个设备进行管理。这种方案借助了现代计算机的强大功能和普及优势，开发周期短，开发难度下降，但需要电脑 24 小时开机，造成电能的较大消耗和智能家居控制系统的成本提高，适用性下降。PC 机架构系统出现在中国智能家居的萌芽阶段，基本停留在向使用者展示智能家居的概念，实用性不强，且由于系统容易受到病毒的攻击，稳定性也很差。

2. 基于单片机架构的系统

以单片机作为核心处理单元，加上定制的硬件和软件，共同组成控制系统。其实用性、易用性和专业性都有了很大程度的提高。但随着新功能的不断增加和性能的不断提升，必须采用多片单片机联合控制，造成电路设计较复杂，系统稳定性不高，扩展能力不强。此外基于单片机架构的系统不能植入操作系统，实现多任务实时控制和处理以及网络远程监控方面存在不足。

3. 基于嵌入式架构的系统

嵌入式架构系统是以嵌入式系统为核心，以专门设计的嵌入式主控制器作为智能家居网络控制平台，实现家居内部、外部网络的联接以及内部网络中信息家电和设备的连接与控制。这种架构可以植入各种操作系统，在控制方面具有强大优势，嵌入式系统适合比较复杂的应用，扩展能力强，功耗低，采用数字电路设计，结构简单，稳定性强，嵌入式控制器成为家居控制器的首选。缺点就是开发周期长，标准不统一。随着嵌入式技术更加广泛的应用及成本的降低，基于嵌入式系统的智能家居网络控制系统已经成为目前数字智能家居的发展方向。

目前市场上流行的嵌入式操作系统也比较多，下面对其进行性能比较：

（1）嵌入式 Linux

Linux 是 1991 年由芬兰人 Linus Torvalds 发明的，从诞生到现在短短十几年的时间，Linux 已经发展成为一个功能强大、设计完善的操作系统，不仅在通用操作系统领域与 Windows 等商业系统分庭抗争，而且在新兴的嵌入式操作系统领域也获得了飞速的发展。嵌入式 Linux（Embedded Linux）是指对标准 Linux 进行小型化裁剪处理后，可固化在存储器或单片机中，适合于特定嵌入式应用场合的专用 Linux 操作系统。商品化嵌入式操作系统大都没有公开其核心源代码，这种源代码的封闭性大大限制了开发者的积极性。当前国家对研制自主操作系统大力支持，为源码开放的 Linux 的推广提供了广阔的发展前景。

嵌入式 Linux 的主要特征如下：

1）高性能、可裁剪的内核：其独特的模块机制使用户可以根据自己的需要，实时地将某些模块插入到内核或从内核中移走，适合于小型化嵌入式系统的需要。

2）优秀的开发工具：嵌入式 Linux 提供了一套完整的工具链（Tool Chain）。

3）免费，开放源代码：Linux 是开放源码的自由操作系统，用户可以根据自己的应用需要方便地对内核进行修改和优化。

4）完善的网络通信和文件管理机制：Linux 支持所有标准的 Internet 网络协议，并且很容易移植到嵌入式系统当中。

5）广泛的硬件支持：支持 X86、ARM、MIPS 等多种体系结构。

6）软件资源丰富：几乎每一种通用程序在 Linux 上都能找到，从而减轻了开发的工作量。

目前，网络上无论是研究 Linux 操作系统本身还是研究嵌入式 Linux 的开发团队都有很多，各种相应的程序以及文档也比较丰富。

（2）μC/OS-Ⅱ

μC/OS 是美国人 Jean J. Labrosse 在 1992 年开发的一个嵌入式操作系统，并于 1998 年推出了它的升级版本μC/OS-Ⅱ。μC/OS-Ⅱ是一种免费、开放源代码、结构小巧、基于可抢占优先级调度的实时操作系统，其内核提供任务调度与管理、时间管理、任务间同步与通信、内存管理和中断服务等功能。μC/OS-Ⅱ主要面向中小型嵌入式系统，具有执行效率高、占用空间小、结构简洁、实时性能优良和可扩展性强等特点，最小内核可编译至 2KB，一般情况下占用 10KB 数量级。它的内核本身并不支持文件系统，但它具有良好的扩展性能，如果需要的话可以自行加入。由于免费、源码开放、规模较小，μC/OS-Ⅱ不仅在众多的商业领域中获得了广泛的应用，而且被许多大学所接纳，作为教学用的嵌入式实时操作系统。

（3）VxWorks

VxWorks 是美国 Wind River System 公司开发的一款嵌入式实时操作系统，具有良好的可靠性和卓越的实时性，是目前嵌入式系统领域中使用最广泛、市场占有率最高的商业系统。VxWorks 支持各种主流的 32 位处理器，如 X86、Motorola MC68xxx、Coldfire、PowerPC、MIPS、ARM 等。它基于微内核的体系结构，整个系统由 400 多个相对独立、短小精练的目标模块组成，用户可以进行裁剪和配置，根据自己的需要来选择适当的模块。VxWorks 采用 GNU 类型的编译和调试器，它的大多数 API 函数都是专有的。VxWorks 以其良好的可靠性和卓越的实时性被广泛地应用在通信、军事、航空、航天等高精尖技术及实时性要求极高的领域中。1997 年 4 月和 2004 年 1 月在火星表面登陆的火星探测器上就使用到了 VxWorks，但是使用它需要交纳昂贵的版权费和使用费。

（4）PalmOS

在个人数字助理（PDA）市场上，PalmOS 是全球知名、使用人数最多的 PDA 操作系统。它是由 PDA 操作系统开发的先驱者 Palm Computing 公司开发的。从 1996 年 4 月 PalmOS 1.0 发布至今，PalmOS 逐步巩固了其在 PDA 市场上的霸主地位。它最大的特点就是省电以及系统资源开销较少，而且第三方应用程序非常丰富，到目前为止，已有多达两万多个应用软件运行在 PalmOS 操作系统上。由于 PalmOS 采用开放式构架，有很多 PalmOS 的使用者都投入到软件开发工作中，这也是 PalmOS 操作系统成功的一个重要因素。

（5）Windows CE.net

Windows CE.net 是软件巨人微软公司在嵌入式操作系统市场上一个重要的产品。Windows CE.net 是一种 32 位的多任务操作系统，它经过压缩，可以移植，能够开发多种企业和客户类设备。由于它是微软公司"维纳斯计划"的核心，包含了 Internet Explore 的版本，可以和 Internet 实现连接、同步交换信息。若开发者熟悉 Windows 开发环境，可以基于 Windows CE 开发出很好的应用程序。但是使用它需要上交一定的版权费和使用费，因此产品成本较高。随着嵌入式系统逐渐深入生活，由于 Windows CE 有着良好的用户界面，对于使用者来说能够有更好的使用性能，越来越多的嵌入式设备应用了 Windows CE 系统。目前，网络上研究 Windows CE 的开发团队越来越多，其资源也逐渐丰富起来，可以说是新的趋势。

1.3.3　智能家电系统

智能家电系统通过家庭内部部署的各类传感器和互联互通网络，实现对家庭用能、环境、设备运行状况等信息的快速采集与控制，实现对家电的远程控制和联动。

（1）智能灯控

根据环境及用户需求的变化，通过设置多种探测传感器，提高灯控系统的智能性，实现对室内外灯的控制，便于控制大厅及饭厅等场所灯的开关与灯光亮暗调控。

（2）智能空调

智能空调安装在大厅。可通过智能交互终端对空调进行温度、模式、风量、开关的控制。通过手机可提前开启室内的空调、新风系统，回家就能享受舒适的环境；当室内污染指数达到设定的指数时，会联动智能产品开启以达到优化室内环境的目的，营造一个健康自然的生活环境，如图 1.19 所示。

（3）智能插座

外置移动式的智能插座可安装在室内的插座上。智能插座与终端之间是通过无线信号进行通信的，并执行通断电功能来控制家电的通断电。智能插座上可以显示用电数据，也可以在终端显示详细的运行数据，并生成数据曲线，以反映该家电的实际用电情况。

（4）智能窗帘

安装在大厅的落地窗帘上，可通过智能交互终端或灯控开关按钮对窗帘进行开关控制。

图 1.19 智能空调监控系统

1.3.4 智能三表采集

智能三表采集系统是利用传感器技术，将计量数据转换成电子信号，经数据采集器处理转换后，再通过总线进行传输，可实现居民家用收费表计（电能表、水表、燃气表）的自动周期性远程抄表、手动启动远程抄表、数据存储、故障检测等功能，并可根据需求调用历史记录，进行用能计量、结算及展示等。

1. 智能电表及信息采集

智能电表是智能电网的智能终端，它已经不是传统意义上的电能表，智能电表除了具备传统电能表基本用电量的计量功能以外，为了适应智能电网和新能源的使用，它还具有用电信息存储、双向多种费率计量功能、用户端控制功能、多种数据传输模式的双向数据通信功能、防窃电功能等智能化的功能。集中器是指收集各采集器或电能表的数据，并进行处理储存，同时能和主站或手持设备进行数据交换的设备。采集器是用于采集多个或单个电能表的电能信息，并可与集中器交换数据的设备。采集器依据功能可分为基本型采集器和简易型采集器。基本型采集器抄收和暂存电能表数据，并根据集中器的命令将储存的数据上传给集中器。简易型采集器直接转发集中器与电能表间的命令和数据。

2. 智能水、气表信息采集

家庭内部水、气表抄收采用无线专有频段实现，射频频率为 433MHz。在水、气表中增加自备电池（可使用约 15 年）以及无线模块（连接表内脉冲输出）。智能交互终端通过无线模块实现水、气表数据的抄收，并通过电力光纤（电力线）发送到采集主站，支持主动上传与实时抄收两种模式。

- 设备主要包括：水表、燃气表。
- 通信方式：无线。

● 工作方式：在水表、燃气表上完成信数据的自动采集，通过网络传送到采集主站，对数据进行统计、处理等，完成三表远程抄收。

智能电表、集中器及采集器，如图 1.20 所示。水、气表抄收通信示意图如图 1.21 所示。

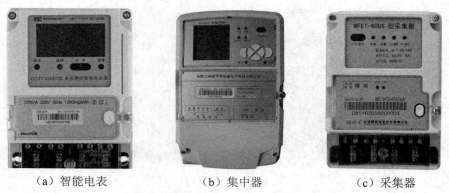

（a）智能电表　　　　　（b）集中器　　　　　（c）采集器

图 1.20　智能电表、集中器及采集器

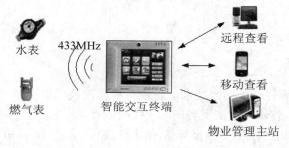

图 1.21　水、气表抄收通信示意图

1.3.5　智能家庭安防

1．无线门磁

无线门磁安装在前门上，当有人非法进入大门时，无线门磁会进行报警，并将报警信息通过智能交互终端传到后台主站。无线门磁如图 1.22 所示。

图 1.22　无线门磁

2. 无线窗磁

无线窗磁安装在房间的窗户上（可按用户的意愿安装在任一窗户上）。当有人非法进入窗户时，无线窗磁会发出报警，并将报警信息通过智能交互终端传到后台主站。

3. 对射电子栅栏

对射电子栅栏安装在阳台上（也可按用户的意愿进行安装）。当有人或移动物体触碰到对射电子栅栏射出的红外线时，电子栅栏会发出报警，并将报警信息通过智能交互终端传到后台主站。

4. 红外报警器

红外报警器安装在大厅墙上（也可按用户意愿安装在适合的地方）。红外探测器工作状态是红灯有规律的闪烁，一旦感应到有移动的带温度的物体或人，红灯就常亮，并开始发出报警声音，同时无线模块还向终端发送报警信号，从而传到后台主站。

5. 远程监控摄像头

远程监控摄像头安装在大厅墙上（也可按用户的意愿安装在适合的地方）。

6. 浸水探测器

浸水探测器可安装在卫生间门后或厨房门后。

7. 燃气探测器与烟雾探测器

燃气探测器与烟雾探测器可安装在厨房（也可按环境的情况与用户的意愿进行安装），如图 1.23 和图 1.24 所示。当厨房的烟雾浓度达到一定程度时，通过烟雾探测器的感应，红灯连续闪烁，并发出报警声音，向终端发送报警信号，从而传到后台主站；当厨房的煤气浓度达到一定程度时，通过燃气探测器的感应，红灯常亮，并发出报警的声音，同时向终端发送报警信号，从而传到后台主站。

图 1.23　烟雾探测器　　　　　　　　图 1.24　燃气泄漏探测器

8. 闭路电视监控系统

闭路电视监控系统是在小区主要通道、重要公建及周界设置前端摄像机，将图像传送到管理中心。中心对整个小区进行实时监控和记录，使中心管理人员充分了解小区的动态。

9. 可视对讲系统

通过在居民楼及房间内安装可视对讲系统（如图 1.25 所示），实现访客与住户之间的双向可视通话，达到声音+图像双重识别的效果，增加安全及可靠性。系统还可通过 ZigBee 无线通信技术与智能家居系统无缝对接，联动灯光、家电、门禁、视频监控、报警探测器等设备，实现安全保护、智能告警的作用，最大程度地保障住户生命财产安全，提高智能家居整体管理水平和服务质量，创造安全、舒适、宜居、高效的生活居住环境。

图 1.25 可视对讲系统安装实物图

1.3.6 智能能效管理系统

通过建设 OPLC 光纤为主干道的用电信息采集系统和以无线或 PLC 载波智能插座为主的家庭用电设备用能信息采集系统,实现小区和家庭为主要单位的家庭能效管理平台,进而使得居民了解用电详细信息并采取各项有利的节能措施。家庭能效管理构架图如图 1.26 所示。通常,可以通过下列设备进行电力信息采集:

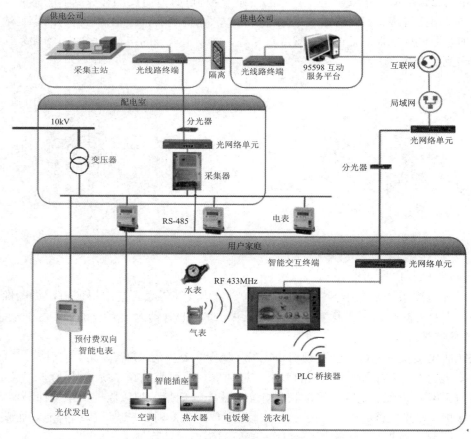

图 1.26 家庭能效管理构架图

1. 智能电表

从智能电表获取家庭的总用电信息，包括每天 24 小时、每月 30（31、28、29）天、每年 12 个月的用电数据。（具体每天能有多少数据点以用电力系统采集精度为准。）

2. 智能网关

智能家庭网关获取通过智能插座采集的用电数据，包括单个电器或者全部电器每天 24 小时、每月 30（31、28、29）天、每年 12 个月的用电数据。

智能家庭能效管理平台包括能耗监控、能耗统计、能耗分析、能耗诊断、能耗评估、能源审计、对标管理、报表显示、图表显示、诊断报告、节能方案、异常报警等多个功能模块。下面对其中的主要模块作简单介绍。

（1）能耗监控

能耗监控模块主要完成对家庭重点用能流程及主要耗能设备的监控，并进行能耗趋势分析。主要功能包括：

● 运行数据及状态的实时显示。监控网络上每个授权客户端都可以了解耗能过程运行状态，显示方式包括流程图、棒图、趋势图、参数列表等，如图 1.27 所示。

图 1.27　用电分析

● 方便的图形组态功能。用户可以在客户端上组态生成新的流程图、趋势图画面，以满足不同使用者的需要。

● 图形、曲线及数据打印功能。能够对高耗能设备本身或者关键节能设备进行远程控制，适当的情况下配合管理需求，可以切断供电回路，实现远程控制和监管。

（2）能耗统计

能耗统计模块是对采集的能耗数据进行全方位的统计分析等。主要包括基本信息的统计，各支路、分类、分项的能耗统计，电量及电能质量的统计，趋势分析、节能收益分析等。

能耗统计还为企业提供节能收益分析，目的是突出采取节能措施后的效果，分析节能收益，在展示节能效益的前提下，激励居民增强节能意识，提高智能用能系统的被认知程度。

（3）能耗分析

能耗分析如图 1.28 所示，其主要功能包括：

- 高耗能设备用能分析。为用户提供高耗能设备用能数据分析，可清晰展示高耗能设备用能的详细数据及规律，为用户开展削峰填谷、错峰用电等节能工作提供数据支撑。
- 趋势分析。为用户提供能耗趋势分析，时间跨度可选择同比月、逐年、逐月、逐日、逐时，结果将清晰展示能耗的变化趋势和规律，为管理节能分析提供事实依据，为节能分析提供数据基础，提升家庭能源管理水平。

图 1.28　能耗分析

（4）能耗诊断

通过分析用户用能流程、主要耗能设备、电量及电能质量、能耗指标、环保指标等相关数据，提出能耗诊断报告，显示用户主要设备能耗情况，高耗能设备分析以及用户节能潜力等，同时对异常情况进行提醒。

（5）能耗评估

根据用户能效监控数据进行综合评估，划分出高耗能、合理用能、绿色节能等不同等级。提升工业用户加强节能及合理用能的意识，改善高耗能用户的用能状况，促进用户节能减排工作的积极开展。

（6）能源审计

能源审计管理是利用计算机，帮助能源审计人员对家庭用能能源的使用效率、消耗水平和能源利用经济效果进行客观考察，通过对用能物理过程和财务过程进行统计分析、检验测试、诊断评价、提出节能改造措施，并能够形成科学合理的能源审计报告。

- 用能概况是将被审计对象总体用能概况、各用能设备概况、能源流程图以及系统图提供给系统用户，让用户对总体的能源利用状况，能耗状态有个比较清楚的了解，以指导随后的能源审计工作。
- 用能分析功能可以借助能耗统计功能，充分利用报表、曲线、棒图、饼图等形式，对被审计对象的水、电、气（天然气、煤气）等能耗情况进行分类、分项、分设备的统计分析。
- 统计报表模块主要完成对水、电、气（天然气）等各种能源能耗数据日报表、月报表、年报表等数据图表的输出，对无法自动采集项，可进行手工录入，存入数据库，进行上报，数据可打印或以规定格式导出。用电明细统计如图 1.29 所示。

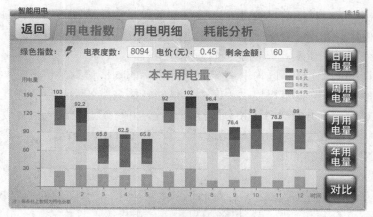

图 1.29　用电明细统计

- 用能评价可以借助对标管理功能，对家庭的用能信息进行较为全面和充分的评价和分析。
- 任务管理功能主要根据用户需要，对家庭电器进行任务预约管理，通过设定定时任务，进行预约活动的设置，实现对活动任务的管理，如图 1.30 所示。

图 1.30　任务管理

（7）对标管理

在全面、客观地了解家庭能耗的基础上，为进一步促进家庭健全节能的良性循环机制，持续推动节能管理水平和能效指标改进，不断提高家庭的节能收益，系统为监管家庭提供对标管理功能，包括纵向对标、横向对标和综合查询，对标指标主要有单位能耗指标、单位负荷指标、单位人均能耗等。

- 纵向对标：纵向对标的目的是通过家庭自身历史能耗的对比，确定历史上的最优值，以历史最优值帮助查找分析现阶段能耗水平高的根源，以期从内部提高能效管理水平。

● 横向对标：横向对标的目的是通过家庭自身和其他标杆家庭的能耗对比，帮助查找分析现阶段能耗水平高的根源，学习先进的管理方法或者更换效率更高的主要设备，以期借助外部参考提高内部的能效管理水平。

● 综合查询：可以统计小区内所有家庭对标指标的均值信息，可以自动统计已上报数据的企业的指标均值。可以提供小区内总体能耗排名及各类家庭的能耗对比功能，包括总能耗对比、分类能耗对比和分项能耗对比，并可筛选出最大值、最小值、大于等于平均值等耗能家庭，自动按能耗总量大小、单位 GDP 能耗量大小等指标排序，方便能源管理者制订和实施奖罚政策。

（8）报表显示

报表显示用于反映各监管家庭、各行政区域、不同类型家庭的监测状况和分类分项能耗状况的统计表格和分析说明文字，可分为日报表、周报表、月报表、年报表等，格式相对固定。

（9）图表显示

图表显示用于反映各项采集数据和统计数据的数值、趋势及分布情况的直观图形和对应表格，可分为数据透视表、饼图、柱状图、线图、仪表盘或动画等，格式灵活，可交互操作。数据图表的度量值一般包括：能耗（或者总能耗）、分类能耗、分项能耗、监测回路能耗、单位人均能耗等。展示维度一般包括：能耗分类、能耗分项、时间轴（可以细分为逐日、逐周、逐月、逐年、任选时间段等）等。家庭用电的图表显示如图 1.31 所示。

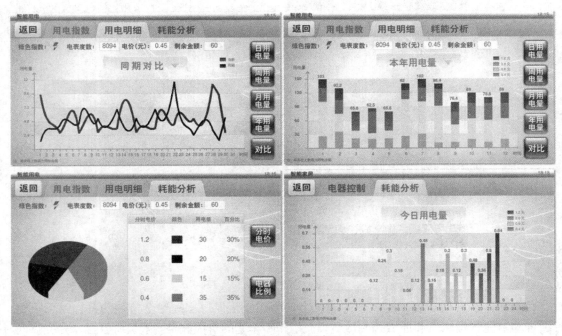

图 1.31 家庭用电图表显示

（10）节能方案

依据家庭能耗情况的监控数据，分析家庭用能详细情况及高耗能设备，提出符合用户特点及现状的节能方案，促进用户确实有效地降低能耗。

（11）异常报警

依据家庭主要用能设备的监控数据，对数据超出标准指标的设备进行异常报警，提醒用户加以检修及维护，如图 1.32 所示。

图 1.32　异常报警

1.4　智能家居发展趋势

在未来，没有智能家居系统的住宅将像今天不能上网的住宅那样不合潮流。据调查，在拥有个人电脑的美国家庭中，有 37%的家庭希望拥有家庭网络，但很少有消费者需要带电子邮件功能的冰箱、微波炉等。因此，在建设智能化住宅时，应从人的需求出发，不应盲目追求大而全。建设一个社区智能网络系统，每建筑平方米将增加造价 100 元左右，如果再增加一些高档、豪华的设施，所需费用将更多。且不说一些不实用的设施所造成的资金浪费，仅是社区智能网络的维护就需要不少的人力、财力，由此带来的物业费增加也是房地产开发商应该考虑的问题。一项调查显示，在住宅智能化系统中，紧急呼叫系统的需求量最大，有近 50%的购房者认为这是必备的设施；其次是门铃对讲系统；紧随其后的是计算机网络系统、三表抄送系统以及对家电设施的综合控制系统等。

智能家居网络构建的原则是使用方便、安装简单，不需要额外布线、扩展性好。所以只有那些无线，或利用电力线和电话线的技术才比较符合家庭的要求。但目前利用现有电力线的技术存在着接入设备昂贵、技术成熟度不够的难题；利用电话线的技术也存在家庭的电话插头少，接入产品不能芯片化、支持厂商少等问题，推广起来有一定难度。采用无线传输方式相对而言比较灵活，更适合智能家居环境。

关于智能家居系统智能控制中心的研究和设计方案，仍有许多问题尚待解决，如：没有统一的互操作规范、网络的集成比较复杂、对家庭用户接口的规范缺少研究，但随着相关技术不断进步，它必将向着调度智能化、灵活性和互操作性方向发展，从而进入寻常百姓家。

伴随着移动互联网的发展，智能终端的使用数量急剧增加，功能也日益增强。但与此同时，由于智能终端本身的开放性、灵活性，以及智能终端的广泛应用，可能给终端用户、通信网络乃至国家安全和社会稳定在信息安全方面造成一定影响，成为阻碍其健康发展的绊脚石。智能家居的安全问题会成为未来发展的热点话题。

如今智能家居产业界所体现的三大技术趋势是领先的无线移动；网络化发展；不依靠 PC 的独立形态。而推进这个发展趋势的正是无线通信技术、网络技术以及嵌入式系统的广泛应用，因此嵌入式无线智能家居网络控制系统是未来智能家居的发展方向，它能够提供标准化接口和无线网络互连功能，而且可以通过嵌入式通信协议的实现，使得系统能够脱离传统 PC，从而使数字家庭行业跨入物联网时代。

参考文献

[1] 张翼英等．物联网导论[M]．北京：中国水利水电出版社，2012．

[2] 林旭东．智能家居系统相关技术及发展趋势[J]．科技创新导报，2008（6）．

[3] 侯海涛．国内外智能家居发展现状[J]．建材发展导向，2004（5）．

[4] 童晓谕，房秉毅，张云勇．物联网智能家居发展分析[J]．移动通信，2010（9）：16-20．

[5] 中国智能家居联盟网．2012-2-28．http://www.ehomecn.com．

[6] 黄磊．基于 IEEE 802.15.4/ZigBee 技术的智能家居方案研究[D]．武汉：武汉科技大学，2009．

[7] 花铁森．智能家居系统核心技术探讨[J]．智能建筑电气技术，2009（1）：92-98．

[8] 王小荣，龚小斌．无线技术在智能家居中的应用[J]．智能建筑电气技术，2009（6）：12-17．

[9] 中文维基百科．ISM 频段[EB/OL]．（2012-02-28）[2012-02-28]．http://zh.wikipedia.org/wiki/ISM 频段．

[10] Wikipedia. Ultra-wideband [EB/OL]．（2012-02-19）[2012-2-22]．http://en.wikipedia.org/wiki/Ultra-wideband．

[11] 刘琪，闫丽，周正．UWB 的技术特点及其发展方向[J]．现代电信科技，2009（10）：6-18．

[12] H Merz，T Hansemann，C Hubner. Building Automation：Communication Systems with EIB/KNX，LON and BACnet[M]．Springer Publishing Company，2009．

[13] T J Park，S H Hong. Experimental Case Study of a BACnet-Based Lighting Control System [J]. IEEE Transactions On Automation Science and Engineering，2009，6（2）：322-333．

[14] D L Loveday，G S Virk．Artificial Intelligence for Buildings [J]．Applied Energy，2002，41（3）．

[15] 刘艳．基于 LonWorks 的智能照明系统设计[D]．南京理工大学，2009．

[16] 梅发凯，周国华．EIB 智能控制系统原理及在智能建筑中的应用[J]．计算机与数字工程，2009，37（6）：185-197．

[17] 王改华，姜波，刘楚湘．EIB 设备数据采集系统的设计与实现[J]．自动化仪表，2007，28（1）：52-53．

[18]　张俊，程大章. 西门子 KNX/EIB 智能控制系统在建筑节能改造中的应用[J]. 建筑节能，2009，12：1-3.

[19]　李根旺，赵富海，高宁波. 在智能家居控制系统中 X10 协议的实现[J]. 测控技术，2006，25（7）：26-29.

[20]　Wikipedia. X10（industry standard）[EB/OL].（2012-02-02）[2012-02-28]. http://en.wikipedia. org/wiki/X10_（industry_standard）.

[21]　中文维基百科. 以太网[EB/OL].（2012-03-14）[2012-03-15]. http://zh.wikipedia.org/wiki/ Ethernet.

[22]　IEEE Standard for Information Technology-Telecommunications and Information Exchange Between Systems-Local and Metropolitan Area Networks-Specific Requirements. Part 3：Carrier Sense Multiple Access With Collision Detection（CSMA/CD）Access Method and Physical Layer Specifications，IEEE Std 802.3—2008（Revision of IEEE Std 802.3—2005），2008（1）：315.

[23]　HomePlugPowerline Alliance Inc.. HomePlug AV White Paper，2005（1）：11.

[24]　Afkhamie K H，Katar S，Yonge L，Newman R. An overview of the upcoming HomePlug AV standard[C]. Power Line Communications and Its Applications，2005：400-404.

[25]　Wikipedia. HomePNA[EB/OL].（2012-01-13）[2012-03-03]. http://en.wikipedia.org/wiki/ HomePNA.

[26]　H C Kim，M Y Chung，T J Lee，J Park. Saturation throughput analysis of collision management protocol in the HomePNA 3.0 asynchronous MAC mode[J]. Communication letters IEEE，2004，8（7）：476-478.

[27]　M D Aime，G Calandriello，A Lioy. Dependability in Wireless Networks：Can We Rely on Wi-Fi? IEEE Security & Privacy Magazine，2007，5（1）：23-29.

[28]　IEEE Standard for Information Technology-Telecommunications and Information Exchange Between Systems-Local and Metropolitan Area Networks-Specific Requirements. Part 11：Wireless LAN Medium Access Control（MAC）and Physical Layer（PHY）Specifications. IEEE Std 802.11—2007（Revision of IEEE Std 802.11—1999），2007（1）：1184.

第 2 章　智能安防监控

本章导读

安全防范就是保障人们在生产、生活和一切社会活动中人身、生命、财产和生产、生活设施不受侵犯，防止侵犯行为的总称。

智能安全防范是智能化系统的一个重要组成部分，是现代管理、监测、控制的重要手段。随着信息技术的飞速发展，对安全防范系统也提出了更高的要求，使其逐步向数字化、网络化和智能化方面发展，成为大型工厂、居民社区和公共场所不可缺少的一部分。

随着人们生活水平的不断提高，安防意识不断增强，视频监控得到了广泛使用。对于某些敏感场合，如银行、商店、停车场、居民小区、军事基地等，出于管理和安全的需要，人们必须知道该区域内发生的事件，于是采用某种特定方法来监视该场景，并且及时地对发生的异常事件做出适当的反应，这就是所谓的监控。随着社会信息化程度的不断提高，社会各行各业对视频监控系统的要求也越来越高。目前，视频安防系统正朝着数字化、网络化、智能化、一体化的方向发展。在国民越来越重视生存环境安全和舒适的今天，高性能智能视频安防系统的研究与实现将具有不可忽视的应用前景和商业价值。

本章我们将学习以下内容：
- 安防系统的相关基础知识
- 基于物联网的智能安防系统的设计与实施
- 智能安防系统的典型应用
- 智能视频分析新技术

2.1　智能安防系统概述

安防系统的应用和发展在中国已经有了 20 多年的历史，进入 21 世纪后，在国内安防市场持续增长和 IT 产业高速发展的背景下，安防系统也有了突飞猛进的发展，逐渐步入数字化和网络化应用阶段，现在正步入高清化、智能化阶段。

安防系统，其核心为基于视觉进行物体和场景感知的监控系统。视觉是人类观察世界和认知世界的重要手段。人类从外部世界获得的信息，80%以上是通过视觉获取的。这既说明视觉信息量巨大，也体现了人类视觉功能的重要性。随着信息技术的发展，给机器赋予类似人类视觉的功能，就成了人类孜孜以求的梦想。

自计算机出现以后，人们用摄像机获得环境图像将其转换成数字信号，并尝试用计算机实现对视觉信息处理的全过程，这就形成了计算机视觉这门学科。计算机视觉的研究目的是利用计算机代替人眼及大脑对于景物环境进行感知、描述、解释和理解。它是一门交叉性很强的学科，涉及计算机、心理学、生理学、物理学、信号处理和应用数学等诸多学科。

计算机视觉的研究开始于 20 世纪 60 年代，并在 20 世纪 80 年代取得了重大的突破，近

20 年来随着图像视频处理技术和人工智能技术的迅猛发展，计算机视觉技术也在快速地进步，各种新技术新方法层出不穷，其应用领域更是在迅速扩展。

2.1.1 安全防范系统

安全防范系统在国内行业标准中定义为 Security and Protection System（SPS），以维护社会公共安全为目的，运用安全防范产品和其他相关产品所构成的入侵报警系统、视频安防监控系统、出入口控制系统、BSV 液晶拼接墙系统、门禁消防系统、防爆安全检查系统等；或由这些系统为子系统组合或集成的电子系统或网络。而国外则更多称其为损失预防与犯罪预防（Loss Prevention & Crime Prevention）。损失预防是安防产业的主要任务，犯罪预防是警察执法部门的重要职责。安全防范系统是公共安全防范系统的简称，系统以保护人身财产安全、信息与通讯安全，从而达到损失预防与犯罪预防的目的。

一个典型的安防应用系统是由防盗报警探测器、采集模块、报警器、视频监控中心、门禁控制、管理软件等子系统构成，其中的视频监控中心子系统凭着直观方便、省时省力的优点在整个安防系统中占据着重要的、无法舍弃的位置。通过视频远程监控，人们可以方便地进行图像分析，判断目标行为，得出对图像内容含义的理解以及对客观场景的解释，从而指导和规划下一步的行动。视频监控系统已经应用于小区安全监控、火情监控、交通违章、流量控制、军事和银行、商场、机场、地铁等公共场所的安全防范，并且将有着更加广泛的应用前景。

2.1.2 安防系统发展现状

在国内，视频监控系统投入实际应用已经有十多年，相关技术的发展也是日新月异，其整体发展大致经历了以下几个阶段：

20 世纪 80 年代，主要是以模拟设备为主的闭路电视监控系统，称为第一代模拟监控系统。视频监控主要是以模拟式磁带录像机（VCR，Video Cassette Recorder）为代表，系统主要由模拟摄像机、专用电缆、视频矩阵、模拟监视器、模拟录像设备和盒式录像带等构成。系统特点：视频、音频信号的采集、传输和存储均为模拟形式、质量最高、技术成熟；但缺点是只适用于较小的地理范围，监控系统仅限于监控中心，无法进行远程访问，无法与其他安防系统（如门禁、边界防护等）有效集成，应用的灵活性较差，不易扩展，信息存储方式臃肿，给检索和查询带来诸多不便。

20 世纪 90 年代中期，随着计算机处理能力的提高和数字视频编码技术的发展，数字式视频录像机（DVR，Digital Video Recorder）开始出现。DVR 的使用让用户可以将模拟的视频信号数字化，并存储在电脑硬盘而不是盒式录像带上。数字化的存储大大提高了用户对视频信息的处理能力。此外，对于报警事件以及事前/事后报警信息的搜索也变得异常简单。人们利用计算机进行视频的采集和处理，利用显示器实现图像的多画面显示，这种基于 PC 机的多媒体主控台系统称为第二代数字化视频监控系统。其特点是：视频、音频信号的采集和存储主要为数字形式、质量较高、系统功能较为强大、完善，可以与信息系统交换数据，应用的灵活性较好。

21 世纪初，随着网络带宽、计算机处理能力和存储容量的提高，以及各种实用视频处理技术的出现，DVR 系统又进一步发展成为网络数字视频录像机（NVR，Network DVR）系统，与 DVR 系统相比，NVR 系统不但实现了视频信息的数字化存储，还实现了视频档案信息的数字化传播，即 NVR 可以直接接入到 IP 网络中，从而使存储下来的视频信息可以通过网络方便地进行共享。进一步，网络化视频监视系统，又称为 IP 监视系统（IPVS，IP Video Surveillance）开始出现。网络化视频监视系统从一开始就是针对在网络环境下使用而设计的，因此它克服了DVR、NVR 无法通过网络获取视频信息的缺点，用户可以通过网络中的任何电脑来观看、录制和管理实时的视频信息。

至此，视频监控步入了全数字化的网络时代，称为第三代远程视频监控系统。第三代视频监控系统是完全数字化的系统，它基于标准的 TCP/IP 协议，能够通过局域网、无线网、互联网传输，布控区域大大超过了前两代系统；它采用开放式架构，可与门禁、报警、巡更、语音、管理信息等系统无缝集成；它基于嵌入式技术，性能稳定，无需专人管理；它的灵活性大大提高，监控场景可以实现任意组合，任意调用。第三代视频监控系统以网络为依托，以数字视频的压缩、传输、存储和播放为核心。其特点是：前端一体化、传输网络化、处理数字化、控制智能化、系统集成化。但是，网络技术的复杂性加大了管理、使用和维护的难度，网络使得安防监控系统最关注的安全性无法得到保证。

近几年来，公安部在全国范围内发起了"平安城市"建设和实施"3111"工程的工作。"平安城市"以规模庞大、覆盖面广、多层次管理与高清晰监控为特征，提出了一种基于光纤网络的全数字网络监控技术。这种新技术是将模拟视频进行数字化编码，但不做压缩，数字化后的视频信号通过光纤网络进行传输。根据非压缩数字视频的传输与交换原理，构建了一个全新概念的基于光纤网络的集数字矩阵、光纤传输、网络管理于一体的大型专业化网络监控平台，也称为全数字光纤网络监控平台。视频监控技术正朝着数字化、网络化、智能化和平台化的发展方向。

自 2010 年以来，高清智能监控系统逐渐成为行业应用的宠儿。高清视频规定了视频必须至少具备 720 线非交错式（720p，即常说的逐行）或 1080 线交错式隔行（1080i，即常说的隔行）扫描（DVD 标准为 480 线），屏幕纵横比为 16:9。在高清拍摄条件下，画面清晰度是普通画面的 3 倍，图 2.1 显示了明显的对比效果。由于高清视频采集设备价格较高，数据处理需要高性能处理服务器，高清视频分析系统主要应用于城市主要干道监管、银行金融系统、高速公路收费站、机场海关安检等领域。

标清　　　　　　　　　　高清

图 2.1　高清和标清画面对比

视频监控系统与设备虽然在技术、功能和性能上得到了极大的发展，但是仍然受到了一些固有因素的限制，从而导致整个系统在安全性和实用性方面仍然没有达到人们的期望。具体的制约因素如下：

（1）人类自身的弱点。在很多情况下，人类并非是一个可以完全信赖的观察者，无论是观看实时的视频流还是观看录像回放，由于自身生理上的弱点，人类经常无法察觉安全威胁，从而导致漏报（False Negatives）现象的发生，传统的视频监控系统支持捕获、储存和发布监控位置的视频，而将分析和发现异常时间的工作留给监控人员。监控人员不间断地分析监视场景内的活动，日夜值班，工作量异常繁重。同时，监视视频要求的注意力集中程度远超日常工作。有研究指出：由于视频监控中异常事件发生频率比较低，监控人员很容易出现注意力不集中的状况，从而造成无法及时发现和排除异常行为。美国国家司法研究院对于监控人员监控视频的效率曾有过以下结论：研究表明，在监控视频中发现事件的这类工作中，即使工作人员具有高度的奉献精神和很好的目的性，也无法支撑一个有效的安全系统。在监视和分析画面 20 分钟后，绝大部分人的注意力将下降到一个不可接受的低水平。监视视频画面是一个难以忍受的枯燥和让人困乏的工作。在这个过程中，没有任何类似于看电视节目时那种脑力上的激励和刺激。不同于传统的视频监控系统，今天大多数智能视频监控系统具有一系列无与伦比的优势，包括：实时的时间报警，自动的视频检索，智能的视频语义理解。

（2）监控时间。除了一些规模较小的监控应用之外，由于监控机房面积的限制、系统成本及扩充性的考虑，很少有视频监控系统会按照 1:1 的比例为监控摄像机配置监视器。这意味着对于那些机场、港湾等大型的视频监控系统来讲，各个监控点并非每时每刻都处于值班人员的监控当中，不论系统是否采用主动巡视或被动巡查，都无法圆满解决这一问题。

（3）误报和漏报。误报（False Positives）和漏报（False Negatives）是目前视频监视系统中最常见的两大问题。误报是指位于监控点的安全活动被误认为是安全威胁，从而产生错误的报警。漏报是指在监控点发生了某种安全威胁，但该威胁并没有被监控系统或安全人员发现。漏报可能会导致非常危险的后果发生，而误报会浪费人力、物力，并且这两种问题都会大大降低人们对监控系统的信任，从而降低监控系统的应用价值。

（4）数据分析困难。报警发生后对录像数据进行分析通常是安全人员必须要做的工作之一，而误报和漏报现象则进一步加重了进行数据分析的工作负担。另外，安全人员经常被要求找出与报警事件相关的录像资料，找到肇事者、确定事故责任或评估该事件的安全威胁程度。但由于传统视频监控系统缺乏智能因素，录像数据无法被有效地分类存储，更不用说其他智能分析，最多只能打上时间标签，因此数据分析工作变得极其耗时，并且很难获得全部的相关信息，而经常发生的误报漏报现象使得无用数据进一步增加，有用数据经常缺失，从而给数据分析工作带来了更大的困难。越来越多的视频被记录下来，但由于时间的关系，这些视频信息很少会被完整地分析。

为了解决由于上述原因导致视频监控效率低下的问题，人们尝试把计算机视觉中的相关技术引入到视频监控中，从而发展起来一种新型视频监控技术——智能视频监控，智能视频监控也称智能视频分析、自动视频监控、智能视觉监控，它在视频监控中起着核心的作用，可以有效提高视频监控的效率。

2.1.3　智能安防监控系统

智能安防监控是计算机视觉领域中近几年来新兴起的一个应用方向。它是利用计算机视觉技术对视频信号进行处理、分析和理解，并对视频监控系统进行控制，从而提高视频监控系统智能化水平。智能安防监控在民用和军事领域中都有着极大的应用前景。目前虽然在银行、商店、车站、港口等一些重要的公共场所普遍架设了监控摄像机，但实际的监控任务仍需要较多的人工工作来完成。在很多情况下，目前的视频监控系统所提供的信息是没有经过任何分析的视频裸数据，这就不能充分发挥监控系统应有的实时主动的监督作用。另一方面，为了防止和阻止犯罪，对无人值守的视频监控系统的需求量日益上升，这类系统的主要目标是减少对繁琐人工的依赖，自动完成对复杂环境中人和车辆等进行实时观测以及对感兴趣的对象的行为进行分析和描述。要完成这些任务，需要涉及到智能视频监控中许多核心技术，如：背景分析、对象提取、对象描述、对象跟踪、对象识别和对象行为分析。

智能安防系统的优势在于：

（1）全天候可靠监控。智能视频监控系统彻底改变了以往完全由安全工作人员对监控画面进行监视和分析的模式，它通过嵌入在前端设备（网络摄像机或视频服务器）中的智能视频模块对所监控的画面进行分析，并采用智能算法与用户定义的安全模型进行对比，一旦发现安全威胁立刻向监控中心报警。

（2）提高报警精确度。智能视频监控系统能够有效提高报警精确度，大大降低误报和漏报现象的发生。智能视频监控系统的前端设备（网络摄像机和视频服务器）集成了强大的图像处理能力，并运行高级智能算法，使用户可以更加精确地定义安全威胁的特征。例如：用户可以定义一道虚拟警戒线，并规定只有跨越该警戒线（进入或走出）才产生报警，从警戒线旁边经过则不产生报警。

（3）提高响应速度。智能视频系统拥有比普通网络视频监控系统更加强大的智能特性，它能够识别可疑活动（例如有人在公共场所遗留了可疑物体，或者有人在敏感区域停留的时间过长），因此在安全威胁发生之前就能够提示安全人员关注相关监控画面，使安全部门有足够的时间为潜在的威胁做好准备工作。

（4）扩展视频资源的用途。无论是传统的视频监控系统还是网络视频监控系统，其所监控到的视频画面都只能应用在安全监视领域，而在智能视频系统中，这些视频资源还可以有更多的用途。例如，商场大堂的监视录像可以用来加强对 VIP 顾客以及普通客户的服务，智能视频系统可以自动识别 VIP 用户的特征，并通知客服人员及时做好服务工作。

智能化、数字化、网络化是视频监控发展的必然趋势，智能视频监控的出现正是这一趋势的直接体现。智能视频监控设备比普通的网络视频监控设备具备更加强大的图像处理能力和智能因素，因此可以为用户提供更多高级的视频分析功能，它可以极大地提高视频监控系统的能力，并使视频资源能够发挥更大的作用。

2.1.4 大数据下的智能安防系统

所谓大数据，简单直观的解释就是指海量的数据，大数据的特征可以用 4V 来表述，即：规模（volume）、速度（velocity）、类型多（variety）、价值密度低（veracity）。近两年来，大数据已发展成为专门技术，对提高工作效率、有效解决业务难题起到关键的作用。安防系统大数据的来源主要是每天产生的数以万计的图像及视频数据，覆盖公安、交警、城管、海关、能源、金融、教育、园区、住宅、娱乐场所等区域所获取的视频监控数据，随着各类各地视频尤其是高清视频接入规模几何集数的增长，每时每刻产生的数据量正以惊人的速度在不停地累积。

安防系统大数据是安防信息化发展到现阶段的一种特征，随着云计算技术的发展，原本很难收集和使用的视频数据开始被有效地利用起来，通过各细分行业的不断创新，视频数据会逐步为用户创造更多的价值。大数据处理的核心技术主要包括大规模并行处理（MPP）数据库和分布式文件系统。例如，在治理城市交通拥堵的问题上，大数据也正在发挥着重要的作用，交管部门根据各个主干道布局的摄像机抓取的实时画面，利用智能交通车辆流量的大数据分析，实时自动调整道路交通资源分配，及时响应相关的限流措施，并发布道路车辆密度实时信息。

智能安防系统是大数据与物联网相结合的典型应用，物联网技术的普及应用使安防从简单的安全防护系统向城市综合化体系演变，涵盖众多的领域，特别是针对重要场所，如机场、银行、地铁、道路桥梁、车站等场所，引入物联网技术后可以通过无线移动、跟踪定位等手段建立全方位的立体防护。智能安防行业需求已从大面积监控布点转变为注重视频智能预警、分析和实战，迫切需要利用大数据技术从海量的视频数据中进行规律预测、情境分析、串并侦查、时空分析等。

与传统的互联网相比较，在物联网中，对大数据技术有着更高的要求。首先，物联网中的数据量更大，物联网最主要的特征之一是节点的海量性，除了人和服务器之外，物品、设备、传感网等都是物联网的组成节点，数量规模远大于互联网；同时，物联网节点的数据生成频率远高于互联网，如传感节点多数处于全时工作状态，数据流源源不断。其次，物联网中的数据速率更高，一方面，物联网中的海量数据必然要求骨干网汇聚更多的数据，数据的传输速率要求更高；另一方面，由于物联网与真实物理世界直接关联，很多情况下需要实时访问、控制相应的节点和设备，因此需要高数据传输速率来支持相应的实时性。物联网涉及的应用范围广泛，在不同领域、不同行业，需要面对不同类型、不同格式的应用数据，因此物联网中数据多样性更为突出。最后，物联网对数据真实性的要求更高，物联网是真实物理世界与虚拟信息世界的结合，其对数据的处理以及基于此进行的决策将直接影响物理世界，物联网中数据的真实性显得尤为重要。大数据对安防行业提出了新的挑战，是智能安防系统发展的大趋势。

2.1.5　国内外技术及行业发展状况

智能化视频监控的研究与应用在社会各领域日趋成熟完善，尤其是大数据背景下的各类视频监控应用日新月异。计算机视频监控主要利用计算机视觉和图像处理的方法对图像序列进行运动检测、运动目标分类、运动目标跟踪以及对监视场景中目标行为的理解与描述。其中，运动检测、目标分类、目标跟踪属于视觉中的低级中级处理部分，而行为理解和描述则属于高级处理。运动检测、运动目标分类与跟踪是视频监控中研究较多的三个问题；而行为理解与描述则是近年来被广泛关注的研究热点，它是指对目标的运动模式进行分析和识别，并用自然语言等加以描述。

在 1996—1999 年间，在美国国防高级研究计划局（ARPA）的资助下，卡内基梅隆大学、戴维 SARNOFF 研究中心等几家著名研究机构合作，联合研制了视频监视与监控系统 VSAM。VSAM 的目标是为未来城市和战场监控应用开发的一种自动视频理解技术，用于实现未来战争中人力监控费用昂贵、非常危险或者人力无法实现等场合下的监控。该系统目前仍处于试用阶段，其主要功能有：①具有先进的视频分析处理器，不但能检测和识别异常对象的类型，还能分析与预测人的活动，根据运动对象行为的危害性进行自动提示和报警。②使用地理信息和三维建模技术提供可视化图形操作界面。当视频分析处理器报告了运动对象、对象类别及位置之后，操作员不仅可以使用虚拟的对象（人、汽车、坦克等）在地理信息界面上进行标记，而且还能在辅助窗口观察对象的真实活动情况。③机载航空摄像机不需要经常性的人工操纵就能自动对准地面监视目标，实现对重要目标的长时间监视；自动协调多个图像传感器无缝接入，实现整个战场场景的监视。因此，VSAM 不但能进行一般性的军事安全监控，如军事基地、军械弹药库和边海防线的监控；而且能够进行局部战争战场的实时监控，如敌方军力部署及调动情况等。

英国的雷丁大学（University of Reading）已开展了对车辆和行人的跟踪及其交互作用识别的相关研究；BIM 与 Microsoft 等公司也正逐步将基于视觉的手势识别接口应用于商业领域中。马里兰大学的实时视觉监控系统不仅能够定位人和分割出人的身体部分，而且通过建立外观模型来实现多人的跟踪，可以检测和跟踪室外环境中的人并对他们之间简单的交互进行监控。国外的研究还有多传感器监控，使用多个传感器对某一地区协同监控；以及飞行器监控，如对从热气球上拍摄的视频图像进行分析和处理。

在国内的研究机构中，中国科学院北京自动化研究所下属的模式识别国家重点实验室视觉监控跟踪课题组处于领先地位。他们对交通场景的视觉监控（基于三维线性模型定位、基于扩展卡尔曼滤波器的车辆跟踪算法）、人的运动视觉监控（基于步态的远距离身份识别）和行为模式识别（提出了对目标运动轨迹和行为特征的学习的模糊自组织神经学习算法）进行了深入研究，取得了一定的成果。近期正处于测试阶段的人脸支付系统，也是智能视频领域新的应用亮点之一。该项技术已经达到国际领先水平，并同互联网金融机构和部分商业银行开展了一系列合作测试，包括辅助实名验证、远程身份验证等金融服务前置需求等业务领域，取得了极佳的效果，在国内某商业银行的认证场景测试中，误识率在十万分之一的情况下通过率超过95%，超过同期测试机构效果 50%以上。

除此之外，国内还有一些高校也进行了这方面的研究，如上海交通大学、北京航空航天大学、北京理工大学等。IEEE 协会从 1998 年起资助了国际视觉监控系列会议，至今已经分别在印度、美国、爱尔兰召开三届。国际权威期刊 International Journal of Computer Vision 和 IEEE Trans. on Pattern Analysis and Machine Intelligence 都出版了有关视频监控的专题。国内始于 2002 年 5 月召开了第一届全国智能视觉监控学术会议，对图像序列分析、目标定位、识别和跟踪、高层语义理解、系统构建与集成、网络环境下的视频监控等内容进行了多方面探讨。

2.2　智能安防监控系统架构及技术

智能安防监控系统是智能安防系统的一个重要组成部分，建立视频图像监控系统的目的是及时准确地掌握所监视路口、路段周围的车辆、行人的流量、交通治安情况等，为指挥人员提供迅速直观的信息，从而对各类事件做出准确判断并及时响应，对监控范围内的突发性治安事件录像取证，起到综合安防治理效果。

2.2.1　系统总体架构

智能安防监控系统主要分为三个部分：前端采集子系统、安防判决子系统、监控显示与警情管理子系统，如图 2.2 所示。

（1）前端采集子系统由各种信息源组成，通过与安防判决系统之间的接口，将信息源采集到的信息传输给安防判决系统。

（2）安防判决子系统根据接收到的多种信息，对这些信息进行消息过滤、联动判决、分级处理，形成有效安防事件，转发给监控显示与警情管理子系统。

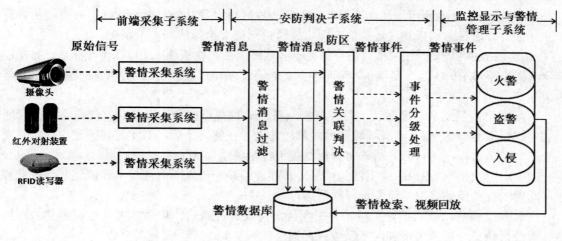

图 2.2　智能安防系统架构图

（3）监控显示与警情管理子系统根据接收到的警情事件查询数据库，获取安防事件的详细信息，很多已经开发应用的系统最后将这些信息显示在基于三维地理模型的显示界面中。

智能安防子系统能够将分散、孤立的安防监控信息进行联网处理和集合展示，实现跨区域的统一监控、统一管理，满足远程监控、管理和信息传递的需求，实现对小区的实时管理，提高处置各类突发事件的实时监控、快速反应能力。

智能安防监控系统中，由于各种信息源的探测精度、探测环境、探测到的消息可能为同一事件，也可能为不同事件，为了将信息源探测到的消息进行智能分析，确定所发生事件的具体行为涵义，必须依据不同信息源之间存在的关系对所有信息源探测到的消息流进行智能联动并分析判决，以得到分析结果。

以下将着重讨论一种基于多信息源的智能安防监控系统的设计方案。系统中多个信息源之间相互独立，通过警情判决系统进行信息统计分析。基于该设计方案，将实现如下设计目标：

（1）布控多个信息源进行安防信息的采集，用以提高系统的安防探测性能，将监控死角减少到最小，降低误报与漏报率。

（2）多个信息源之间相互独立，当其中一个或一些冗余信息源出现故障后，系统仍能正常工作，使系统具有较高的健壮性与可靠性。

（3）系统具有较好的扩展性，依据设定的通信协议，可以兼容更多信息源，而不用进行大面积系统改动。

（4）基于安防联动与分级的判决机制，使系统更加智能，能够将多信息源的信息分析后得到统一的警情事件，方便用户理解与查询。

2.2.2　前端采集子系统

前端采集子系统将其中三种安防设备作为信息源进行设计，这三种设备为视频、红外与RFID。

（1）视频运动目标分析模块：运用视频运动目标检测、识别、跟踪技术，对获取的实时视频进行移动侦测，当在移动侦测设定区域发现非法运动目标即将警情信息提交给警情判决子系统。

（2）红外入侵检测模块：在围墙、门窗等周界区域设置红外对射装置，实时侦测是否有非法遮挡红外射线，如果发现遮挡情况即将警情信息提交给警情判决子系统。

（3）RFID 物资管理模块：对系统部署小区范围内贵重物资植入 RFID 无源标签，并在建筑物出入口架设 RFID 读写器设备，实时侦测是否有非法出入的物资信息，则将其提交给安防判决系统。

前端采集子系统中，视频运动目标分析服务器通过视频服务器设备获取摄像头数据，通过调用视频服务器的 API 实现视频图像的解码功能。在解码之后，对实时视频流进行实时视频处理，然后进行运动目标分析，将分析结果上传至警情判决子系统。

RFID 中间件：将 RFID 读写器的信号，转换为门禁、进入、离开等事件模型；针对标签在读写器附近停留的情况，只发送一次信息。

红外入侵检测：使用报警主机，并采用协定协议进行通信，将周界围墙中探测到的遮挡转换为警情消息传送给警情判决子系统进行报警。

1．视频运动目标监控

（1）视频运动目标监控结构

智能视频技术主要有两种架构方式，一种是基于后端服务器方式，如图 2.3 所示；另外一种是前端嵌入式方式即 DSP（Digital Signal Processor）方式，如图 2.4 所示。

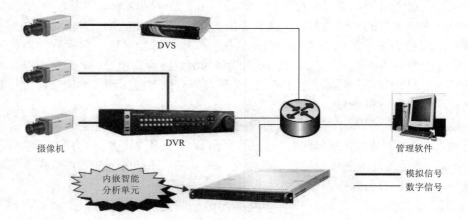

图 2.3　基于后端服务器方式

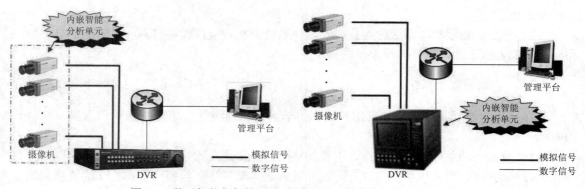

图 2.4　基于智能相机的 DSP 方式和基于数字存储的 DSP 方式

　　基于后端服务器方式，是将视频传送至后端的 PC/服务器或者工控机上进行算法实现。它的优点是功能定义灵活、可实现复杂的分析算法；缺点是需保障视频的传输，对网络要求高，后端的硬件投资巨大。

　　前端嵌入式方式实现，是采用 DSP 或类似嵌入式系统，在监控前端对视频进行分析，并进行相应的处理和联动。它的优点是视频无需远程传输、兼容性好、系统工作稳定等；缺点是，系统处理资源有限，无法完成复杂的视频分析工作，而且功能升级潜力有限，适用于一些相对简单的视频分析功能。

　　DSP 方式下，视频分析单元一般位于视频采集设备（摄像机或编码器）附近，此方式可以使得视频分析单元直接对原始或最接近原始的视频图像进行分析；而后端服务器方式，服务器得到的视频图像经过网络编码传输后已经丢失了部分信息，因此精确度难免下降。视频分析是个复杂的过程，需要占用大量计算资源，因此采用后端服务器方式可以同时进行分析的视频路数非常有限，而 DSP 方式没有此限制。

　　DSP 方式明显优于后端服务器方式，主要表现在：DSP 方式可以使得视频分析技术采用分布式的架构方式，在此方式下，视频分析单元一般位于视频采集设备附近（摄像机或编码器），这样，可以有选择地设置系统，让系统只有当需要的时候才传输视频到控制中心或存储中心，相对于服务器方式，大大节省了网络负担及存储空间。

　　（2）视频监控相关技术

　　视频监控技术是在计算机、网络、图形图像处理及传输技术的基础上，产生的一种安防技术。

　　1）常用的视频监控技术

　　当前，常用的视频监控技术有两种，一种是通过数字信号控制的模拟视频监控技术，这种技术是最先发展起来的，所以性能非常稳定，已应用于各个领域，另外一种是数字信号控制的数字视频监控技术，由于该技术的核心是图像视频压缩，因此，应用范围略小于前者。但后者视频监控技术是未来的发展方向。下面就这两种技术进行简要的介绍：

　　①模拟视频监控系统：由于模拟监控系统的研究起步较早，该技术无论是在性能、结构或是可靠性方面都具有很多的优点，此外，该类监控系统提供了很多丰富的对外接口。但是这类监控系统也存在一些缺陷，主要表现在监控范围小、图像清晰度不高、可扩展性差等。

　　②数字视频监控系统：数字视频监控技术是伴随着多媒体技术、视频压缩技术而发展起来的。该类监控系统又可以分为两种，一种是以数字录像监控为核心的视频监控，另一种是以嵌入式视频 Web 服务器为核心的视频监控。下面分别就两类系统进行介绍：

● 数字监控录像系统：这种监控系统分为两种方式，分别是基于 PC 机组合的多媒体工作方式和嵌入式方式。基于 PC 机组合的多媒体工作方式的技术基础是数字视频压缩编码技术。该监控方式通过计算机扩大了监控范围，利用计算机自身携带的大容量存储介质，可以延长监控的时间。这类监控系统主要依赖于计算机能否正常工作。嵌入式视频监控系统与前者相比，其侧重点在于实际应用。通过监控设备的集成，在软件或硬件上进行适当的增减，从而适用于不同的应用场合。这类系统有性能稳定、响应时间快等优点。

● 嵌入式视频 Web 服务器为核心的视频监控系统：这类监控系统是当前监控领域的主流，其原理是在视频服务器中，又嵌入了一个 Web 服务器，其目的在于使用户通过网络实现对监控设备的远程控制。当摄像机送入视频信号后，经过数字化处理，再经过专用装置进行压缩，并通过总线传输到内置的 Web 服务器，从而可以让远程用户实现对数据的访问。此外，对于有操作权限的用户，通过 Web 服务器，可以远程控制摄像装置，如调节监控角度、范围等。这类系统具有好的性能，具有很强大的可扩展性和可靠性。

以上简要介绍了两种视频监控技术，随着视频压缩及传输技术的发展，数字监控的应用范围将远远超越模拟视频监控。由于其良好的性能和可靠性，特别适用于重要部门的出入口、围墙等。

2）信息传输技术

信息传输技术的研究有过很长的历史时间，特别是计算机技术和网络技术飞速发展的大背景下，信息传输技术成为其他各个领域的重要基础技术。结合安防系统、前端硬件装置，如传感器、探测器，采集到了大量的数据，这些数据需要传输到服务器中进行再处理加工，因此，信息传输技术的应用，是安防系统实现的重要环节。

①无线传输技术。无线传输技术是当前主流的数据传输方式，也是未来研究的重要方向。无线传输就是将数据转换成无线电信号，经过放大处理后，通过专用发射设备，将信号发射出去，最终达到接收方。实现数据无线传输，需要经过数字频率调制和信号发射两个重要环节。

数字频率调制：数字频率调制的原理是利用了载波的离散化，通过将传感器的脉冲信号转化为不同的载波频率实现传输，在接收端执行相反的转换过程。例如在二进制数字调制系统中，由于只有两个状态，因此，在传输时，只需要两个波段频率用以区分两种不同的状态信息。

- 同频传输模式。所谓同频传输，是指信号以相同的波段频率向外发射，其优点主要为可靠性高，某一范围内的硬件损坏，不会影响全局的数据传输。

- 异频传输模式。与同频传输相反，异频传输采用不同的波段频率传输信号，要求传感模块与主机之间是一对一的关系。

②有线传输技术。与无线传输相对应，有线传输是指利用电线、电缆、光缆等硬件设备将传感器采集到的数据传输给服务器进行下一步处理操作。有线传输技术的应用相对于无线来说，施工成本要大很多，前期要进行周密的布线设计，但有线传输也有其优点，那就是安全性较高，不容易泄密等。

3）视频分析技术

智能视频分析就是使用计算机图像视觉分析技术，通过将场景中背景和目标分离，进而分析并追踪在摄像机场景内出现的目标。用户可以根据视频内容分析功能，通过在不同摄像机的场景中预设不同的报警规则，一旦目标在场景中出现了违反预定规则的行为，系统会自动发出报警，监控工作站自动弹出报警信息并发出警示音，用户可以通过点击报警信息，实现报警场景重组并采取相关措施。

视频内容分析技术通过对可视监视摄像机视频图像进行分析，并具备对风、雨、雪、落叶、飞鸟、飘动的旗帜等多种背景的过滤能力，通过建立人体活动模型，借助各种过滤器，排除监视场景中非人类的干扰因素，准确判断监控人在视频监视图像中的各种活动。

智能视频分析技术涉及众多学科，包括计算机视觉、人工智能、仿生学等，现在已经成为视频监控的重要部分，并随着技术的提升和市场对智能视频的迫切需求，相信定会获得越来越广泛的应用。

随着技术的飞速发展，人们对闭路电视监控系统的要求越来越高，智能化在监控领域也得到越来越多的应用。在某些监控的场所对安全性要求比较高，需要对运动的物体进行及时的检测和跟踪，因此需要一些精确的图像检测技术实现自动报警和目标检测。

视频移动探测（Video Motion Detection，VMD）是硬盘录像机早期的一个功能，初衷是监控画面的某个区域内是否有像素变化，系统便自动触发报警提醒工作人员注意该图像。VMD技术采用比较相邻帧图像像素的变化情况，关注核心画面内所有像素的变化情况，此技术的应用比较有局限性。例如 VMD 技术对于一些静态场景过于敏感，如海浪、树叶的晃动等，可能触发误报警，因此不适合用于室外；而对于一些缓慢移动的入侵物体，或者入侵的物体突然停止运动，可能导致漏报警。由于 VMD 技术的局限性，实际应用的并不多，也算不上是真正的智能视频分析技术。VMD 技术的优势是算法简单，不会给处理器带来很大负担，并且在一些室外场景并不复杂的场所可以有不错的表现，但是对于真正有视频分析需求的应用环境，尤其是室外环境，VMD 技术不是一个好的选择。下面介绍智能视频分析技术的技术原理。

（3）视频运动目标监控设计

通常来说，一个运动分析模块的输入是时序上的一个图像序列，所处理的数据规模随着序列的增加也在相应地增长。解决运动分析问题通常要借助一组假设。先验知识能够帮助降低分析的复杂度。这里的先验知识主要为连续图像之间的时间间隔信息，特别是对图像序列来说，这个时间间隔是否足够短，能够用以表示连续的运动。

视频分析技术通过将摄像机场景中背景环境和前景目标的位置、形状、尺寸、类型、轨迹等分离，进而进行事件分析并判断场景的各种状况。用户可以根据现实的实际场景，建立相应的不同场景模型，生成在场景中出现不同状况后联动相应报警事件的规则，通过这种规则来判断和分析视频，自动发出报警，输出联动信号，提示用户进行相应的操作或根据报警的场景来采取相关的措施。如图 2.5 所示，在道路机动车智能视频监控系统中，首先对各类视频采集设备采集到的视频提取前景目标——主要是各种运动车辆或行人；然后设定系统事件分析需求——非法停车、越线，或超速等违规行为；最后通过算法分析做出响应——发出报警，自动记录违规车辆信息等。

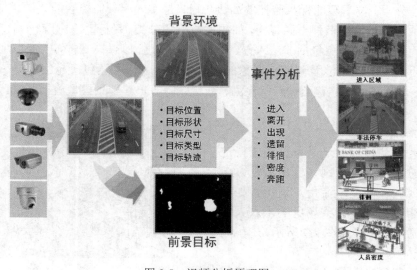

图 2.5　视频分析原理图

由此，智能视频分析流程（见图2.6）包括：一般获取视频序列后，首先通过图像恢复或超分辨率复原技术对图像预处理，然后对场景中的目标进行检测、分类和跟踪，进而实现视频内容的分析理解，包括场景中的异常检测、用户的身份识别以及视频内容的理解描述等。最后根据设定的规则产生报警信号，进行相关的后续处理。

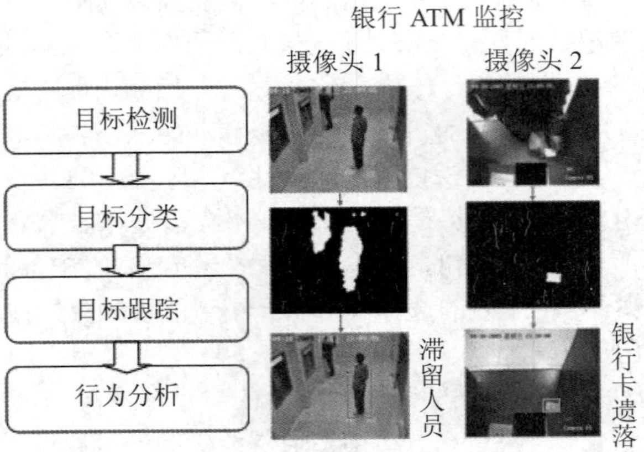

图 2.6　智能视频分析流程图

- 目标检测。将输入视频图像中变化剧烈的图像区域从图像背景中分离出来是智能视频行为分析的基础，其检测效果直接决定整个智能视频监控系统的性能。目标检测的算法主要包括光流法、相邻帧差法和背景差等诸多方法。
- 目标分类。利用图像特征值实现目标类型（一般是人和车）的甄别。用于目标分类的特征有空间特征，包括目标轮廓、目标尺寸、目标纹理以及目标的时间特征（比如目标大小的变化、运动的速度等）。
- 目标跟踪。依据目标及其所在的环境，选择能唯一表述目标的特征，并在后续帧中搜索与该特征最匹配的目标位置。常用的跟踪算法包括基于特征的跟踪算法、基于3D模型的跟踪，基于主动轮廓模型的跟踪以及基于运动估计的跟踪等。
- 行为分析。位于智能视频监控的高级阶段，是实现视频监控智能化的关键，内容涉及视频监控对象的多种不同行为，如目标检测和分类、目标动态跟踪、目标识别和理解、统计计数，另外还包括非法入侵、人物分离、逗留游荡、群体定向移动等异常行为。

视频分析的主要应用涉及到监控对象的多种不同行为，主要包含越线检测、流量统计、轨迹跟踪、区域检测、搬移检测、滞留检测、云台跟踪等，其场景模型模拟了实际应用中的多种情况。

1）流量统计

能够统计运动目标通过某条直线或特定区域的个数总和，并可分别计算出特定方向上通过直线或区域的交通流量。适用于如工厂门口、商店、车站等公共场所的出入人流以及交通车流量统计（如图2.7所示）。

2）区域检测

当有人或车辆进入警戒防区时，标记其

图 2.7　流量统计

闯入禁区的方向，并实时报警。可在视场内设置各种形状、大小的警戒区域，充分满足在不同场景下对侵入禁区检测的需求。系统还能实现在同一视场内设置多个警戒区，实现多区域同时监测，适用于设置违禁区域以增加人们的安全度，可应用于交通管制等。

该功能可应用于在警戒区域内检测无人看管的遗留物。当特定位置的目标物品被拿走或被移动时，即自动发出报警信息，并在目标物品原来放置位置显示告警框提醒相关人员注意物品被移动。

检测可以设定为两种模式：当物品被搬移时立即报警；当物品被拿走超过一定时间，且没有放回原处的时候发出报警，如图 2.8 所示。

图 2.8　区域检测

3）滞留检测

能够识别车辆在禁止停靠区域内，是否长时间停留。当车辆在某些特殊区域内（例如道路中央、禁止停靠区等）因交通事故、交通阻塞，非法停靠等原因停留时，会发出异常报警。

能够判断人员在特定区域内徘徊逗留，确认为可疑徘徊后，发出异常报警。用户能通过设置目标停留时间来判定目标是否滞留或徘徊，如图 2.9 所示。

图 2.9　滞留检测

4）人体行为检测

为了满足安防监控需求，智能视频分析目前能够在警戒区域内，根据人体行为进行设置，实现对于人体特殊行为进行预警和分析，主要包括偷窃行为（如图 2.10 所示）、非正常加速行为、人员徘徊、人员聚集检测（如图 2.11 所示）、人员遇袭检测等人体行为。

图 2.10　偷窃行为监控

图 2.11　人员聚集检测

5）火灾预警

对于一些不适宜安装烟雾报警器的场所，智能分析系统可以根据烟雾和火焰进行火灾的预警（如图 2.12 所示）。

图 2.12　火焰检测

不同的行业对于视频监控的需求一般有着非常明显的差异，特别是对于智能视频分析技术的应用需求，由此也决定了不同行业间检测行为类型与异常事件的特殊性。随着各行业应用的不断深入以及安全级别控制要求的进一步提升，各安防领域将面临越来越多不同的挑战，其对视频监控的需求也日益多样化和复杂化。如何能够识别与分析更多的行为已成为了智能视频分析技术在深化行业应用过程中不得不面临的问题。只有结合行业应用实际，深入了解各不同行业的具体要求，才能更好地抓住用户的需求，将智能视频分析技术的功能落实到应用的实处。这也是智能视频分析技术未来产业化价值的最终体现。

同时，视频流可以是多路同时输入，视频图像序列首先进行预处理，包括基本的平滑过程，然后进入目标检测模块，提取出运动前景，在必要时会执行更新背景模型；随后通过运动分割和轮廓匹配完成目标跟踪；并将跟踪时提取出的轮廓进行规则化，以基于度量衡的方法完成运动目标的分类识别。

当视频运动目标分析模块经过分析后得到输出结果，通过与安防判决系统的通信接口协议，使用 Socket 通信，将安防信息发送给安防判决系统进行分析。

2．RFID 物资管理

RFID 物资管理通过建立一个 RFID 子系统，将读写器探测到的 RFID 标签信息实时传递给 RFID 中间件，中间件经过分析过滤处理后形成安防消息，上报给安防采集子系统，安防采集子系统经过信息处理后将警情消息发送给安防判决系统，安防判决系统根据设定好的逻辑规则形成安防事件，传输给监控显示系统进行显示。

其中，RFID 物资管理模块的设计工作主要是对 RFID 中间件子模块的设计，整个系统的模块设计如图 2.13 所示。

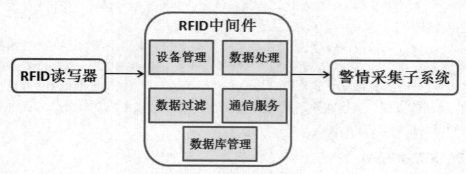

图 2.13　RFID 模块设计图

RFID 中间件是整个系统的核心，包括以下五个部分：设备管理模块、数据处理模块、数据过滤模块、通信服务模块、数据库管理模块。

设备管理模块：RFID 中间件的基础模块，主要包括读写器配置管理、读写器操作、读写器状态监控、读写器协同管理等。

数据处理模块：主要负责对从读写器输入的标签数据进行并行分析处理、避免漏过标签数据。

数据过滤模块：主要包括属性过滤器、冗余过滤器、行为过滤器、规则过滤器等四种过滤规则。

通信服务模块：负责管理网络端口和传送、接收网络数据。该系统中需要建立很多连接，而连接可能属于不同的类型，连接对象，连接时间，连接方式，从网络上接收到的数据格式、长度，都有可能不同，因此通信服务模块需要提供一个统一的接口给外部，用以创建连接。它自己对各种连接进行管理，同时把接收到的数据转发给指定的模块。

数据库管理模块：包括两部分的功能，一部分是数据缓存服务，一部分是本地数据库访问服务。数据缓存服务减少对数据库文件的实际操作次数，在内存中建立一张缓冲表。而对数据库文件的真正操作由数据刷新线程调用数据库操作来完成。

3. 红外入侵检测

红外入侵报警器由红外探测器和报警主机两部分组成。探测器安装在被保护现场，用于探测警戒范围内活动人体的移动，并将探测结果（用有线、无线方式）传送给报警主机。报警主机可接多个探测器，用于接收和分析各探测点的现场状况。当发生警情时，可声光报警，并将警情呈现给警报负责人（值班人员）或向更高级别管理中心报告。

报警主机是红外入侵检测模块的核心，其接收红外探测器发来的报警信号的同时进行及时的消息转发。

红外探测器依据红外探测的原理可分为主动式红外探测器和被动式红外探测器。由于主动式红外探测器探测距离远的特点，因此本章节的系统中采用主动式红外探测器作为红外警情采集装置。主动式红外探测器由收、发装置两部分组成。发射装置向几十米甚至几百米远的接收装置辐射一束红外能量。当该束红外光线能量被遮断时，接收端接收不到红外光纤的能量，即向报警主机传输报警信号，通知报警主机发生警情。

主动式红外探测器中的红外发射装置内有振荡器，振荡器产生脉冲信号，经过波形变换及放大后，通过红外发光器件产生红外脉冲光线，然后通过聚焦透镜将红外光转变为较细的红外光束，向接收端发射。接收端的光电器件将接收到的红外光信号转换为电信号，经整形、放大后启动报警装置。

主动式红外探测器通常具有灵敏度高、抗干扰能力强、探测距离远（几十米到三百米以上）等特点，适于部署在室外用来进行周界入侵探测报警。主动式红外入侵报警器一般采用双光束或多光束进行发送和接收，这样可有效地区别小动物干扰，以降低误报率。一旦有人进入警戒区域，遮断或大部分遮挡红外光束，则接收端因接收不到发射器的红外信号而进入报警状态，将报警信号传输给报警主机。

2.2.3 安防判决系统

安防判决系统是这个系统的核心组件，该系统从前端采集子系统获取安防消息，依据设定的规则对消息过滤处理后产生安防事件，通过消息转发模块将安防事件转发给监控显示与安防管理系统。安防判决系统采用多手段区域联合报警来减少误报漏报率，以提高警情的准确度。

安防判决系统的设计如图 2.14 所示。

安防判决系统设计的关键问题在于其能够综合多种信息源的警情消息进行事件判决，然后根据事件判决结果对警情事件进行分级。安防判决系统主要由信息输入模块、信息处理模块以及信息转发模块构成。

- 信息输入模块：接收多种信息源发送来的安防消息。

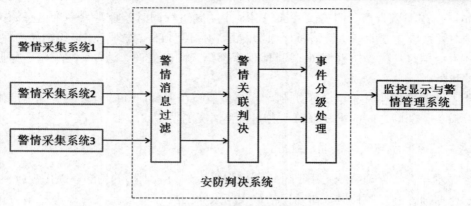

图 2.14　安防判决系统设计图

- 信息处理模块：信息处理模块主要具有安防联动与级别判决两个功能，处理模块将多信息源发送来的信息队列进行统一分析生成联动安防事件,并依据监管规则生成不同级别的警情事件。
- 信息转发模块：生成安防事件后，将其向监控显示与安防管理系统转发。

本子系统采用的判决方法首先充分利用各信息源的安防信息，根据应用需求进行安防信息提取，各信息源得到各自的警情消息，然后利用联动判决方法对各个安防信息进行联合判决得到最终的判决结果。

安防事件关联判决的主要步骤为：

（1）安防采集子系统探测到某信息源的消息并转发给安防判决子系统。

（2）安防判决子系统建有所有信息源的最近状态信息表，记录所有信息源的最近历史向量信息，判决子系统依据接收到的该安防消息的当前向量与这个最近状态信息表中的历史向量，匹配所有安防规则。

（3）依据其中一个匹配成功的警情规则中的另一信息源的值，查询最近状态信息表，进行匹配，减小警情规则的范围。

（4）依次匹配状态信息表中所有信息源的值，得到全部匹配成功的安防规则，则剩下的安防规则即为最终的关联判决结果。

例如，当视频信息源发现监测区域有重要物品丢失，安防判决子系统不会马上产生警情事件，而是立即查询数据库，若发现近段时间内有配备有 RFID 电子标签的人员进入该防区并在物品丢失时离开防区，则警情判决子系统产生事件为合法人员于某时刻将物品取走，而不是产生警情事件干扰安全监管人员。若查询数据库发现在防区入口处有非法人员出入，则将这些警情消息组合判决，合成为一条警情事件，报知安全监管人员。

如上例所示，多个离散的消息源发生的警情消息能够根据联合判决机制，进行组合判决，将多个复杂的参数智能匹配为简单的警情事件,这种联合判决的机制能够将多种离散的信息源进行过滤，经过整合后形成新的警情事件，能够帮助系统管理人员快速分析防区形势，采取有效措施防止安全事故的发生。

当有多个管理部门需要使用智能安防监控系统对防区进行监控时，每个部门所需要的报警情报不是全部一样的，即不同的警情消息会依据每个部门的不同产生不同的警情事件，系统需要依据这种情形对警情事件进行分级，以制定警情事件的产生机制。

例如，当有物品监管部门与保密部门对某个防区进行同时监控时，多个信息源探测到某物品丢失时，系统会立即产生警情事件 A 以提醒物品监管部门处理，如果该物品为保密物品，则此时该系统同时产生警情事件 C 以提醒保密部门来同时处理。这样一组警情消息同时产生两个警情事件。

基于上述的警情事件智能分级机制，系统将能够在多部门同时监管的情况下产生智能警情事件，避免了部门之间的重复报警或者漏报警情况的发生。

2.2.4 监控显示与安防管理系统

监控显示与警情管理系统采用三维地理模型平台作为显示端的界面，提供视频实时浏览，警情显示，取消、标记等控制，事后警情检索与录像回放等功能。

监控显示与警情管理系统的功能框图如图 2.15 所示。

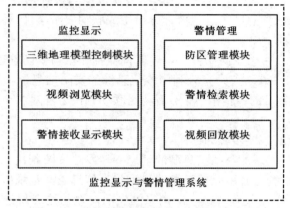

图 2.15 监控系统与警情管理系统功能框图

监控显示与警情管理系统主要包括监控显示以及警情管理两个部分。其中监控显示包括三维地理模型控制模块、视频浏览模块、警情接收显示模块；警情管理主要包括防区管理模块、警情检索模块、视频回放模块。

三维地理模型控制模块：在子系统中建立所部属小区的三维地理模型，能够通过管理人员的操作，实现地图模型旋转、移动、缩放、巡航等功能，并能在三维地理模型中正确的位置显示从摄像头传输进来的实时视频图像，使管理人员能够通过查看三维地理模型即可了解整个小区的实时情况。

视频浏览模块：接收从视频服务器传输来的视频流数据，并实时解码，在三维地理模型中显示，当三维地理模型中的多个实时视频区域发生重叠时，为避免出现视频边缘处的重复显示，采用图像融合技术，将重叠部分经过图像配准后进行融合，使之显示成为融合在一起的实时视频。在同时支持双屏模式下，另一屏幕中九宫格视频图像的实时浏览。

警情接收显示模块：通过与警情判决子系统的通信协议，获取警情判决子系统发送过来的警情事件数据，在子系统的警情事件栏中实时显示出来，并根据警情事件所在防区号，突出显示该防区中实时视频供管理人员查看,同时在警情事件截图一栏中显示当前警情事件的视频截图；同时根据警情事件发生的地理坐标，以闪烁的图像显示在三维地理模型中，以告知警情事件所在的具体地理位置。

防区管理模块：通过防区管理模块实现对小区的所有视频、红外、RFID 设备防区编号、防区布防撤防、安防事件设置等功能，实现强大的安防设备配置功能。

警情检索模块：通过对数据库的查询，实现对防区所有警情事件的查询、事件状态设置、事后人员评价、事件删除等功能。

视频回放模块：针对已经发生的警情事件，若该防区中部署有摄像头，则警情发生时摄像头将会产生警情视频的截取保存。该模块对已检索警情事件实现警情视频回放功能。

2.2.5 智能安防系统部署应用

智能安防系统的部署设计依据并参照执行以下行业标准：

- 《智能建筑设计标准》　　　　　　　　　（GB/T 50314－2000）
- 《安全防范系统通用图形符号》　　　　　（GA/T 74－2002）
- 《安全防范工程程序与要求》　　　　　　（GA/T 75－94）
- 《安全防范工程费用概预算编制办法》　　（GA/T 70－94）
- 《软件工程国家标准》　　　　　　　　　（GB 8567）
- 《主动红外入侵探测器》　　　　　　　　（GB 10408.4－89）
- 《被动红外入侵探测器》　　　　　　　　（GB 10408.5－89）
- 《微波和被动红外复合入侵探测器》　　　（GB 10408.6－91）
- 《振动入侵探测器》　　　　　　　　　　（GB 10408.8－97）
- 《工业电视系统工程设计规范》　　　　　（GBJ 115－87）
- 《民用建筑闭路监控系统工程技术规范》　（GB 50198－94）
- 《周界报警中心控制台》　　　　　　　　（GB/T 16572－1996）

1. 系统部署方案

下面通过一个简单的例子阐述智能安防系统的具体部署方案。某科研单位所在小区的环境为：一栋两层小楼，带有一个 $40m^2$ 左右的院子，大门为 2.5m 宽，在大门附近有 3m 长的铁栅栏围城的围墙。实验测试部署方案如下：

（1）警情采集系统的部署

在小区室外架设 8 台红外摄像头，并使用运动目标分析对其进行非法入侵的警情采集。摄像头通过视频线将视频信号传输给网络视频服务器，网络视频服务器通过局域网将编码后的数据传输给视频分析服务器。在小区室内架设 4 台室内摄像头，不做运动目标分析，只做监控显示所用。在小区的周界围墙架设两对红外报警探测器，进入非法翻墙入侵检测，红外探测器通过导线连接至室内的报警主机。在小区大门口及小楼的门口处分别架设两台 RFID 读写器，实时探测是否有贴有非法标签的物品出现，若出现非法标签，则将数据通过网络传输给 RFID 中间件服务器进行分析。

（2）安防判决系统的部署

在室内部署一台普通 PC 机运行安防判决系统，并通过局域网连入智能安防监控系统。

（3）监控显示与警情管理系统的部署

由于三维地理模型渲染以及视频解码对显卡的要求较高，因此在室内部署一台图形工作站作为监控显示与警情管理子系统的硬件平台，并通过视频线将系统显示在两台液晶显示器上，一台为三维地理模型平台，一台为九宫格平台。

由于安防监控系统属于安全性较高的系统，其所部署的网络不能与外部联通，因此本系统部署的网络为一个封闭的局域网，没有连接外网的路由器，系统的网络拓扑配置如图 2.16 所示。

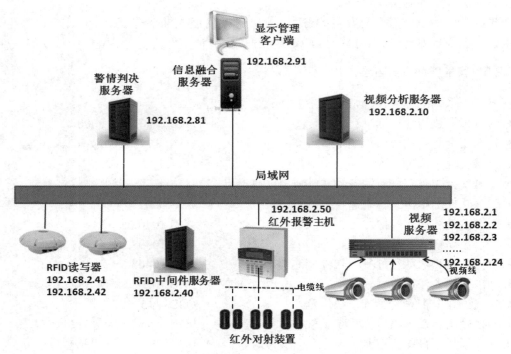

图 2.16　系统网络拓扑图

2.　系统功能应用

当警情触发时监控显示与警情管理系统客户端界面报警效果如图 2.17 所示。

图 2.17　客户端界面报警效果图

　　当系统部署有两个显示屏时，在另一个辅助显示屏上显示九宫格警情视图，其界面效果如图 2.18 所示。

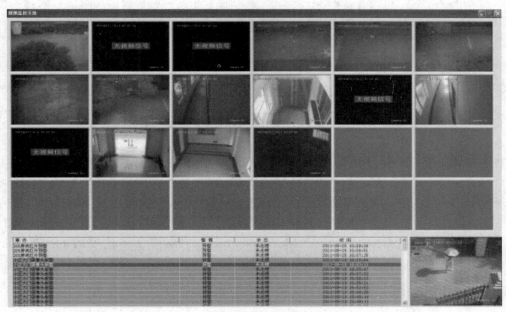

图 2.18　客户端界面监控

　　当防区发生警情事件后，系统在较短的时间内做出响应，底部警情栏弹出新的警情事件，右下角警情事件截图窗口更新为最新警情事件截图，左侧弹出该防区所有摄像头的实时视频，系统连接的音响播放警情事件提示报警。测试结果显示系统报警功能正常，满足实际系统监控的应用需求。警情检索显示结果如图 2.19 所示。

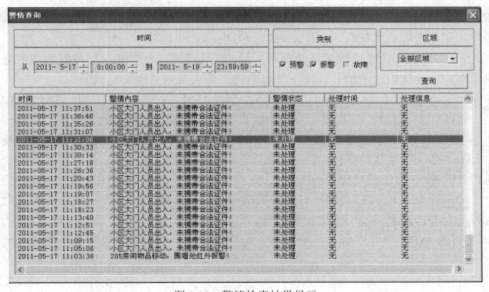

图 2.19　警情检索结果显示

点击"警情检索"按钮，系统弹出警情查询对话框，选择警情发生的时间范围、警情类别、防区，点击"查询"按钮，对话框会显示警情记录查询结果，包含警情事件、警情内容、警情状态、处理时间、处理信息。选中其中一条警情事件可以对其警情记录进行处理，并且双击即可打开警情事件视频回放窗口。

选中左侧设备列表栏中的报警摄像头设备，点击"播放"按钮，即可播放警情视频，并跟踪运动目标画出运动轨迹，并可点击"保存"按钮将该段视频保存为 mp4 格式的视频文件供用户提取并使用。

2.3 智能安防系统典型应用

智能视频监控技术是计算机视觉和模式识别技术在视频监控领域的应用。它对视频图像中的目标进行自动检测、跟踪和分析，从而使计算机能够过滤掉用户不关心的信息，通过分析理解视频画面中的内容，提供对监控和预警有用的关键信息。它将机器视觉的技术方法应用于传统的视频监控中，从而能够最大限度地减少人为干预，提高监控效率，减轻工作人员的工作负担，对动态场景中的目标实现实时检测、跟踪、识别、分类等。智能视频分析技术在 ATM 监控、交通、博物馆、古迹、运动场馆、航空场所、停车场、商场等场所得到了良好应用。

2.3.1 ATM 智能视频监控

随着我国金融电子化的深入发展和金卡工程的不断推进，银行自助设备和自助银行在金融领域中的应用范围越来越广，受到了储户的普遍欢迎。由于银行自助设备（ATM）和自助银行的公开性、方便性和环境特殊性，导致客户、银行、社会之间难以建立起有效的防范机制，近年来针对银行自助设备和自助银行的犯罪活动不断增加。

传统的 ATM 视频监控系统主要是将监控视频录制下来，事件发生后，通过视频进行事后取证，排解纠纷，破获案件。这样的监控系统在一定程度上保证了 ATM 的安全操作，但存在着只能提供事后取证的缺陷，这样往往耽误了解决事件的最佳机会。而有些事件发生后再解决，费时费力，即使能够找到证据，可能造成的损失也已无可挽回。

统计表明，现在 ATM 监控录像中存在大量的冗余信息。这些冗余信息既增加了录制设备的负担又增加了存储资源的消耗，还不便于后续工作人员对录像的追查分析。

如何保证 ATM 的运行安全，防范和降低银行与 ATM 用户的风险，防止 ATM 被故意破坏、防止利用 ATM 进行诈骗，有效保护银行和储户的利益，成为当今金融领域亟待解决的问题。如图 2.20 所示，ATM 智能视频监控系统为 ATM 应用提供更智能的监控、更高效的报警和更安全的保障，系统可实现的具体功能如下：

（1）针对操作面板的功能：当出现 ATM 操作面板进行键盘贴膜和加装假键盘异常行为、卡口加装异常行为、出钞口封装异常行为、敲砸 ATM 异常行为、ATM 上张贴或安装广告盒异常行为等行为进行智能监控，发出报警信号。

（2）针对 ATM 环境功能：当有人员在取款室徘徊、遗留物品以及进入非法区域等进行报警。

（3）针对人脸的识别：当存在带口罩、帽子等遮挡面部时对人员提出警告，如果不按照要求摘掉遮挡物，则系统显示操作错误，拒绝执行的提示语。

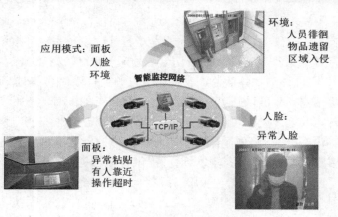

图 2.20   ATM 智能视频监控系统功能

ATM 智能视频监控系统通过将视频智能分析技术和 ATM 传统监控技术的有效结合提供了一种能够实时报警、事前预警的 ATM 安全解决方案，取代了传统的事后取证、广告安全提示的 ATM 安全解决方案，使 ATM 监控取得了从传统的监控到智能化视频监控的飞跃。

2.3.2   公共场所多目标智能跟踪

公共场所中流动人员较多，即使采用高清晰摄像机也无法清晰检测到需要跟踪的目标，这时候需要对原有智能跟踪系统加以改进，增加一台广角相机并开发新的智能分析系统。同时，系统还可以针对不同目标进行分析，提取特征，采用标号的形式加以区分。在这样的系统监控中，较好解决了"看不清楚"的问题，具体系统处理过程如图 2.21 所示。

视频抓拍　　　　→　　　　运动检测　　　　→　　　　目标跟踪　　　　→　　　　车牌识别

图 2.21   多目标智能车辆跟踪系统

为了进一步加强智能安全监控，系统中的智能分析处理功能包括：①人群密度检测：检测人群密度、排队的长度，以防止过度拥挤的情形发生；②定向运动检测：可检测人、车和各种物体违章逆行；③游荡人员检测：检测是否有人或非机动车强行穿越马路；④停靠车辆检测：检测在敏感区域停靠车辆的大小、时间等；⑤车辆尾随检测：检测并跟踪人或车的非法尾随。

多目标智能视频监控系统能够全自动实时视频监控：实时监视、分析并解释视频，当特定的威胁安全的行为被检测到后，系统会自动向相应的安全车辆或人员进行报警。

2.3.3   智能家居安防系统

家庭安全是个人生活学习的保障，智能安防系统已经进入许多高档小区，未来将在所有家庭普及。智能安防系统的核心内容是智能报警系统的自动反应功能，以应对包括燃气、自来水、电路、悬挂物及外来入侵等各种潜在危险，达到尽可能高的安全性。通用的智能家居安防系统由三个子系统构成，分别为：环境监测子系统、智能门禁子系统、报警子系统。环境监测子系统通过对监控摄像头采集到的视频数据切分成帧，然后比较相邻帧（为了减少误差、选用特定间隔的相邻帧），实现移动物体的监测功能。当监测到有移动物体时，系统激活录像功能，向设定人员发送报警信息，并可以开启现场警报器。在报警的同时，还可以向受警人员发送监控摄像头拍摄的图片，以免误报，也能为用户追回损失提供法律依据。门禁控制子系统上由摄像头、麦克风（采集语音）、指纹采集器、电磁开关、可控旋转电机构成。可以选择被动、主动模式打开一个或多个生物特征采集模块，通过提供特征数据，请求身份认证。若系统识别申请人为合法用户，通过电磁开关控制电机开门；否则给出拒绝提醒。如若碰到恶意申请，向系统设定报警对象（主人、小区警卫、警察）发出信号。当智能门禁子系统与环境检测系统监测到危险的时候，触发报警系统。例如，某一公寓（整套占一个楼层）的智能安防系统结构见图2.22。根据家庭生活的特点在厨房、餐厅和卫生间分别放置了甲烷传感器和一氧化碳传感器，每个卧室分别放置了监控摄像头，在公寓入口处安装智能门禁系统及报警器。当然智能家居安防系统也需要更加智能的自动家具，如电控的窗户开关、各种物联网电器、高性能服务器等。较其他安防系统，家居安防系统本身的信息安全性和运行可靠性更为重要，在很多已经实现的系统中，卧室摄像头不予提倡，只有在孤独老人或者急症病人的卧室内可以安放。

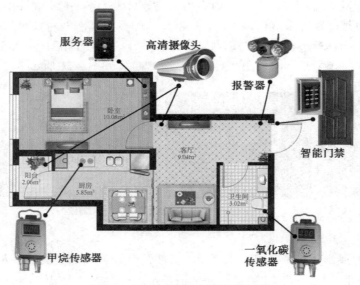

图2.22　智能家居安防系统部署图

智能家居安防系统主要需求功能包括：身份识别（如指纹验证）；环境监测报警，如燃气、水管、电路及噪音等的安全监测；特殊布控，如特殊物品、特殊位置或者人的监测；防盗报警；安防系统（包括硬件系统和软件系统）入侵报警；远程监控三维场景漫游等。

2.3.4　森林防火智能视频监控

森林火灾是世界性的林业主要灾害之一，年年都有一定数量的火灾发生，造成森林资源的重大损失和全球性的环境污染。森林火灾具有突发性、灾害发生的随机性、短时间内能造成巨大损失。因此一旦有火警发生，就必须以极快的速度采取扑救措施，扑救是否及时，决策是否得当，都取决于对林火行为的发现是否及时，分析是否准确合理，决策措施是否得当。

视频监控和无线技术正在广泛应用社会的各个领域，现在森林防火也开始实现数字化和网络化管理。目前，国内许多省市林业部门正开始建立基于无线远程视频监控的森林防火监控系统。现有的视频监控系统由一个数字网络远程监控系统组成，包括一个监控管理指挥中心和多个远程监控点，使用无线网桥传输数据，可以把重点林区的实时图像传回监控管理中心。这种视频监控系统虽比传统的瞭望台人工观察的方式有很大进步，但仍存在一些固有因素的限制，如人作为监控者自身在生理上的弱点，视频监控设备在功能和性能上的局限性等。这些限制因素使各类视频监控系统均或多或少地存在报警信息没及时发现、精度差、报警响应时间长、录像数据分析困难等缺陷，从而导致整个系统预警安全性和实用性的降低。智能视频烟火监控系统可以比较好地克服现有视频监控系统的不足。系统结构见图 2.23，下面对该系统进行简单介绍。

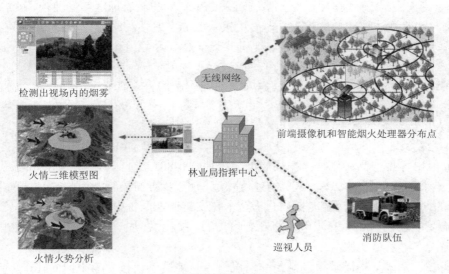

检测出视场内的烟雾

无线网络

前端摄像机和智能烟火处理器分布点

火情三维模型图

林业局指挥中心

火情火势分析

巡视人员

消防队伍

图 2.23　森林防火智能视频监控系统

智能视频烟火监控系统以数字化、网络化视频监控为基础，与一般的网络化视频监控相比，它是一种更高端的视频监控智能化的应用。智能视频烟火监控系统能够实现无人值守不间断工作，自动对视频图像信息进行分析判断；及时发现监控区域内的异常烟雾和火灾苗头，以最快、最佳的方式进行告警和提供有用信息；能有效地协助消防人员处理火灾危机，并最大限度地降低误报和漏报现象；同时还可查看现场实时图像，根据直观的画面直接指挥调度救火。

2.4　智能安防系统的发展趋势

近年来，各行各业对视频监控的需求不断升温。生活中有小区安全监控，电讯行业有基站监控，银行系统有柜员制监控，林业部门有火情监控，交通方面有违章、流量监控等。从功能上讲，视频监控可用于安全防范、信息获取和指挥调度等方面。虽然监控摄像机已经广泛地存在于银行、商场、停车场和交通路口等，但现有的视频监控系统，通常只是录制视频图像，是用来当作事后证据（after the fact），没有充分发挥实时主动的监控作用。已有的视频监控产品不能满足日益增长的需要。特别是美国 9·11 事件以来，一些人群比较密集的公共场所或比较容易受袭击的公共场所，如机场、体育馆、外国使馆、地铁和银行等，都纷纷安装视频监控系统以保障人民生命和财产安全。目前在建造智能大厦和选购住房时，安全防范系统越来越受到人们的重视。如果对现有的视频监控系统加以改进，实现对被监控目标的自动识别功能，我们就能够大大地降低犯罪率，节省人力、物力资源，节约投资。有效的交通管理是许多大都市面临的难题。智能视频交通控制系统能及时提供各路段的车辆流量和路况信息，记录违章车辆，以便实现准确快速的交通指挥调度，达到充分利用现有的道路资源，提高突发交通事故的处理能力，从而为人们的出行提供快捷舒适的交通服务。一些工业生产线上，也利用无人监控系统检测产品质量。视频监控在军事上也有广阔的应用前景。准确及时地掌握边海防区域的军事情况，对于有效保卫祖国的领海和领土，在未来战争中做出快速反应、掌握战争主动权有着极其重要的意义。建立边海防远程视频监控系统对关键岸哨所和敏感地区实施监控，就能使情报部门直观、及时地监视边海防前线情况，提高情报获取的实时性和综合处理能力，也能有效防止偷渡、出逃、走私和贩毒等非法行为。在当前市场一体化和经济全球化形势下，企业为了提高竞争能力，纷纷在世界各地建立分支机构。通过远程视频传输系统，企业管理部门就能随时观察到其在各地机构的生产、工作状况，与电话汇报相比，既直观真实又方便快捷。就我国而言，由于历史的原因，我国大陆的安防产业较发达国家晚一二十年。但是近年来，随着我国经济的快速发展、人民物质生活水平的提高和消费观念的改变，安防从过去的人防发展为以技防为主、人防为辅，并成为现代管理的重要手段。在 2000 年 11 月的安防产品展示会上，来自国内外的上百家厂商展出各种产品和系统。据权威部门统计，1988 年全国监控系统的市场总额为 650 亿，随后几年来一直以每年 15%～30% 的速度快速增长，我国监控行业面临着良好的发展机遇。在 2008 年的北京奥运会中，智能视频分析技术在安防监控系统中大放异彩，它广泛用于智能化的交通调度、现代化的体育场馆和优雅舒适的奥运村，为参加奥运会的各国朋友在北京的比赛、游览提供安全舒适的服务。

在智能安防系统基本需求得到满足的情况下，智能视频新技术集中向着几个方向发展：

（1）提升视觉感官体验的技术，包括图像防抖动、图像增强等视频预处理技术。

（2）提升分析准确率的技术，主要是双目识别技术。

（3）改善系统应用性的技术，包括多球机联动跟踪等。

（4）面向事后分析的技术，包括图像复原、图像浓缩检索等技术。

2.4.1 图像增强技术

安防系统在实际应用中受到各种干扰因素的影响颇为严重，使系统不能在全天候、全天时下运行，系统的可靠度降低。这些干扰因素主要包括：白天环境下的虚光、泛光、逆光，低照度环境，监控场景中强逆光的干扰，雾、灰霾等的大气散射环境干扰，降雨、降雪、沙尘等气象条件的影响。图像增强技术主要解决的问题，是通过算法对视频源进行视觉改善处理，有效改善画质，提高图像的清晰度，提高视觉可分辨性，使原本低质量的图像能够满足监控需要，达到清晰可辨的程度。

图像增强的技术实现途径，是突出原有图像中需要重点观测的内容，抑制非重点观测内容,通过对像素的灰度值运算处理生成一幅新的图像,以改善视觉效果。图像增强的关键技术问题包括:自适应不同时刻、不同程度的干扰因素;自适应不同的景深、视角、目标内容;有效分辨画面内容,充分保留局部细节;画面对比柔和,色彩过渡均衡,亮暗对比适中;色彩稳定性好,不受场景变化影响,在正常环境下不影响画质,未增强的画面不失真。

2.4.2 图像防抖动技术

图像抖动是在交通领域经常见到的问题,主要的成因是道路监控中高架安装方式带来的较高频率小幅抖动,以及车载移动监控中由于摄像位置变化带来的低频大幅抖动。在模拟标清时代,主要会影响大倍率下的图像画面,而在数字高清时代,在焦距达到 20mm 以上画面就会明显抖动,这对监控内容的识别有明显的影响。

图像防抖动的解决途径主要有以下两种:①采用软件技术进行处理,采集完整的传感器图像,图像处理缓冲;为实现防抖,预留边缘图像,对中心图像进行数字放大(图像失真或模糊);使用预留边缘图像,对图像进行补偿,达到防抖效果(补偿区域缩放,边缘模糊)。②硬件软件结合的方式:为弥补图像数字放大带来的图像模糊问题,使用更大像素的图像传感器;采用直接物理像素尺寸,对图像抖动区域进行补偿,避免图像边缘模糊。

2.4.3 双目立体视觉技术

双目立体视觉技术的核心目的,是提高识别的准确率。由于立体视觉技术形成的视场中带有物体的三维几何信息,因此能够有效地设定检测规则,排除光线、影子等干扰因素,大幅提高智能分析的准确度。双目立体视觉技术采用双相机或多相机,对视场内空间的自由运动体的三维位置坐标及姿态进行高精度的测量,确定运动目标的质心位置,并根据标定结果对运动目标进行高精度跟踪。立体视觉技术的跟踪,由于能够辨识目标的三维坐标、姿态、相对距离、与背景环境的空间距离,因此能适应复杂的跟踪背景环境。

2.4.4 多球机联动跟踪机制

多目标识别与跟踪技术是以单球机智能跟踪作为基础,能够同时实现对大范围内多个活动目标的智能识别与跟踪,并对其中单个目标进行智能跟踪的技术。

多目标识别与跟踪技术在应用中,通常使用一台固定摄像机,对广域范围内目标进行的智能行为分析,并将同时监控的多个目标按照既定的策略进行排序,并按照先后顺序,指挥智能跟踪球机逐个跟踪监控目标。与单目标跟踪相比,多目标跟踪技术的关键点是数据关联问题,即建立一个统一的坐标系,使得固定摄像机可以将目标的坐标信息传递给跟踪球机,实现联动跟踪。

多目标跟踪的过程可以划分为以下几部分:

(1)数据关联

在观测数据和目标之间建立起对应关系。常见的方法有最近邻算法、联合概率数据关联滤波器、多假设跟踪算法。

(2)状态估计

每个目标根据其对应的观测进行状态估计。通常采用基于贝叶斯理论的方法,将多目标跟踪问题转化成对多个单目标的跟踪过程,并建立相应的状态空间模型。为每个目标分配一个单目标跟踪器，相互独立地跟踪每个目标，通过设计一些特殊的方法来处理目标之间的交互和遮挡问题。

（3）坐标传递

在主摄像机和球机间建立统一的坐标系。在多目标监控场景中，提取目标的位置和运动轨迹信息，发送给从摄像机，从摄像机根据目标的位置和运动轨迹信息跟踪锁定目标。

多目标跟踪技术在实际的应用中，还需要重点优化和改进以下方面：提升算法的效率，以实现同时能够跟踪尽量多的目标；需要改进算法的抗干扰性能，以减轻光线变化、影子、目标间遮挡等常见的干扰因素；需要能够对每个目标排定警戒优先级，以使球机在跟踪时能够及时切换到威胁等级更高的目标。

2.4.5　面向事后分析的智能技术

面对安防系统中海量的录像数据，如何有效、高效地应用，减轻人工查看回放带来的时效性差、成本高、疲劳问题，并在不同分辨率、不同清晰度的录像中准确地辨别出需要获取的信息，行业提供了视频复原、视频浓缩、视频结构化检索等技术手段。

（1）视频复原技术

视频复原技术主要解决对模糊录像的有效辨别问题，通过综合应用超分辨率、锐化滤波、去模糊滤波、轮廓增强、降噪滤波、变形校正、色彩调整、时空分析、视频标注、多视频比对、视频稳定化等智能算法，对对焦不准、运动模糊、噪声干扰等原因导致的模糊视频进行处理，使之清晰可辨。

（2）视频浓缩技术

视频浓缩技术将视频浓缩形成视频片断，不同时刻的目标"穿越时空"同时展现播放，使24小时的视频被制作成一个简短到几分钟浓缩视频成为现实。视频浓缩不仅浓缩事件的精华，也是活动事件的全部，没有价值的视频将被剔除。通过多分格快照技术，可以使在几秒中看完所有的活动目标成为可能，回溯原始视频功能，瞬间锁定目标在原始视频中的位置。这些智能视频分析功能的实现和应用将大大提高海量视频监控录像分析的效率。

（3）视频分类检索技术

传统的视频搜索功能主要是以物理条件的设定为主要搜索条件的，比如时间、日期等。而智能视频检索功能能够通过认为设定的智能条件进行快速的视频搜索。比如：特定场景的变化条件、嫌疑物体（人、车、其他特征物体）的出现等为搜索条件，进行特定视频条件的智能搜索，结合其他智能视频功能，可以使大量的无序信息在短时间内形成有价值的证据链。

随着传统的视频监控系统从数字化、网络化向智能化的快速转换，我们相信，智能视频分析技术利用内容分析引擎和推论引擎模块对视频数据进行全面分析并依据所设定的安全规则实施告警，必将使单一的光纤传输、视频压缩存储、人工控制这一传统的模式提升为更为先进、全新的、革命性安全管理策略。随着智能视频分析技术普及应用，进一步提高了监控效能，传统的在机房集中监控的模式也将逐步转向到分布监控模式，监控机房工作人员将从枯燥的屏幕观察中解放出来，不再固守于传统的监控室，而投身于更靠近监视与行动现场的地方。可以预见，随着系统的智能化升级，各类智能视频技术将无缝融入原有安防系统，更加灵活多样地应用于视频监控的各个环节，提高系统的效率和实用性。

参考文献

[1] 物联网"十二五"发展规划[EB/OL]．（2012-02-14）．

[2] 孔晓东．智能视频监控技术研究[D]．上海交通大学博士学位论文，2008．

[3] 干宗良，张萍，朱秀吕．一种用于视频监控的运动检测算法及实现[J]．南京邮电学院学报，2004（1）：46-50．

[4] 郭成安．一种运动图像的检测与识别技术[J]．大连理工大学学报，2004，44（1）：122-126．

[5] 陈功．鲁棒的智能视频监控方法研究[D]．中国科学技术大学博士学位论文，2008．

[6] 刘军．视频中实时人脸检测与识别方法研究[D]．宁夏大学硕士学位论文，2009．

[7] 郭建华，赵怀勋，张龙霞．基于视频的人脸识别综述[J]．科技咨询，2010（32）：9-10．

[8] 徐敏．基于视频的实时人脸识别的研究与实践[D]．中南大学硕士学位论文，2010．

[9] 王素玉，沈兰荪．智能视觉监控技术研究进展[J]．中国图像图形学报，2007，12（9）：1505-1514．

[10] 侯志强，韩崇昭．视觉跟踪技术综述[J]．自动化学报，2006（4）：603-617．

[11] 郑世宝．智能视频监控技术与应用[J]．电视技术，2009（3）：94-96．

[12] 韩秀锋．智能家居安防系统的设计与实现[D]．大连理工大学，2010．

[13] 下一代智能视频监控技术发展新方向．http：//www．eeworld．com．cn/afdz/2013/0710/article_960．html．

[14] Sergio V，Paolo R．Intelligent distributed video surveillance systems[M]．Institution of Engineering and Technology，2008．

[15] Zeng Z H．Lane detection and car tracking on the highway[J]．Acta Automatica Sinica，2003，29（3）：450-456．

[16] Yang J，Zhang D．Two-dimensional PCA：a new approach to appearance-based face representation and recognition[J]．IEEE Transactions on PAMI，2004，26（1）：131-138．

[17] Jepson A D，Fleet D J．Robust online appearance models for visual tracking[J]．IEEE Transactions on PAMI，2003，25（10）：1296-1312．

[18] Vasconcelos N，Lippman A．Empirical bayesian motion segmentation[J]．IEEE Transactions on PAMI，2001，23（2）：217-221．

第 3 章　智能楼宇

本章导读

智能楼宇是一个较为复杂的系统工程，它是将传统楼宇与物联网技术、通信技术、自动化技术等相结合的产物。智能楼宇可以通过感知技术自动获取指定信息，经分析挖掘和智能决策，智能调节楼宇内外环境和设备负载均衡，并自动监控安防设施，发出声光告警等，增加系统的智能性和可控性。楼宇智能化可大幅度提高员工工作效率，降低楼宇安全隐患，提升工作生活舒适度。本章在介绍智能楼宇特点和国内外发展现状的基础上，对智能楼宇系统功能和系统架构进行了阐述，并详细介绍了智能楼宇在楼宇自动化、安防消防、物业管理、综合布线、信息网络、公共广播、机房建设及一卡通方面的具体应用。

本章我们将学习以下内容：
- 智能楼宇基础知识
- 智能楼宇系统架构
- 智能楼宇系统功能及应用
- 智能楼宇发展趋势

3.1　智能楼宇概述

3.1.1　智能楼宇的概念

随着电子技术、通信技术、网络技术、计算机技术、新材料技术、自动化技术等的快速发展，人们对生活居住环境的要求也越来越高。我们将各种高新技术与传统建筑业相结合，就产生了"智能楼宇"。智能楼宇也叫智能建筑，世界上不同国家对智能建筑的定义都不尽相同，这里介绍几种不同国家的定义，希望可以对智能楼宇有一个更全面的认识。

1. 美国

智能建筑学会对智能建筑的定义为：通过对建筑物的四个要素，即结构、系统、服务和管理以及它们之间相互关联的最优考虑，为用户提供一个高效率、高功能、高舒适性和有经济效益的环境。

2. 欧洲

智能建筑集团定义为：创造一种可以使住户有最大效益环境的建筑，同时该建筑可以有效地管理资源，而在硬件和设备方面的寿命成本最低。

3. 日本

日本电机工业协会楼宇智能化分会把智能化楼宇定义为：综合计算机、信息通信等方面的最先进技术，使建筑物内的电力、空调、照明、防灾、防盗、运输设备等协调工作，实现建筑物自动化（BA）、通信自动化（CA）、办公自动化（OA）、安全保卫自动化系统（SAS）和消防自动化系统（FAS），将这 5 种功能结合起来的建筑。外加结构化综合布线系统（SCS）、结构化综合网络系统（SNS）、智能楼宇综合信息管理自动化系统（MAS），就是智能化楼宇。

4．中国

（1）《智能建筑设计标准》

修订版的国家标准《智能建筑设计标准》（GB/T 50314－2006）将智能建筑定义为：以建筑物为平台，兼备信息设施系统、信息化应用系统、建筑设备管理系统、公共安全系统等，集结构、系统、服务、管理及其优化组合为一体，向人们提供安全、高效、便捷、节能、环保、健康的建筑环境。

（2）《建筑智能化系统》

《建筑智能化系统》对智能楼宇进行的定义为：智能楼宇也称智能建筑，又称智能大厦。智能楼宇是将建筑技术、通信技术、计算机技术和控制技术等各方面的先进科学技术相互融合、合理集成为最优化的整体，具有工程投资合理、设备高度自动化、信息管理科学、服务高效优质、使用灵活方便和环境安全舒适等特点，是能够适应信息化社会发展需要的现代化新型建筑。

3.1.2　智能楼宇的特点

智能楼宇是现代建筑技术、信息技术、自动化技术、电子技术等诸多方面相结合的产物，起源于 20 世纪 80 年代，90 年代初逐渐被人们所认同，进入到 21 世纪，随着"绿色、生态、可持续发展"概念的提出，楼宇进入了智能化发展阶段。智能楼宇有着以下几方面特点：

- 安全性：智能建筑不仅要保证生命、财产、建筑物的安全，还要考虑信息的安全性，防止信息网中发生信息泄露和被干扰，特别是防止信息数据被破坏、被篡改，防止黑客入侵。
- 舒适性：智能化楼宇创造了安全、健康、舒适、宜人的办公、生活环境，使得生活和工作（包括公共区域）在其中的人们，无论是心理上还是生理上均感到放松。为此，空调、照明、噪音、绿化、自然光及其他环境条件应达到较佳或最佳状态。
- 高效性：提高办公、通信、决策方面的工作效率，节省人力、时间、空间、资源、能耗以及建筑物所需设备使用管理的效率。
- 可靠性：选用技术成熟的硬件设备和软件，使得系统运行良好，易于维护，出现故障时能及时修复。
- 方便性：除了集中管理、易于维护外，还增加了多项高效的信息增值服务，足不出户，轻松购物。

3.1.3　国内外发展现状

1．国外发展现状

1984 年，产生了智能建筑（Intelligent Building）的概念。在这一年，世界上第一座智能大厦 City Place（都市大厦）诞生于美国哈特福德市，它是由一座旧的金融大厦翻新改造而成的，在楼内铺设了大量的通信电缆，增加了程控交换机和计算机等办公自动化设备，并将楼内的机电设备（如变配电、供水、空调和防火等设备）均用计算机控制和管理，实现了计算机与通信设施连接，向楼内的住户提供文字处理、语音传输、信息检索、发送电子邮件和信息资料等服务，实现了办公自动化、安防监控、设备自动管理等功能。与此同时，日本、法国、英国、瑞典、新加坡、马来西亚等地的智能建筑也迅速发展。

2. 国内发展现状

我国对智能建筑的探索与实践始于 20 世纪 90 年代，并在沿海等经济发达地区、城市得到迅速发展。我国建筑智能化建设发展大致经历了三个阶段：①初始阶段（1990－1995 年）：在这一阶段，我国的智能建筑主要是一些涉外酒店和特殊需要的工业建筑，采用的技术和设备主要是从国外引进，集成度不高，产品在功能上以最简单的直按式系统为主，但是人们的热情很高，得到设计单位、产品供应商以及业内专家的积极响应，可以说他们是智能建筑的第一推动力。1990 年在北京建成的"北京发展大厦"为我国智能建筑建设开始的标志，如图 3.1 所示。②规范阶段（1996－2000 年）：在房地产经济的推动下，建筑智能化建设得到了快速发展。③发展阶段（2000 年以后）：21 世纪初，原信息产业部和建设部在全国开展了"数字城市"的试点示范工作，原信息产业部提出在政府系统建立"三网一库"为基本架构的政府信息化框架工作。这一阶段的特点是智能楼宇呈现网络化、数字化、集成化、智能化的趋势，一批新技术、新产品进入智能楼宇领域，如无线技术、数字化技术产品被广泛采用，智能楼宇的实用价值得到了广泛提升。

图 3.1　北京发展大厦

近年来，我国的智能建筑正在蓬勃发展。我国政府对智能建筑的发展给予了积极支持，并制订和发布了一系列有关智能建筑方面的规范、规定，一些省、市对智能建筑的研究和建设等方面也做了积极的响应。北京、上海、广州、深圳等发达地区先后成立了智能建筑专业委员会及学术研究机构，房地产开发商也大力开发了相当数量的智能建筑项目，一批具有相当智能水平的大型公共建筑应运而生，如：国家大剧院、南京国际展览中心、广州汇景新城、广州白云国际会议中心、国家体育场等，如图 3.2 所示。

图 3.2　我国典型智能建筑

3.2　基于物联网的智能楼宇的三层架构

物联网是通过多种具备感知能力的传感设备，按约定的协议形成自组织、智能化的传感器网络，再通过智能化的计算和互联技术的支撑，实现信息的采集、汇聚、交换、整合与共享。物联网是在互联网基础上的延伸和扩展，其架构主要分为 3 个层次：感知层、网络层和应用层。按照物联网的概念，当智能建筑的技术构成设计成前端设备组成的一个广泛感知层、一个完备的网络传输层和一个功能高度集成的后台应用层组成的三层结构时，可以称为"基于物联网的智能建筑"。

1.　广泛感知层

该层主要负责初始数据的采集和汇聚，包括终端设备、汇聚设备和传输链路。终端设备即感知节点，如门禁读卡器、摄像头、烟感器、温度传感器等，它们对部署区域的各种监控指标进行采集，并定时传递给汇聚设备；汇聚设备即汇聚节点（如基站），它们对覆盖范围内的感知节点的数据进行汇总，并向上层服务器传递。几中常见的传感器如图 3.3 所示。

压力传感器　　气体传感器　　噪声传感器

振动传感器　　无线温度传感器　无线温湿度传感器

图 3.3　几种常见的传感器

2. 完备网络层

网络层是感知层与应用层的连接纽带，可实现采集数据的可靠传送和广泛互联。

智能建筑内采用有线、无线技术单独组网或统一组网的通信架构，用于承载楼宇自动化、安防、消防、办公自动化、综合布线、公共广播、一卡通等智能化专业子系统。网络层可根据各子系统功能和业务流量需求，通过 VLAN、QoS 等保障策略提供流量级高可靠性、高实时性和高安全性的传输承载服务。

3. 集成应用层

集成应用层包括应用服务器、数据库服务器、云计算引擎、Web 服务器等，对建筑物（群）内的所有采集数据进行分析、处理、交互及存储，并使各种应用跨越子系统局限，实现相互融合，完成设备实时运行监测、指令调用、历史数据查询、系统联动、子系统运维管理及二维/三维综合展示等，并为用户的具体应用提供有效支撑。

基于物联网的智能建筑系统架构如图 3.4 所示。

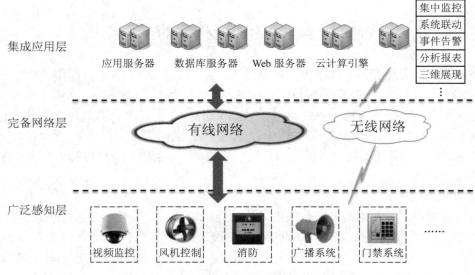

图 3.4　基于物联网的智能建筑系统架构

3.3　智能楼宇系统组成、功能及应用

　　智能楼宇主要由三部分组成，即：楼宇自动化（BA）、通信自动化（CA）、办公自动化（OA），这三个自动化通常称为"3A"，它们是智能楼宇必须具备的基本功能。然而，有些房地产开发商为了显示其更高的楼宇智能化程度，把安防自动化（SA）及消防自动化（FA）从楼宇自动化 BA 中分离出来，提出"5A"型智能楼宇。

　　随着建筑智能化程度的提升，越来越多的人将智能楼宇系统进行更细的划分。下面，我们将从 9 个系统来详细阐述智能楼宇，并以北京某智能园区为例详细介绍系统的应用。

　　智能建筑的组成如图 3.5 所示。

图 3.5　智能建筑组成图

3.3.1　楼宇自动化系统

1. 系统介绍

　　楼宇自动化系统是智能楼宇的重要组成部分，该系统依托先进的控制技术及通讯技术对大楼的各种机电设备进行集散式的监视、控制。楼宇自控系统由冷热源、暖通空调、送排风、给排水、变配电、电梯等监控系统组成，通过在机电设备附近布设传感器、控制器等感知设备，采集机电设备的各项状态信息并利用现代计算机技术和网络技术，进行数据处理及联动控制，实现对所有机电设备的集中管理、一体化控制和自动监测，既确保建筑内所有机电设备的安全可靠运行并达到最佳状态，又可以节省系统的运行能耗，及时发现故障，最大限度地延长设备的使用寿命。同时，还可以提高楼内人员的舒适感和工作效率。

楼宇自动化主要实现以下功能：

（1）环境调节

楼宇自控系统要求楼宇设备管理系统对空调通风系统实现高精度地调节和控制，从而能提供最舒适的温度、湿度，以满足使用者的需要。

楼宇自控系统根据季节、人员和空气流动情况的变化，将各区域的室内温度控制在设计要求的值上，同时参考国际上的通用标准，如 ASHRAE 舒适标准、ISO 7730 的热舒适指标 PMV、国标 GB 5701－85 中的舒适温度指标等，使楼内环境达到最适宜。

（2）节能降耗

随着人们对资源重视程度的提高，设备的运行成本、管理成本和管理效率就显得越来越重要。楼宇自控系统能够自动控制设备能耗、高效降低设备运行成本和管理成本，进而提高管理效率。在满足舒适性的前提下，楼宇自控系统通过合理组织设备运行，使大楼的运行费用降为最低，即以能耗值最低为控制目标，进行优化系统控制。

楼宇自控系统软件设有节能程序，可以控制设备得以合理运行。如根据办公时间程序来控制照明系统的开启，根据空调冷负荷量，调整冷冻机及相关水泵的开启状况实现最优化控制等。通过各种管理软件、优化控制软件和节能软件实现自动控制，以达到降低能耗，配合自控系统的节能式操作，减少能源浪费。并在硬件上提供防范性保养，对可能发生的设备问题做出事先判断。

（3）高效排障

楼宇自控系统通过对设备的运行状况进行监测、诊断和记录，早期发现和排除故障，及时发出维护和保养的通知，保证设备始终处于良好的工作状态，确保建筑的正常运营。

楼宇自控系统对设备的有效监控，可使设备的故障率大大降低；一体化方式的管理，可使工作人员更有效地工作，及时发现并解决问题。

2．系统组成

楼宇自动化系统主要控制设备包括：冷源系统控制，空调机组，生活水泵、冷却塔、补水泵，热循环泵，新风机组，排风机，公共区域照明控制及泛光照明、景观照明，变配电系统，如图 3.6 所示。

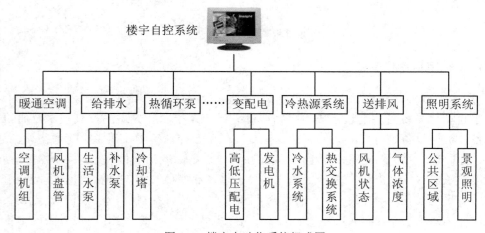

图 3.6　楼宇自动化系统组成图

3．系统实现及应用

以北京某智能园区为例进行详细介绍。

（1）系统架构

该系统是由管理层中央工作站、网络控制器、现场控制器等组成，如图3.7所示。

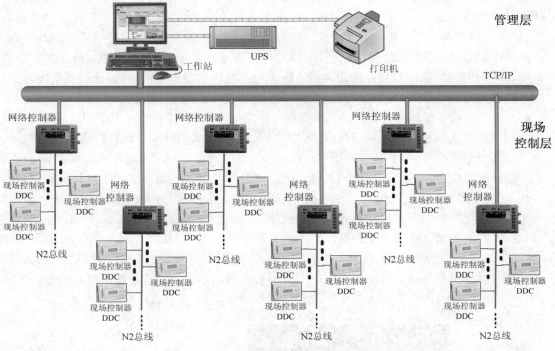

图 3.7　楼宇自动控制系统架构图

1）管理层

管理层网络采用 10/100M Ethernet（以太网），中央操作站设备分布于其上。通过 Ethernet 网将中央操作站与网络控制器各节点连接起来，使用 Ethernet/IP 标准的网络硬件在网络控制器与用户操作站之间传递信息。安装在现场的直接数字控制器（DDC），通过现场总线连接到网络控制器上。

主控计算机作为网络用户通过标准的 Web 浏览器直接访问数据管理服务器，在授权许可的范围内监视、操作建筑设备监控系统。用户界面直观、易用，无需专门培训或查看操作手册也可轻松使用。

除了自身管理设备的连接，本系统还与各子系统中的智能化系统进行集成，实现各系统之间的数据通信、信息共享。系统还可以通过 RS-485 接口方式、OPC 接口方式实现与各子系统的集成。

2）现场控制层

控制层网络由网络控制引擎控制器通过总线与各现场控制器相连组成，控制层网络采用总线的控制方式。系统配置的直接数字控制器和扩展模块组成控制层网络，分布于各被控现场设备。

3) 系统集成接口

RS-485 接口：系统可以通过 RS-485 通讯接口接入楼宇设备自控系统的机电设备，设备厂家提供 ModBus 标准协议资料，进而在控制层通过协议转换装置将第三方设备所提供的协议转换为 DDC 之间的通讯协议，完成协议在控制层的统一。

OPC 接口：如果第三方设备控制主机通过 OPC 方式发布数据，为了满足系统的集成功能，系统支持 OPC Server。

（2）功能实现

- 冷源系统。冷源系统包含的设备由制冷机、冷却水循环泵、冷冻水泵、冷却塔等组成。系统通过智能接口及标准协议与冷冻机组上的控制器直接连接，以获得机组内各种状态及过程参数，从而实现对整个制冷系统的全面监视。

- 热源系统。检测换热器供、回水温度；热交换器供水阀门调节；检测热水循环水泵的工作状态、故障报警和手/自动运行状态；控制热水循环水泵启停；水管压力检测，调节热水循环水泵频率；检测集/分水器的供回水温度、压力及流量；根据集/分水器供回水压力，调节供回水压差旁通阀；对监测信号在控制室进行实时报警和记录。

- 空调/新风系统。监控送、回风机手/自动状态、运行状态和故障状态的监测；监控每台风机的启动和关机均有预先时间程序控制；监控新风门的开度或调节控制；监控过滤网的清洁度监测；冷热盘管的防冻监测；室外新风、送风、回风、室内的温、湿度的检测；根据监测温度自动调节盘管水阀，保持温度稳定；根据监测湿度，自动调节加湿器供水量，保持湿度稳定；中央站彩色图形显示，记录各种参数、状态、报警，记录启停时间、累计运行时间及其历史数据等。

图 3.8　新风系统及其感知设备

- 送/排风系统。风机手/自动状态、运行状态和故障状态的监测；每台风机的启动和关机均有预先时间程序控制；中央站彩色图形显示，记录各种参数、状态、报警，记录启停时间、累计运行时间及其历史数据等。

- 给排水系统。监测集水坑的溢流、高、低液位；监测污水泵的手/自动状态、运行状态和故障状态；中央站彩色图形显示，记录各种参数、状态、报警，记录启停时间、累计运行时间及其历史数据等。

● 供配电系统。高压系统的监测：进线电压、电流、功率因数、有功功率、电量；低压系统监测：进线的电压、电流、功率因数，低压配电柜出线的电流、电压、有功功率、功率因数、电量。

3.3.2 安全防范系统

1. 系统介绍

安全防范系统是指运用安全产品和其他相关产品，实现信息统一接入、集中管理，并实现智能联动，达到维护建筑物公共安全的目的。它包含的子系统有：视频监控、周界防范、入侵报警、电子巡更、停车场管理等。

2. 系统功能及实现

（1）视频监控

视频监控系统采用全数字化视频网络传输、存储与控制，由前端网络摄像机设备、数字化视频编解码器、系统管理服务器、多媒体工作站及相关应用软件组成。主要实现建筑物内外的实时安防监控、历史追溯等功能。视频监控结构图如图3.9所示。

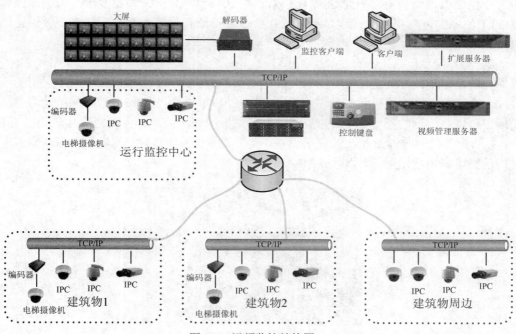

图3.9　视频监控结构图

1）前端设计

前端摄像机是整个安防系统的"眼睛"，由于摄像机是系统的最前端，并且被监视场所的情况是由它传送到控制中心，所以从整个系统来讲，视频监控前端摄像机监控点的选择及摄像机的选型至关重要。

前端摄像机除了电梯专用摄像机外，全部采用网络摄像机。主要设置在出入口、走廊、电梯轿厢、地下停车场、楼梯间及重要场所，根据不同部位及要求设置不同的摄像机。电梯轿箱空间狭小，设置电梯专用摄像机；考虑到大楼对外部分的美观因素，在楼道、电梯厅、楼梯间等有吊顶的区域设置网络半球摄像机；在大堂等较大空间且吊顶比较高的区域设置网络匀速一体化球机；在地下停车场车道上设置红外一体化摄像机。

2）存储部分

根据总监控面积设定存储空间：总视频路约为 700 路，在画质 1080P，码流 10Mbps，存储时间 15 天时，所需视频存储空间为 1188.4T（计算公式：700 路×15 天×24 小时×3600 秒×10Mbps 码流÷8÷1024÷1024=1081.46T，格式化损耗 9%计算在内：1081.46T÷0.91=1188.4T）。后端平台采用 8 台 48 盘位的 NVR 嵌入式视频管理系统，满足存储需要。

3）系统管理

整套视频监控系统后端需配置 1 台专用的视频服务器，完成对前端设备、数据库以及用户权限的管理。

4）监控显示

显示系统采用单片式 DLP 背投拼接投影，DLP 投影系统由投影显示部分、信号处理部分和控制终端组成。可对视频信号进行综合显示，形成一个查询准确、显示全面、操作便捷、管理高效、美观实用的视频监控系统。

为了控制电视墙和前端匀速球机，建议配备网络键盘 1 台，根据要求，前端图像切换比按照 30:1 的原则，电视墙的视频显示配置 4 台 8 路网络视频解码矩阵，前端设备的管理和人员登陆权限等的管理，需要配置监控电脑 1 台。

（2）周界防范

周界防范是指，为阻止入侵者以攀爬翻越围墙的方式进入建筑物（群）内所采用的一种安防方式。这种方式将探测单元布置在建筑物（群）四周，当有人入侵时，探测单元将感应到的入侵信号传输到附近的报警主机，信号经过报警主机的分析处理转为报警信号，发出声光报警指示，并将报警信号传输给相应的联动设备，实现周界报警防范。常用的周界探测器有电子围栏、振动光缆、地埋线圈等，如图 3.10 所示。

图 3.10　周界防范实物图

光缆振动传感报警系统由报警主机、主控仪、引导光缆、传感光缆和外部组件这五大部分组成。其中，系统报警主机、主控仪位于监控室内，引导光缆、传感光缆和外部组件安装于室外。

当有入侵者意图以攀爬翻越围墙的方式进行入侵时，铺设在围墙上的探测单元能够立即感应到入侵信号，入侵信号传输到监控室内的报警主机，经过报警主机的分析处理转为报警信号，报警信号传输给相应的联动设备。

（3）入侵报警

入侵报警是指，在财务室、重要机房、网络主机房及建设方认为有必要设防的重要设施和要害部门安装入侵报警装置，该系统具有防破坏功能，在报警线路被切断、报警探头被破坏等情况下均能报警。只要有人非法闯入，即会触发报警信息。一方面，系统会自动把报警信号传送至控制中心，值班人员可通过报警键盘和电子地图的显示确定报警定位；而另一方面，也可以通过声光报警的形式提醒值班人员的注意。常用的报警探测器有：壁挂双鉴探测器、吸顶双鉴探测器、玻璃破碎探测器、紧急报警按钮、声光报警等。

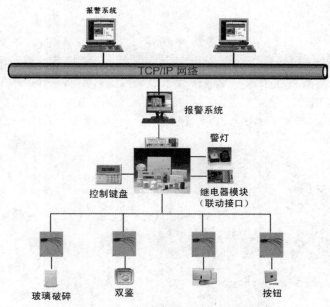

图 3.11　入侵报警系统架构图

入侵报警系统架构由前端报警器、传输网络和中心控制三部分组成。

- 前端报警器：采用双鉴探测器和手动报警按钮，用于在所设定时间后没人时设防使用，紧急按钮用于发生紧急情况，如发生胁持、纠纷等紧急情况时使用。
- 传输网络：每个探测器通过传输线缆连接至对应的报警模块，报警模块再通过总线将报警信号传输至相应建筑监控中心的报警主机上。
- 控制中心：是整个入侵报警系统的核心部分，是实现整个系统功能的指挥中心，主要实现系统编程设置、防区管理、报警处理及报警联动等功能。

入侵报警系统可手动或预先编程设置防区撤/布防时间，系统布防时间内一旦发生非法侵入，则主机发出报警声，电脑会自动弹出该层平面图，并指示出报警地点；同时，启动相应外部设备，如视频监控系统作出相应的动作、灯光控制系统打开指定区域的灯光。

1）布防与撤防

在正常工作时，工作及各类人员频繁出入探测器区域，整个系统处于撤防状态，报警控制器即使接到探测器发来的报警信号也不会发出报警。下班后，处于布防状态，如果有探测器的报警信号进来，就立即报警。系统可由保安人员手动布撤防，也可以通过定义时间窗，定时对系统进行自动布防、撤防。如果技术方案中采取了 TCP/IP 双向数据传输技术，那么保安人员既可以在现场采用键盘的方式布撤防，也可以在控制中心通过管理软件进行远程的布撤防工作。

2）防破坏

如果有人对线路和设备进行破坏，线路发生短路或断路、非法撬开的情况时，报警控制器会发出报警，并能显示线路故障信息；任何一种情况发生，都会引起控制器报警。

3）电子地图

系统具备防盗报警点位电子地图，点位信息包括设备编号、设备安装地址、设备型号等。当设备点位故障时，发出声光报警同时弹出该点位的位置，并用颜色进行区分。

4）系统联动

本系统能与视频监控、门禁系统联动，并能与总监控中心联网。当发生非法入侵时，探测器可立即报警，系统能确定报警地点，并显示在屏幕上，使操作人员及时、准确地掌握警情并处理。发生报警时，其附近摄像机立即对准事故地点进行定格录像。系统可以将报警信息上传至视频监控系统和出入口控制系统，各系统间相互兼容并独立工作。

入侵报警系统工作示意图如图 3.12 所示。

图 3.12　入侵报警系统工作示意图

（4）电子巡更

电子巡更系统是门禁系统的一种，是对门禁系统的灵活运用。它是帮助建筑物的管理人员完成对巡更人员及巡更记录进行有效的监督和管理，同时，还可以对一段时期的巡更线路做详细记录。电子巡更分为在线式和离线式两种：

1）在线式电子巡更

在线式电子巡更系统使用现有门禁读卡器作为在线巡更前端设备，可以任意指定某一门禁点作为巡更点，如有需要可单独安装读卡器作为巡更点，以完善巡更路线。巡更点的设置和巡更路线的变动都只需通过管理平台软件定制，无需任何硬件施工布线。巡更人员持巡更卡片到指定巡更点刷卡，巡更记录会自动上传到中心数据库，通过巡更软件处理巡更数据得到需要的结果与报表。同时，系统可以通过信息识读器或其他方式对保安人员巡逻的工作状态（是否准时、是否遵守顺序等）进行监督、记录，并能对意外情况及时报警。

2）离线式电子巡更

离线式电子巡更系统是将巡更点安放在巡逻路线的关键点上，保安在巡逻的过程中使用随身携带的巡更棒读取自己的人员点,然后按线路顺序读取巡更点,在读取巡更点的过程中,如发现突发事件可随时读取事件点,巡更棒将巡更点编号及读取时间保存为一条巡逻记录。定期用通讯座将巡更棒中的巡逻记录上传到计算机中。管理软件将事先设定的巡逻计划同实际的巡逻记录进行比较,得出巡逻漏检、误点等统计报表,通过这些报表可以真实地反映巡逻工作的实际完成情况。离线式电子巡更实物如图3.13所示。

图3.13 离线式电子巡更实物图

系统采用离线式巡更,保证保安在巡逻时无死角。在每栋大楼的各层都设置几个离线巡更点(无源设备,无需供电,无需布线),保安控制室设置巡更管理工作站及巡更信息采集器,用来对巡更信息进行采集及管理。巡更管理系统为保安巡更工作的辅助手段,保安人员在巡更过程中,利用巡更器将到达各重要区域的时间、地点、自动准确地记录下来,使巡更工作更加科学化、规范化。

(5)停车场管理

停车场管理系统是通过非接触式卡或车牌识别来对出入停车场的车辆实施判断识别、准入/拒绝、引导、记录、收费、放行等智能管理,如图3.14所示。其目的是有效地控制车辆与人员的出入,记录所有详细资料并自动计算收费额度,实现对场内车辆与收费的安全管理。

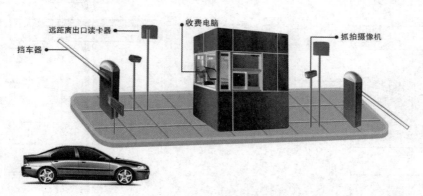

图3.14 停车场管理示意图

该系统集感应式智能卡技术、计算机软件与网络、视频监控、图像识别与处理、自动控制技术于一体,包括车辆身份判断、出入控制、车辆自动识别、车位检索、车位引导、车位提醒、图像显示、车辆校对、信息发布、时间计算、费用收取及核查、语音对讲、报警联动等一系列功能,实现对停车场车辆的智能化管理。

系统具有的主要功能有:①具有长期卡、月租卡、临时卡、管理卡、特权卡等各种管理权限,根据要求设置成收费或不收费的方式;②可脱机或联机使用,任何情况均可记录进出行车信息,当网络断开,处开脱机状态时,系统正常运行,网络联通,数据自动恢复;③利用车辆检测器实现防砸车功能;④具有语音提示功能;⑤采用高分辨率摄像机在车辆入场时,自动摄取车辆外型、颜色、车牌号码等图像信息,出场时将出口摄取的车辆图像与入口图像进行比较;⑥多区域停车场,利用车辆检测器及计数控制器实现各区域车辆统计,通过车位信息显示屏显示;⑦利用超声波检测器来检测某车位占用或空闲状态,并将检测到的车位状态变化信息由车位引导控制器实时送至车位引导显示屏，指引最佳停车位置。

停车场软件界面如图 3.15 所示，停车场入口、出口流程图如图 3.16、图 3.17 所示。

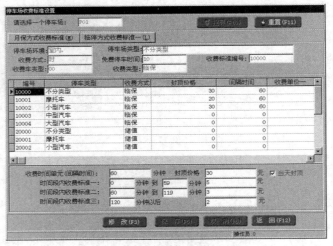

图 3.15　停车场软件界面

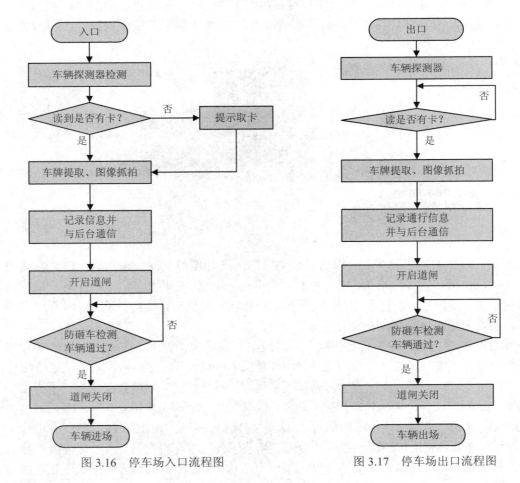

图 3.16　停车场入口流程图　　　　图 3.17　停车场出口流程图

3.3.3　消防系统

1. 系统介绍

消防系统，又称火灾报警系统，它是由触发装置、火灾报警控制器、声光报警器以及具有其他辅助功能的装置组成。它能在火灾初期，将燃烧产生的烟雾、热量、火焰等物理量，通过火灾探测器变成电信号，传输到火灾报警控制器，同时，显示出火灾发生的部位、时间等，使人们能够及时发现火灾，并采取有效措施将其消除在萌芽状态，最大限度地减少因火灾造成的生命、财产损失。

2. 系统功能及实现

消防系统可实现如下功能：

（1）实时监测消防系统的报警信号，如有报警，立即在电子地图上显示火灾报警的位置，并以声光的方式发出报警信息。

（2）定时查询消防系统的运行状态，如发现故障，立即在电子地图上显示故障信息。

（3）当发生报警时，系统可与公共广播系统、安全防范系统等联动，帮助消防人员更快地发现危险，并对危险进行及时的处理。

（4）实现消防系统各日常维护及检测计划的提示提醒。

消防系统连接图如图 3.18 所示。

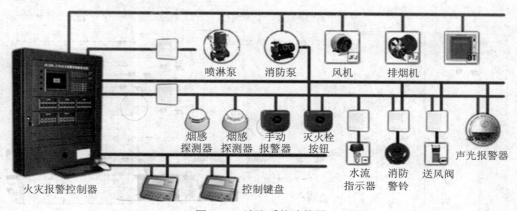

图 3.18　消防系统连接图

3.3.4　物业管理系统

1. 系统介绍

随着我国房地产业的兴起，作为房地产投资、开发、建设、流动的自然延续和房地产业的一个重要分支，物业管理也有了迅猛的发展。房地产公司也开始关心"四分在建造，六分在管理"。把物业管理作为企业经营的主要战略决策，正在成为业界人士越来越关注的焦点。

物业管理系统是一个综合的信息管理平台，可以应用在办公大楼、场馆、厂区以及住宅小区等的不同楼宇和区域，它主要是在信息管理和分析的基础上，汇总其子系统数据，进行查询、统计和管理。物业管理系统应用在不同类型的智能建筑中，关注和管理的重点也不相同，如表 3.1 所示。

表 3.1　物业管理在不同类型的智能建筑中的应用

智能建筑应用类型	主要物业管理内容
办公大楼	空间管理、设备管理、维修管理、能耗数据采集、环境管理、保安消防、停车场、车辆管理、办公管理、行政人事管理、监控管理物业租赁、收费业务等
场馆	设备管理、维修管理、能耗数据采集、环境管理、保安消防、车辆管理、停车场、收费管理、监控管理等
住宅小区	租赁管理、收费管理、房产管理、便民服务、维修管理、保安消防、装修管理、环境管理、办公管理、监控管理等
厂区	设备管理、保安消防、生产安全、电子地图导航、监控管理等

　　物业管理的基本任务就是对物业进行日常维修保养和计划修理工作。对于一项物业来说，房屋建筑、机电设备、供电供水、公共设施等都必须时时刻刻处于良好的工作状态，否则就难以发挥该物业应有的效能，而良好的状态则又必须通过经常性的维护保养和计划修理才能达到，因此，维护保养是物业管理最基本的业务，也是保持物业完好，延长设备寿命的重要保证。

　　2. 系统组成及实现

　　本项目的物业管理系统是应用在智能园区中，目标是使设备和资产保值增值，为园区办公人员提供舒适的环境和优质的服务，满足园区物业日常管理的需要。系统组成如图 3.19 所示。

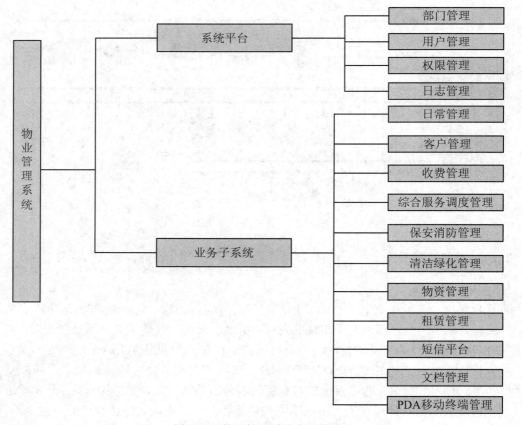

图 3.19　物业管理系统功能模块

（1）系统平台

1）部门管理

部门管理，包括部门信息和员工信息维护（增加、修改、删除）。

2）用户管理

用户管理是指维护系统用户信息，建立系统用户与员工之间的关系，查询用户信息。

3）权限管理

权限管理是对用户进行授权管理，根据园区使用者角色分为系统管理人员、物业管理人员、网络中心管理人员、工作人员等，不同角色分配不同的权限。权限又分为子系统、模块和具体操作三级，以满足细致的权限管理，提供足够的系统安全性。

4）日志管理

日志管理是对用户在系统中所作的操作进行记录，记录用户的操作时间、所作的操作等信息，提高信息系统的安全性。

（2）业务子系统

1）日常管理

安全管理：对保安、消防设备安装情况、使用情况、公共区域监控状况等信息的录入、查询、统计、分析，此模块是面向管理处的安全工作人员，如保安班长等。

环境管理：对本园区所管辖区域的绿化、清洁等工作进行记录、检查和管理，此模块是面向管理处的相关工作人员。

车辆管理：包括管理客户的车辆档案及车辆事件，了解与客户相关的附属信息，为客户提供更周全的服务。此模块面向车辆管理人员。

综合查询：可从多个角度方便、综合地查询到资源、客户、收费等物业资料，从而使用户无需在多个模块进行切换查看物业资料，方便地为领导层提供全面数据，有助于科学决策。用户分别可以按房间、客户、电话、车号对资源资料、客户档案、收费情况、出入证、车位情况、客户服务进行查询。此模块主要面向管理人员、领导层。

2）客户管理

建立和管理客户资料，以备物业公司随时都可以方便快速地查询到客户的资料，也可以用此功能维护与物业管理有关的客户信息。客户关系包括：客户名称、编号、性别、年龄、信息建立时间、联系电话、客户照片、备注信息等。

3）收费管理

收费管理，主要协助物业部门对客户电费、水费、宽带费、取暖费、维修费、租金、停车费等各项物业费用进行全面管理。通过简单录入房屋基本信息，很方便地把房屋基本信息复制到收费信息中，避免重复录入，方便快捷地计算出每个客户每个月份的各项物业交费汇总情况、每项物业费用及汇总情况等，极大地提高工作效率和工作质量。系统灵活易用，上手快，数据处理准确，适合物业收费人员进行收费管理。

收费分为物业收费和水、电、暖等费用。物业收费首先设置费用项目，如物业管理费、收视费、宽带费、垃圾费等，然后生成费用单进行费用收取。水、电、暖收费，先设置三表和客户的对应关系，然后设置费用单价，抄完表后，根据客户生成费用单据，进行费用收取。对于本月未交费的客户，生成交费催款单；对于已交费的客户，打印物业费用收取单据。

4）综合服务调度管理

客户服务是物业管理行业内最重要的工作内容之一，完善、高效、规范的客户服务是物业品牌建设的核心内容之一。综合服务调度管理是指，物业服务台的员工可以对客户报事进行统一处理，包括登记报事、下达任务等，然后通过系统内部邮件发送给相关职能部门对事件进行处理，如果遇到重大事件需要领导时刻监控，也可将邮件抄送给领导；职能部门对事件处理结束后，需要对事件进行反馈，并将产生的费用发送给财务部门，最后由服务台的员工进行回访，并记录客户满意度和服务质量，这样的流程可以减少客户办事环节，提高服务质量，实现高效、准确的客户内部调度。此模块面对物业服务台员工和相关职能部门。

同时综合服务调度可以与短信平台、PDA 移动终端应用等延伸产品相配合，实现多媒体、多渠道、移动化的客户服务。综合服务调度流程图如图 3.20 所示。

图 3.20　综合服务调度流程图

5）保安消防管理

保安消防管理是企业正常运转的重要保证。系统包括：保安管理、物业消防设施管理、保安消防资料管理等。可以按任意时段输入保安值班安排，实现系统自动排班。并可登记辖区范围内发生的治安事件和处理情况，系统自动保存并进行任意条件的查询，主要功能包括：消防器材登记（材料编号、名称、规格、安装位置、购买时间、安装时间、备注），消防检查（器材编号、名称、巡检情况、巡检时间、巡检人、备注），警械设备整理（警械名称、编号、规格、购买日期、备注、警械配备状况）等。

6）清洁绿化管理

清洁绿化管理包括：绿化管理、保洁记录管理等。用户可自定义保洁内容、项目，并对建筑物及公共区域的位置、项目设定定期或不定期的保洁计划。系统会自动按预先设定的要求进行提醒，对绿化的资料进行登记。系统还可对保洁人员资料、保洁计划、保洁检查时间、消杀记录、检查信息等进行记录。

7）物资管理

物资管理贯穿了设备设施资产从购置、启用、日常运行维保直到最终报废的整个过程，下面将从物资基础资料管理、运行管理、维保管理等几个方面进行详细介绍。

物资基础资料管理：以物资设备分类建档为基础，以设备运行记录为核心建立设备运行记录数据库，从而搭建出完整的设备设施台账。在建立设备台账的过程中，将设备设施制造厂商交付的原始竣工资料和客户或物业所制定的相关规范同步纳入系统的管理之中。在日常工作中，可以通过网络进行这些资料的分发借阅和版本控制，保证原始资料不会丢失或版本混乱，同时物业员工可以在自己的办公电脑上非常方便地查阅这些资料，将来甚至可以在 PDA 上移动查阅。同时，系统根据各设备的实际情况，特别是每台设备对于物业公司项目的重要性和关键程度，为每台设备区分级别和控制力度，以便配合不同的巡检方案、频度、维保方案策略、响应时间及人力资源，来保证关键、重要设备的最高优先级。

运行管理：在建立设备档案的过程中，还需要根据制造厂家在手册中注明的规定，为各个设备设施制定巡检要求、保养计划和维修计划，长期有效的定期巡检、保养维修是设备能在使用年限内全程正常服役的关键。同时，这个过程为物业公司建立和完善了各设备设施日常运行记录的数据库。根据这些记录，可以实时监控设备的运行状态，结合资深员工长期丰富的设备管理经验，实现设备运行情况预测，对设备设施未来可能出现的故障提前进行有计划、有预见性的预防性维修和计划性维修，提升设备整体运行完好率和可靠性。

同时，维护人员可以根据这些历史数据和经验分析出每台设备的当前综合健康度，制定有针对性的保养计划和维修计划，并且长期不断地重复分析、完善和优化，实现设备的按需维修及状态维修。

维保管理：维保管理通过工作流转模块（如：系统内部提醒、外部邮件提醒、手机短信提醒、PDA 移动信息提醒等），将制定好的保养计划和维修计划，以及巡查过程中登记的故障记录、自动生成的保养工单和维修工单传递给相应的员工及其领导，提前提醒员工及时进行维修保养工作，并提醒其领导进行检查。

维保管理以预知维修、预防维修为主，以常规的事后维修、改善维修为辅，在保证设备安全稳定运行的前提下，减少直至最终防止设备设施的"过维保"和"欠维保"情况，降低设备全生命周期的运作成本。

8）租赁管理

租赁管理业务是物业公司项目经营的核心业务，包括接待客户、向客户展示和推介、与客户商讨合同细节、陪同客户办理各种手续，并将合同资料提交审批后作为正式公文上报和传递到下游部门等。作为企业主要收入和业绩的来源，负责租赁工作的部门效率和效益，对整个物业都是非常重要的。

系统提供了以下管理功能：客户管理、资源管理、租赁控制、合同管理、出租流程、合同审批、租赁统计、租金预测、租赁营销和广告管理等。

9）短信平台

以物业公司的数据库为基础，结合成熟、方便的短信体系，将客户服务和内部工作的信息扩展到手机这种大众化的移动终端上。短信收集采用组件化模式，用户可以自行选择收集哪些类型的数据，以节省短信发送运行成本。短信收集组件在配置好之后，会根据设置要求定时自动收集应发送的短信。用于搜集和发送的信息类型包括：工作派单提醒、设备保修提醒、周期检查提醒、客户欠费提醒、设备故障提醒、重大安全事件提醒及节日祝福等。

10）文档管理

文档管理是针对物业管理中的各类文档，通过文件描述信息查找和使用各类文档，对于已有的电子文档以文件的形式保存在服务器上。文档管理信息包括：文档分类、文档编号、名称、电子文档、摘要信息；文档查询可对这些信息进行检索：分类信息、编号、名称近期使用情况等。

11）PDA 移动终端管理

PDA 移动终端，可将检查的间隔、方法、标准等规范固化于内，执行人手持 PDA，依照其中规定的路线，通过少量、快捷的操作，便可逐项登记检查的结果，保证不会遗漏检查项。对各个工作点的检查方法和标准，以及可能发生的问题和解决办法，全部可以用"选择"的操作方法录入，保证检查结果的规范性和格式的统一性。

工作人员在工作过程中，通过 GPRS/Wi-Fi，PDA 能随时得到最新工作任务的通知，在完成一个工作之后无需回到后台取单，便可直接接受下一个任务，大大提高了工作效率。同时对工作的分派情况形成数据化的记录，给主管领导提供了实时查询工作进度和员工工作情况的技术手段；在工作过程中，员工可以通过 PDA 实时查看此前的历史服务记录以方便确定复杂问题的真实原因，调阅相应的设备手册等各类知识文档以方便工作；在一项任务完成之后，员工可以通过 PDA 直接登记完工结果并提交反馈，同时可以请客户在 PDA 上以真实笔迹手写签名作为对服务效果的认定。

3.3.5 综合布线系统

1. 系统介绍

综合布线系统是大厦内部和大厦之间数据、语音的传输网络基础，它使通信设备、信息交换设备、建筑设备、物业管理设备彼此相连，也能使建筑物内部通信网络设备与外部通信网络设备互联，传输语音、数据、图像及各类控制信号。

综合布线系统是计算机网络及通信基础平台，实现信息通讯、网络联接及智能化，从而达到信息的高度共享，为信息的融合提供一个高效、便利的环境。

2. 系统组成

综合布线系统由以下六个子系统组成：工作区子系统、水平子系统、垂直干线子系统、设备间子系统、管理子系统、建筑群子系统，如图 3.21 所示。

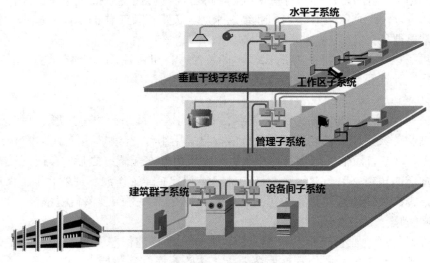

图 3.21　综合布线系统组成

（1）工作区子系统

工作区子系统是由终端设备连接到信息插座之间的设备组成，包括信息插座、插座盒（或面板）、连接软线、适配器等。

（2）水平子系统

水平子系统也称配线子系统，是实现信息插座和管理子系统间的连接，将用户工作区引至管理子系统，并为用户提供一个符合国际标准，满足语音及高速数据传输要求的信息点出口。水平系统布置在同一楼层上，一端接在信息插座上，另一端接在层配间的跳线架上。水平子系统主要采用 4 对非屏蔽双绞线（UTP），它能支持大多数现代通信设备，并根据速率灵活选择线缆。

水平子系统最长的不能超过 EIA/TIA568A 标准的 90 米上限，它是指从楼层接线间的配线架至工作区的信息点的实际长度。当有宽带传输的要求时，可采用"光纤到桌面"的方案。信息出口采用插孔为 ISDN8 芯（RJ45）的标准插口，每个信息插座都可灵活地运用，并根据实际应用要求可随意更改用途。配线子系统最常见的拓扑结构是星形结构，该系统中的每一点都必须通过一根独立的线缆与管理子系统的配线架连接。但是，因为传输距离、成本和日后管理的种种原因，各楼层的水平布线不会直接汇聚到大楼的总设备间，而是先汇聚到所属的楼层分配线间，然后连接到布线系统的垂直干线子系统上。各楼分配线间负责相应楼内各楼层信息点的配线管理。

（3）垂直干线子系统

垂直干线子系统是实现计算机设备、程控交换机（PBX）、控制中心与各管理子系统间的连接的系统，是建筑物干线电缆的路由。它采用大对数的电缆馈线或光缆，两端分别接在设备间和管理间的跳线架上。

（4）设备间子系统

设备间子系统是由设备间的电缆、连续跳线架及相关支撑硬件、防雷电保护装置等构成，将计算机、摄像头、监视器、网络交换机、集线器等弱电设备互连起来并连接到主配线架上。比较理想的设置是把计算机房、交换机房等设备间设计在同一楼层中，这样既便于管理，又节省投资。也可根据建筑物的具体情况设计多个设备间。

（5）管理子系统

管理子系统由交连、互连配线架组成，是干线子系统和水平子系统的桥梁，同时也可为同层组网提供条件。在需要有光纤的布线系统中，还应有光纤跳线架和光纤跳线。交连和互连允许将通讯线路定位或重定位到建筑物的不同部分，以便能更容易地管理通信线路，使在移动终端设备时能方便地进行插拔。互连配线架根据不同的连接硬件分为楼层配线架（箱）和总配线架（箱），分楼层配线架（箱）可安装在各楼层的干线接线间，总配线架（箱）一般安装在设备机房。

（6）建筑群子系统

建筑群子系统是将一个建筑物的电缆延伸到建筑群的另外一些建筑物中的通信设备和装置上，是结构化布线系统的一部分，支持提供楼群之间通信所需的硬件。它由电缆、光缆和入楼处的过流过压电气保护设备等相关硬件组成，常用介质是光缆。建筑群子系统布线有三种方式：架空安装、地下电缆管道敷设、直埋敷设。

3. 系统实现及应用

综合布线系统的设计具有以下特点：①可靠、实用性：综合布线系统能够充分适应现代和未来技术的发展，实现话音、高速数据通信、高清晰度图片传输，支持各种网络设备、通讯协议和包括管理信息系统、业务处理活动、多媒体系统在内的广泛应用。综合布线系统还要能够支持其他一些非数据的通讯应用，如电话系统等。②先进性：综合布线系统作为整个建筑的基础设施，要采用先进的科学技术，着眼于未来，保证系统具有一定的超前性，使综合布线系统能够支持未来的网络技术和应用。③灵活性：综合布线系统对其服务的设备有一定的灵活性，能够满足多种应用的要求，每个信息点可以联接不同的设备，如数据终端、模拟或数字式电话机、程控电话或分机、个人计算机、工作站、打印机、多媒体计算机、和主机等。综合布线系统应具备连接成星型、环型、总线型等各种不同的逻辑结构的能力。④模块化：综合布线系统中除去固定于建筑物内的水平线缆外，其余所有的设备都应当是可任意更换插拔的标准组件，以方便使用、管理和扩充。⑤可扩充性：综合布线系统应当是可扩充的，以便在系统需要发展时，有充分的余地将设备扩展进去。⑥标准化：综合布线系统要采用和支持各种相关技术的国际标准、国家标准及行业标准，这样可以使得作为基础设施的布线系统不仅能支持现在的各种应用，还能适应未来的技术发展。

本系统中，采用的技术及选用的材料具体如下：

1）系统采用电子配线管理技术，技术上先进可靠。

2）水平子系统：铜缆部分采用六类器件，特殊区域采用光纤到桌面；主干话音信号采用三类大对数电缆；数据信号采用 OM3 等级的光缆。

3）从网络中心机房到每个弱电管理间采用 1 用（光纤）1 备（光纤）方案，增大安全系数。

4）电缆采用 CMR 级阻燃型，光缆采用 OFNR 级阻燃型。

5）支持系统：普通数据信息点及语音信息点、无线 AP、光纤点、电子信息显示。

6）管理间：光缆采用 19 英寸 48 芯智能光纤配线架连接，水平电缆采用 19 英寸 24 口电子配线架连接。

7）垂直主干：垂直数据主干采用 12 芯室内万兆多模光缆，并备用 12 芯单模光缆，语音主干采用 3 类 25 对大对数电缆。

8）工作区：采用 6 类非屏蔽模块和双工光纤模块，并配有墙插和地插。

3.3.6　信息网络系统

1. 系统介绍

信息网络系统是由计算机硬件、计算机软件、网络通信设备和信息资源组成的以处理信息流为目的的人机一体化系统。信息网络系统主要负责建筑物（群）全网底层业务数据承载及转发工作，是整个管理信息系统重中之重的基础底层架构。各栋建筑的安防系统、楼控系统、一卡通系统、公共广播系统等子系统的数据都将在信息网络上进行传输。

为了适应楼层数量多、网络规模庞大、性能要求高，并充分考虑网络可用性、智能性、安全性及可管理性等一系列要求，信息网络系统的建设应遵循以下思路：

（1）先进性和成熟性

系统设计既要采用先进的概念、技术和方法，又要注意结构、设备、工具的相对成熟。不但能反映当今的先进水平，而且具有发展潜力，系统的建设在实用的前提下，应当在投资保护及长远性方面做适当考虑，在技术上、系统能力上要保持五年左右的先进性。

（2）可靠性和稳定性

在考虑技术先进性和开放性的同时，还应从系统结构、技术措施、设备性能、系统管理、厂商技术支持及维修能力等方面着手，确保系统运行的可靠性和稳定性，达到最大的平均无故障时间。

（3）安全性和保密性

在系统设计中，既考虑信息资源的充分共享，更要注意信息的保护和隔离，因此系统应分别针对不同的应用和不同的网络通信环境，采取不同的措施，包括系统安全机制、数据存取的权限控制等。

（4）可扩展性和易维护性

为了适应系统变化的要求，必须充分考虑以最简便的方法、最低的投资，实现系统的扩展和维护，建议全线采用可网管产品，达到全程网管，降低人力资源的费用，提高网络的易用性。从用户的利益出发，一个好的系统应当给用户一定的自由度，而不是束缚住他们的手脚，从技术上讲应该采用标准、开放、可扩充的、能与其他厂商产品配套使用的设计。

2. 系统组成

整个网络的结构由核心层、汇聚层和接入层三层网络组成：

（1）核心层

核心层主要是实现骨干网络之间的优化传输。

（2）汇聚层

汇聚层是建筑物（群）的信息汇聚点，是连接接入层和核心层的网络设备。可实现接入层数据的汇聚、管理、传输及分发处理功能，并为接入层提供基于策略的连接，如：地址合并、协议过滤、路由服务、认证管理等。同时，汇聚层也可通过网段划分（如：VLAN）与网络隔离，防止某些网段的问题蔓延和影响到核心层，保证了核心层的安全和稳定。

（3）接入层

接入层通常指网络中直接面向用户连接或访问的部分，主要功能是完成用户流量的接入和隔离。接入层的目的是使终端用户连接到网络，因此接入层交换机具有低成本和高端口密度的特性。

信息网络系统拓扑结构如图 3.22 所示。

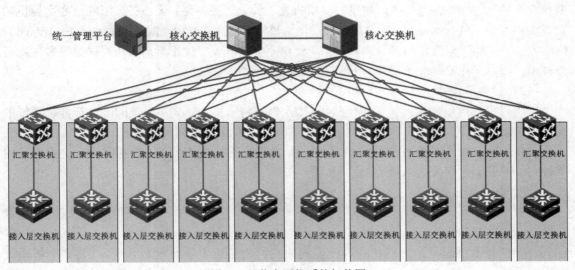

图 3.22　信息网络系统拓扑图

3. 系统实现及应用

信息网络系统分别对不同的网络进行设计，如典型设计中，将网络分为内网、外网和设备网。内网和外网一般具备相同的网络体系架构，即三层模型架构；设备网则采用"核心+接入"两层结构保证信息点的高速接入。

（1）内网设计

内网是本园区项目中的核心网络系统，是用于开展工作业务的内部局域网，系统应稳定、实用、安全，并具有高宽带、大容量和高速率等特点，具备将来扩容和带宽升级的条件。本次设计的网络按照万兆交换平台、万兆骨干网络、千兆到桌面设计，并且内网核心交换机实现双机虚拟化、负载分担。

内网拓扑设计采用三级架构，分为核心层、汇聚层和接入层。核心层负责全网的路由交换，并与各服务器、存储等核心应用相连；因大楼单体每层面积很大，接入层与汇聚层采用千兆光连接。汇聚交换机到核心之间采用万兆双链路冗余主干。冗余主干链路设计的目的，不仅可对就近楼层的网络进行初期收敛汇聚、减轻核心交换机的负担、便于排障，还可保证单个子网内部出现故障时，不会影响到其他子网的使用。选用的千兆接入交换机，从接入层到汇聚层，可以采用一根千兆上行，也可以使用 4 跟千兆光纤捆绑上行至汇聚交换机，接入交换机具备了万兆可扩展槽位，为未来网络的再一次升级也做好了准备和预留。

（2）外网设计

外网是指除本园区内网之外的所有网络系统，包括 Internet 接入、办公自动化系统、视频会议系统等。Internet 网络提供远程医疗、远程教育、局域办公自动化服务、医疗设备远程维护等。

由于外网主要用于办公、图书馆信息查询、楼内视频监控、视频会议，所以外网相对于内网来说可靠性要求相对级别低一级，初期按照单核心交换机、双引擎配置、百兆接入到桌面设计，后期，可以根据细化的可靠性需求和链路冗余性需求，再做进一步深化设计。

接入层选用百兆三层智能弹性交换机，具备 10/100Base-TX 以太网端口、1000Base-X SFP 千兆以太网端口、10/100/1000Base-T 以太网端口等多个以太网端口；汇聚层选用千兆三层智能弹性交换机，可扩展万兆接口与核心交换机建立骨干万兆网络；核心层选用的核心交换机融合了 MPLS（Multi-Protocol Label Switching，多协议标签交换）、IPv6（Internet Protocol Version 6）、网络安全、无线、无源光网络等多种业务，提供不间断转发、优雅重启、环网保护等多种高可靠技术，提高了用户的生产效率，保证了网络最大正常运行时间。

（3）设备网设计

本项目设备网单独组网，采用"核心+接入"的两层架构模式，保证园区内智能化系统的高速接入。

设备网主要接入数字安防系统信息点、数字门禁系统信息点等。设备网接入交换机选用单模光纤及配套光模块接入核心交换机。

3.3.7 公共广播系统

1. 系统介绍

公共广播系统是最早的以语音广泛传递为目标的信息引导及发布系统。《公共广播系统工程技术规范》（GB 50526—2010）规定：公共广播是"由使用单位自行管理的，在本单位范围内为公众服务的声音广播。包括业务广播、背景广播和紧急广播等"。在智能建筑工程中，它拓展了消防广播的功能。

2. 系统组成及应用

背景音乐广播系统的主要作用是掩盖噪声并创造轻松愉快的氛围，它能够独立控制不同分区的背景音乐、总体音量及其启停。扬声器分散均匀布置，无明显声源方向性，且音量适宜，不影响人群正常交谈，是优化环境的重要手段之一。

业务广播系统主要以满足业务和行政管理的需要，在建筑物内设置业务性广播。

紧急广播系统可以起到宣传、播放通知、寻找人等作用。该功能要求扩声系统的声场强度略高于背景音乐。

消防广播系统作为消防报警及联动系统在紧急状态下用于疏散广播的设施，保证在火灾情况发生时，让建筑物内可能涉及人群清晰地听到报警、疏导的语音。

背景音乐广播、业务广播系统、紧急广播与消防广播系统共用一台前端扬声器。广播优先顺序为：背景音乐<业务广播<紧急广播<消防广播。

公共广播系统主要可分：节目音源设备、信号处理设备、传输线路、扬声系统、辅助设备等。公区广播系统拓扑图如图 3.23 所示。

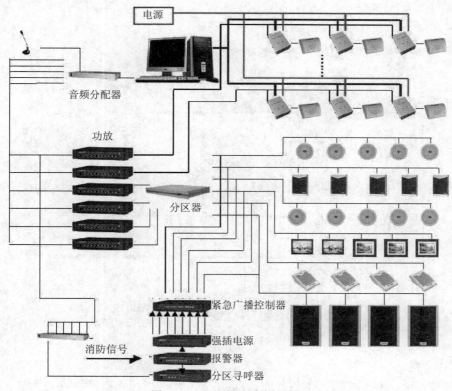

图 3.23　公共广播系统拓扑图

（1）节目音源设备：节目音源设备应为激光唱机、无线电广播、MP3、话筒等提供。

（2）信号处理设备：包括功率放大器、前置放大器和各种控制设备等。这部分设备的首要任务是信号放大，其次是信号的选择。

（3）传输线路：随着系统和传输方式的不同而有不同的要求。由于功率放大器与扬声器的距离不远，一般采用低阻大电流的直接馈送方式，传输线要求用专用喇叭线。

（4）扬声系统：扬声器要求整个系统要匹配，同时其位置的选择也要切合实际要求。

（5）辅助设备：为了满足不同客户的需求，在公共广播系统中通常配备相应的辅助设备。如音源选择/控制设备等。

3.3.8 机房建设系统

1. 系统介绍

机房是建筑物内一个重要而特殊的专业功能区域，是整个智能化系统的核心。在《智能建筑设计标准》中对机房工程做了明确的规定：机房工程是为智能化系统设备和装置等提供安装条件，并确保系统安全、稳定、可靠运行与维护的建筑环境而实施的综合工程。

智能化系统的服务器、存储设备、核心交换机等重要设备都放在机房，机房设计与施工的优劣直接关系到机房内网络和其他电子设备是否能稳定可靠地运行，是否能保证各类信息通讯畅通无阻。机房的环境必须满足计算机等各种微机电子设备和工作人员对温度、湿度、洁净度、电磁场强度、噪音干扰、安全保安、防漏、电源质量、振动和防雷接地等的要求。机房工程不仅集建筑、电气、安装、网络等多个专业技术于一体，同时，也是展示企业实力、宣传企业的一个重要窗口。机房建设示意图如图 3.24 所示。

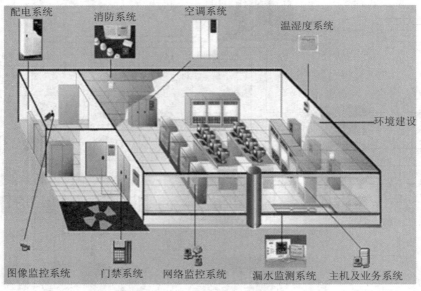

图 3.24　机房建设示意图

2. 设计原则

在机房建设中，我们应遵循下列设计原则：

（1）实用性和先进性

采用先进成熟的技术和设备，尽可能采用先进的技术、设备和材料，以适应高速的数据传输需要，使整个系统在一段时期内保持技术的先进性，并具有良好的发展潜力，以适应未来业务的发展和技术升级的需要。

（2）安全可靠性

为保证各项业务应用，网络必须具有高可靠性，决不能出现单点故障。要对机房布局、结构设计、设备选型、日常维护等各个方面进行高可靠性的设计和建设。在关键设备采用硬件备份、冗余等可靠性技术的基础上，采用相关的软件技术提供较强的管理机制、控制手段和事故监控与安全保密等技术措施提高电脑机房的安全可靠性。

（3）标准化

机房项目系统整体设计，基于国际标准和国家颁布的有关标准，包括各种建筑、机房设计标准，电力电气保障标准以及计算机局域网、广域网标准，坚持统一规范的原则，从而为未来的业务发展、设备增容奠定基础。

（4）经济性/投资保护

以较高的性能价格比构建机房项目，使资金的产出投入比达到最大值。能以较低的成本、较少的人员投入来维持系统运转，提供高效能与高效益。尽可能保留并延长已有系统的投资，充分利用以往在资金与技术方面的投入。

（5）可管理性

建立一套全面、完善的机房管理和监控系统。选用的设备具有智能化、可管理的功能，同时采用先进的管理监控系统设备及软件，实现先进的集中管理监控，实时监控、监测整个机房的运行状况，实时灯光、语音报警，实时事件记录，这样可以迅速确定故障，提高设备的运行性能、可靠性，简化机房管理人员的维护工作，从而为机房安全、可靠的运行提供最有力的保障。

3．系统设计与实现

机房总体建设主要分为以下几个部分：机房管线设计工程、机房照明配电工程、机房精装修工程、机房精密空调工程。

（1）机房管线设计

机房管线设计工程主要是针对进出机房的各类主干桥架及强弱电管线进行路由规划，例如弱电综合布线主干桥架、低压配电电缆进线主干线槽和分支回路管路。还包括预埋机房内部弱电信息点及市电插座、UPS 插座分支回路设计、精密空调供电回路设计，并设计预埋其他各种控制类管线，方便以后的穿线施工。

此外，机房管线设计工程应综合考虑成本因素，主要依据机房内部平面布局图的特点设计主干桥架和分支回路，尽量缩短管线距离和桥架长度，为用户节约机房建设成本和管理成本。

（2）机房照明配电

机房照明是一门电气和建筑装修艺术相结合的科学技术，是机房建设的重要组成部分。本设计中机房的照明灯具采用二次反射式三管格栅荧光灯，荧光灯的镇流器使用低温感应式或电子镇流器。每条光带及光带中每排荧光灯分别设置开关控制。

除了各机房按要求布置灯具外，同时考虑应急照明的要求。应急备用照明灯具为适当位置的三管格栅灯其中一只供电，在市电停电后，为保证工作人员做存盘等紧急处理，计算机机房及消防通道必须具备应急照明系统，包括应急照明灯和消防疏散指示灯，机房内应急照明的照度不低于 30LX，应急出口标志灯照度大于 5LX，应急备用照明灯具由自带蓄电池供电，断电自起，后备时间 90 分钟。机房还要设置疏散照明和安全出口标志灯。照明、应急照明及辅助插座采用阻燃铜导线套镀锌钢管在地板下或吊顶内敷设。

（3）机房精装修

机房地面及墙面、柱面部分统一进行平整工程。地面安装全钢防静电活动地板，其色调可与地面装饰效果相协调。地板安装高度为 30mm，地板下可安装各类管线槽，并能方便地进行检修。地板与墙体交界处用不锈钢踢脚板封边，踢脚采用 100mm 防火板+不锈钢饰面。地板贴墙处安装 UPS 及市电墙面插座或地面插座，机房大门入口处做踏步处理。

地面安装示意图如图 3.25 所示。

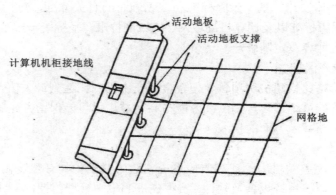

图 3.25　地面安装示意图

机房装修工程广泛应用的吊顶饰面板种类很多，一般有石膏饰板、铝合金微孔板、矿棉板等。在本方案中，中心机房的天花材料以微孔铝合金板为主，并进行有效的防火处理。考虑到计算机房的技术要求以及机房高度要求，机房天花吊顶建议选用铝合金微孔天花板，规格 600×600mm，厚度 0.8mm，乳白色哑光。

（4）机房精密空调及 UPS

为保证机房弱电设备的用电环境及相应的温度和适度标准，设备机房应该配置容量足够的精密空调。方案遵循机房建设相关标准要求，机房内每平米的制冷量应不低于 400W。空调采用下送风、上回风的送风形式，安装时架空地板下满铺保温棉。

UPS 主机及蓄电池柜的安装遵循相关安装标准，电源线路路由设计清晰整齐。UPS 电池柜下面根据需要可安装承重钢架，保证机房的整体承重能力达标。机房配电柜、UPS 配电箱可挂墙安装，箱体内部断路器及防雷器安装整齐，纵横电源回路清晰规范，便于机房电源配电管理。

3.3.9　一卡通系统

1. 系统介绍

一卡通系统是在同一张智能卡上实现多种不同应用功能的综合管理，即在一张卡上可以满足多种应用需求。系统将成熟先进的非接触式智能卡技术、计算机技术、网络通讯技术相结合，将客户、卡片、读卡设备以及管理需求紧密联系在一起，实现一卡通用、集中管理。通过一张 IC 智能卡，实现发卡授权、门禁、考勤、消费、访客管理、电梯控制等功能，并可与第三方系统实现信息交互（如人事、财务），管理人员可以通过一卡通平台进行实时监控和智能管理。一卡通系统拓扑图如图 3.26 所示。

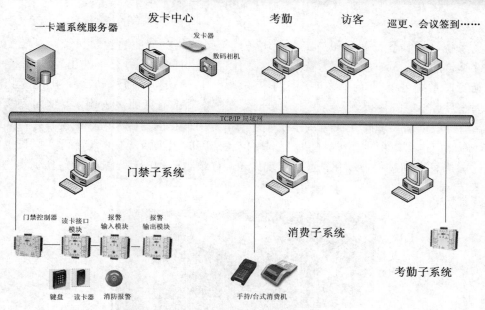

图 3.26　一卡通系统拓扑图

2. 系统组成及实现

（1）门禁

门禁系统是指基于现代电子与信息技术，在建筑物（群）内外的出入口安装智能卡电子自动识别系统。通过持有非接触式卡片来对人员的进出实施放行、拒绝、记录等操作，有效控制了人员的出入，实现了对出入口的智能化安全管理系统。门禁系统实物图如图 3.27 所示。

图 3.27　门禁系统实物图

系统应满足以下基本功能：

- 持有效卡人能很方便地进出。
- 无卡或持无效卡的人不能进出。
- 出现异常情况有紧急应对措施。
- 可通过电脑软件方便地查询某人某时的详细出入记录。
- 管理人员能随时控制每张卡的进出权限。

（2）考勤

考勤系统是指一套管理公司员工上下班考勤记录等相关情况的管理系统，是考勤软件与考勤硬件结合的产品，一般为人力资源部门使用，掌握并管理企业员工的出勤动态。

考勤管理系统可以统计出每个员工的出勤、迟到、早退、请假、加班、出差等状况，有定制的周、月、年等统计报表。员工上下班时，在感应区的有效距离内刷卡，便可完成考勤操作。各部门可根据需要随时在线查询系统，查询本部门员工的考勤、请假情况，并可随时打印出来。管理部门也可以根据需要，随时查询单位各部门的出勤情况。系统还可实现员工的考勤数据统计和信息查询过程自动化，进而实现人事、行政等管理的自动化。考勤系统实物图如图3.28 所示。

图 3.28　考勤系统实物图

（3）消费

为方便建筑物（群）内人员在餐厅、小卖部、内部商场或超市进行消费，在一卡通系统中融入了消费管理系统。消费管理系统是以计算机管理为核心、以非接触式 IC 卡为信息载体、以消费 POS 机为消费终端的全新智能收费管理系统。消费者只需持一张经过授权的 IC 卡感应读卡，即可完成各种消费的支付过程；而系统在后台强大的软环境和完善的硬件基础上完成信息加工处理工作，统一进行 IC 卡的发行、授权、取消、挂失、充值等工作，并可查询、统计、清算、报表、打印各类消费信息及其他相关业务信息。消费 POS 机显示界面如图 3.29 所示。

图 3.29　消费 POS 机显示界面

系统具有以下基本功能：

- 具有 LED 显示，可显示应扣金额、卡中余额等。
- 可设定定额消费和不定消费。
- 可选择充值消费和记账消费。
- 消费权限可设定（包括消费级别、限额等）。
- 具有充值、更改、挂失、激活等功能。
- 详细记录消费时间、金额、余额等信息。
- 权限加密：防止其他 IC 卡流通使用。
- 消费 POS 机具有后备电池，断电后能继续使用。
- 采用 EEPROM 技术，即使在停电没有电池的状态下，也不会丢失任何数据，最长保存时间 10 年。

（4）访客管理

访客管理系统是针对来访人员登记、拜访流程管理这一薄弱环节而提出。系统具有身份验证、身份证自动阅读及登记、各种证件扫描录入、来访人员自动拍照以及对访客发放进出凭证等功能，能高效记录访客的证件信息、出入图像信息及来访信息，并能够灵活查询及管理历史资料，可极大提高前台和门卫的工作效率。

同时访客系统与门禁系统和电梯控制系统集成，可以对访客授予临时权限，使其在访问期间，具备相应的门禁权限和电梯使用权限，门禁系统还可以顺序规范访客通行线路，无需他人陪同。

3.4　发展趋势

国内智能楼宇经过 20 多年的发展，已经打造出较为完整的智能楼宇产业链，诞生了智能楼宇行业，初步形成了行业的标准体系、专业架构、技术系统、工程实施体系。建筑智能化技术显著改变了城市，改变了人们的生活方式。但是，随着我国经济、技术的发展，人们生活水平的提高，以及节能、环保政策的推动，智能建筑未来将有大的创新与发展。

以下为智能楼宇发展趋势的几点展望：

1. 智能化融合

随着物联网技术、云计算技术、大数据技术、IPv6 技术的不断发展，智能楼宇各个子系统的应用将跨越专业局限走进相互融合。

物联网技术能够智能感知环境、设备等信息，并将信息经过预处理后通过网络层进行可靠、实时的传输，最后进入应用层，实现数据信息的安全接入、海量存储、数据分析、智能应用及故障预测。物联网技术使得传感器、执行器、摄像头等各类前端设备实现数字化，再通过超大规模的 IPv6 下一代互联网地址集将所有设备 IP 化。

云计算技术是分布式计算、并行计算、效用计算、网络存储、虚拟化、负载均衡、热备份冗余等传统计算机和网络技术发展融合的产物，通过互联网来提供动态、易扩展且虚拟化的资源。云计算可将所有信息进行融合，进而形成虚拟平台，把原本单一、孤立的系统功能转化成综合、智能的系统应用。如：通过一卡通系统，可以联动视频系统、报警系统、广播系统及照明系统等，实现信息的互通与系统的集成。

2. 四网合一

随着传统强弱电界限越来越模糊，电话网、有线电视网、计算机网络、智能电网正逐步走向融合。通过电力线载波通信已经成为现实，进一步以电力线为传输媒介传输数据、语音、视频和电力，实现无缝的"四网合一"和智能网络管理，将成为今后基于物联网的智能建筑传输网络层发展的主流方向。

3. 绿色建筑

随着生活水平的日益提高及信息技术的飞速发展，未来绿色、节能、环保、低碳的产业发展空间十分可观，"智能建筑"与"绿色建筑"的结合将成为未来的发展趋势。2012版《智能建筑设计标准》（GB/T 50314）（报批稿）中明确要求智能建筑"为人民提供高效、安全、便利及延续现代功能的（绿色建筑）环境"。《绿色建筑评价标准》（GB/T 50378－2006）也对智能化作了相关规定，提出了"建筑智能化系统定位合理，信息网络系统功能完善"等要求。我国《绿色建筑评价标准》采用累积的方法，通过计算达标总项数来评价结果。住宅建筑和公共建筑应满足所有控制项的要求，并按照满足一般项和优选项的程度，设计阶段和运营阶段的评价结果划分为三星、二星、一星三个等级。

"绿色"是一种概念，"智能"是一种手段，这就要求绿色建筑的规划采用绿色的方式和概念，在应用智能技术的同时，加大绿色生态设施、新能源管理与监控的应用，最终满足节能、环保、绿色的可持续社会要求。

参考文献

[1]　刘宇男．我国楼宇智能化发展分析[J]．科技传播，2011（2）．

[2]　张晓莉．智能建筑系统集成技术的研究[D]．杭州：浙江工业大学，2010．

[3]　王新灏．智能建筑自动化管理系统的设计与实现[D]．天津：河北工业大学，2011．

[4]　Flax，Barry M．Intelligent Buildings[J]．IEEE Communications Magazine，2001．

[5]　Frank Iwanitz，J Lange．OPC Fundamentals，Implementation and Application[M]．Laxmi Publications Pvt Limited，2010．

[6]　孙俊迪．探讨现代智能建筑中的总线控制系统[J]．低温建筑技术，2012（7）．

[7]　张小龙．基于物联网的智能楼宇系统研究[J]．移动通信，2013（15）．

[8]　卜迎春．基于EBI的智能楼宇管理系统集成研究[D]．南京：南京理工大学，2014．

[9]　邢力宁．基于物联网的智能楼宇监控系统设计与开发[D]．西安：西北大学，2012．

[10]　钱丹萍．绿色建筑智能化与标准[J]．绿色建筑，2014（1）．

[11]　田洪臣．智能建筑的特点与研究[J]．山东农业大学学报（自然科学版），2009，41（2）．

[12]　伍洋．智能建筑系统集成的设计与实现[D]．广州：华南理工大学，2012．

[13]　张晓莉．智能建筑系统集成技术的研究[D]．杭州：浙江工业大学，2010．

[14]　陈杰．智能楼宇实验室的设计与构建[D]．南京：南京邮电大学，2013．

[15]　Loveday．Artificial Intelligent for Buildings [J]．Applied Energy，2002，41（3）．

[16]　郭曦．中国智能楼宇产业发展报告（一）．中国公共安全，2013（06）．

[17]　郭曦．中国智能楼宇产业发展报告（二）．中国公共安全，2013（08）．

[18]　郭聿佳．综合智能楼宇系统的设计与应用[D]．北京：北京邮电大学，2010．

[19] 雷海燕．浅谈建筑智能化与绿色建筑[J]．江西建材，2014（15）．

[20] 陆伟良，丁玉林．物联网与绿色智能建筑核心技术探讨[J]．智能建筑与城市信息，2012（2）．

[21] G Ira，E Paul．Building automation：Smart buildings meet the smart grid[J]．Engineered Systems，2009，26（11）．

[22] John J. McGowan．BuildingAutomation Online[M]．Fairmont Press，2006．

[23] 何滨．智能建筑工程施工细节详解[M]．北京：机械工业出版社，2009．

[24] 吴跃东．智能建筑中的系统及其集成研究[D]．西安：西北工业大学，2005．

第 4 章　智能变电站

本章导读

变电站是智能电网中的重要环节之一，对电网运行的安全性、可靠性和稳定性起着至关重要的作用。智能变电站是将物联网、云计算、现代通信与视频传输等技术应用于传统变电站中，实现一次设备智能化、通信网络规范化、信息模型统一化。本章首先介绍了智能变电站的发展过程和特点优势，然后对智能变电站的组成结构和信息化应用做了详细的阐述，如：综合自动化系统、输变电状态监测系统、一体化监控系统、调度自动化系统等，最后，针对某智能变电站典型应用案例做了详细分析和介绍。

本章我们将学习以下内容：
- 智能变电站概述
- 智能变电站体系结构和技术内容
- 智能变电站典型应用案例

4.1　智能变电站概述

变电站是改变电压的场所，发电厂发出的电利用升压变压器将电压升高，变为高压电进行远距离输送；输送到用电地区后，再利用降压变压器降低电压，供给用户使用。这种升压降压设备，结合相应的控制、保护设备及其他电气设备，就构成了变电站。变电站是电网中至关重要的环节，是电力系统的重要组成部分。变电站主要有三个发展阶段，即传统变电站、数字化变电站及智能变电站。

从 20 世纪 90 年代起变电站就得到了快速的发展，但是随着变电站自动化系统应用的扩展，传统变电站自动化系统逐渐显露出了可靠性低、结构复杂、占地面积大、无自诊断功能、无远程通信功能等一系列技术问题；而信息和通信技术的广泛普及、软硬件的发展以及分布式 RTU 的出现等，给变电站自动化系统带来了一场革命，促进了数字化变电站的出现。

数字化变电站主要体现在两个方面：一次设备智能化和 IEC61850 标准的制定。但是，随着数字化变电站的推广，一系列缺点又表现出来，包括：过程层/间隔层设备与一次设备接口不规范，没有解决通信标准（IEC 61850）与能量管理系统（IEC 61970）标准之间的接口问题；缺乏相关的建设标准和规范；没有形成更多的智能应用；设备缺乏良好的稳定性；检验、试验评估体系不健全；局限在自动化系统本身，缺乏整个变电站的建设体系等。

智能变电站基于数字化变电站技术体系架构，采用计算机技术、现代通信技术、视频技术、物联网技术等，实现了分布式状态估计、热点感知、智能告警、站域控制、优化资源配置等功能，从而全面实现变电站站内的信息化、自动化、互动化、智能告警、故障分析与辅助决策，并基于统一标准实现变电站间、变电站和调度间的信息交互。从技术发展的路线上来看，数字化变电站是从传统变电站的技术体系中继承和发展而来,而智能化变电站是数字化变电站的升级和发展。智能化变电站在数字化变电站的基础上,结合智能电网的需求,对变电站自动化技术进行了充实并实现了变电站的智能化功能。大量智能变电站投入运行,既提高了劳动生产率,又减少了人为误操作的可能。智能电网六大环节示意图如图 4.1 所示。

图 4.1　智能电网六大环节示意图

4.1.1　智能变电站定义

智能化变电站是智能电网运行与控制的关键,作为衔接智能电网发电、输电、变电、配电、用电和调度六大环节的关键,智能化变电站是智能电网中变换电压、分配电能、控制电力流向和调整电压的重要电力设施,是智能电网"电力流、信息流、业务流"三流汇集的焦点,对建设智能电网具有极为重要的作用。

《智能变电站技术导则》中定义:采用先进、可靠、集成、低碳、环保的智能设备,以全站信息数字化、通信平台网络化、信息共享标准化为基本要求,自动完成信息采集、测量、控制、保护、计量和监测等基本功能,并可根据需要支持电网实时自动控制、智能调节、在线分析决策、协同互动等高级功能,实现与相邻变电站、电网调度等互动的变电站。

4.1.2　智能变电站发展过程

1. 传统变电站

传统变电站占地面积大,使用电缆多,电压、电流互感器负担重,二次设备冗余配置多。二次设备主要依靠大量电缆,通过空触点模拟信号交换信息,信息量小、灵活性差、可靠性低。传统变电站中的二次设备、继电保护、自动装置、远动装置等大多采取电磁型或小规模集成电路,缺乏自检和自诊断能力,其结构复杂,可靠性低。

传统变电站远动功能不完善,提供给监控中心的信息量少、精度差、自动控制手段不健全,信息处理主要靠人工。由于人的信息处理能力有限,使得信息处理的正确性和可靠性不高,难以满足电网实时监测和控制的要求。传统变电站架构如图 4.2 所示。

2. 数字化变电站

数字化变电站是由智能化一次设备(电子式互感器、智能化开关等)和网络化二次设备分层(过程层、间隔层、站控层)构建,建立在 IEC 61850 通信规范基础上,能够实现变电站内智能电气设备间信息共享和互操作,能够满足现代化变电站安全可靠、技术先进、经济运行的要求,数字化变电站架构如图 4.3 所示。与传统变电站相比,数字化变电站具有以下特点:

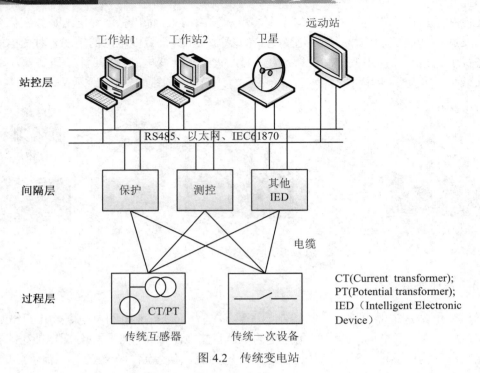

图 4.2 传统变电站

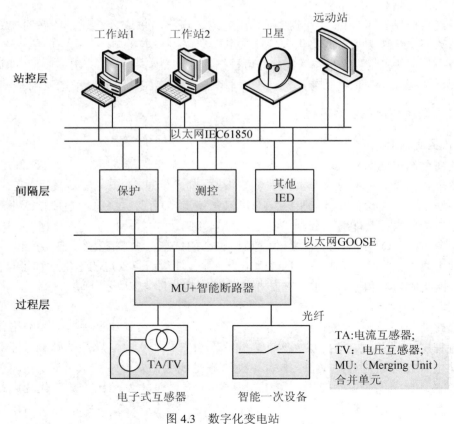

图 4.3 数字化变电站

- 简化了二次接线，少量光纤代替大量电缆。
- 提高信息传输的可靠性（过程层设备）：CRC（Cyclic Redundancy Check）校验、通信自检等。
- 光纤通信无电磁兼容问题。
- 采用电子式互感器。无 CT 饱和、CT 开路、铁磁谐振等问题。
- 绝缘结构简单、干式绝缘、免维护。
- 一、二次设备间无电联系，无传输过电压和两点接地等问题（一次设备电磁干扰不会传输到集控室）。
- 各种功能共享统一的信息平台（基于 IEC 61850）。监控、远动、保护信息子站、VQC（Voltage Quality Control，电压质量控制）和"五防"（五防是指：①防止带接地线合刀闸；②防止误分、误合刀闸；③防止误入带电间隔；④防止带负荷拉、合刀闸；⑤防止带电挂接地线）等一体化，增强了设备之间的互操作性，可以在不同厂家的设备之间实现无缝连接。
- 减少现场运行维护工作量，智能设备能够自诊断、自恢复。
- 减小变电站集控室面积，二次设备小型化、标准化、集成化，二次设备可灵活布置。

3. 智能变电站

　　智能变电站是数字化变电站的改进，采用先进的信息技术、通信技术以及物联网等技术通过部署各种智能感知设备、智能终端、互感器等，实现变电站运行情况的自主监控，采集相关信息进行智能分析决策，并加以计量控制及保护变电站的安全。同时，智能变电站还具备智能调节、在线分析及协同互动等功能，作为智能电网中的重要节点，智能变电站需不断优化，及时完成程序的更新工作，从而有效降低运行的危险系数。智能变电站二次系统是由测控装置、保护装置、智能终端以及合并单元等设备组成，对一次设备进行保护，实现一次系统和二次系统的有机结合，如图 4.4 所示。

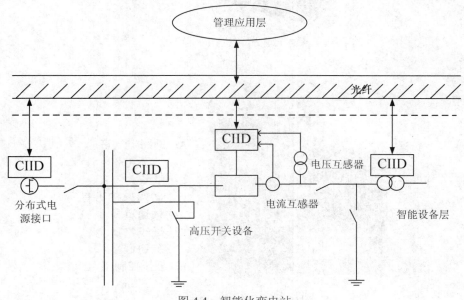

图 4.4　智能化变电站

智能变压器及内部结构如图 4.5 所示，智能开关柜及其内部结构如图 4.6 和图 4.7 所示。

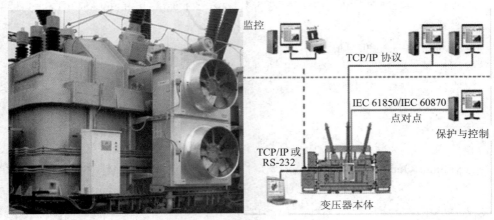

图 4.5　智能变压器及内部结构图

图 4.6　智能开关柜

A: 断路器气室
B: 母线气室
C: 电缆室
D: 断路器压力释
　　放通道
E: 母线室压力释
　　放通道
F: 低压控制室

图 4.7　智能开关柜内部结构图

智能化变电站与数字化变电站有密不可分的联系。数字化变电站是智能化变电站的基础和前提，智能化变电站是数字化变电站的发展和升级。智能化变电站拥有数字化变电站的所有自动化功能和技术特征，二者的区别主要体现在以下几个方面：

（1）数字化变电站主要从满足变电站自身的需求出发，实现站内一、二次设备的数字化通信和控制，建立全站统一的数据通信平台，侧重于在统一通信平台的基础上提高变电站内设备与系统间的互操作性。而智能化变电站则从满足智能电网的运行要求出发，比数字化变电站更加注重变电站之间、变电站与调度中心之间的信息统一与功能层次化。智能化变电站需要建立全网统一的标准化信息平台，因此提高该平台中硬件与软件的标准化程度，是在全网范围内提高系统整体运行水平的关键。

（2）数字化变电站已经具有了一定程度的设备集成和功能优化的概念，要求站内应用的所有智能电子装置（IED）满足统一的标准，拥有统一的接口，以实现互操作性。IED 分布安装于站内，其功能的整合以统一标准为纽带，利用网络通信实现。数字化变电站在以太网通信的基础上，模糊了一、二次设备的界限，实现了一、二次设备的初步融合。而智能化变电站设备集成化的程度更高。

（3）智能变电站是面向智能电网的需求，注重坚强、安全、可靠、集成。智能变电站有风力发电、太阳能发电等间歇式、分布式清洁电源的接入，满足间歇性电源"即插即用"的技术要求。

4.1.3 智能变电站的特点及优势

智能变电站在一定程度上实现了设备之间的信息交互，建立起了统一的运行模式，将传统的变电站做了较大的调整，使得变电站的三层实现了统一化，并且规范了数字化的信息通信服务。智能变电站实现了设备的自动化调节，故障自诊断，一、二次设备通信智能化等功能，主要特点及优势如下：

（1）IEC 61850 数据模型。IEC 61850 标准是关于变电站自动化系统的第一个完整的通信标准体系，其核心可归纳为信息建模、抽象服务、具体映射三部分。它采用分层体系，信息传输采用与网络独立的抽象通信服务接口（ACSI）和特定通信服务接口（SCSI），信息模型采用面向对象、面向应用的自描述，且具有互操作性。它的制定和发布为构建智能变电站的体系结构和通信网络提供了理论基础和实践依据。

（2）高集成性。智能变电站利用原有的变电站技术，并集合了先进的通信技术、网络技术、计算机技术、控制技术等，使变电站的数据采集模式得到了简化，从而促进了统一信息平台的建立，有利于电网自动控制、自动调节、在线分析等功能的实现。

（3）高可靠性。可靠性是智能电网最基本的一项要求。智能变电站的可靠性主要表现在站内设备及自身的诊断能力、调节能力上，有利于对设备故障进行提前的维护和预防，同时在设备发生故障时能够尽快做出反应，在一定程度上减少了设备故障带来的损失。

（4）强交互性。智能变电站中各系统满足变电站集约化管理、顺序控制等要求外，还可与相邻变电站、电源（包括可再生能源）、用户之间协同互动，支撑各级电网的安全稳定经济运行。

4.2 智能变电站体系结构及技术内容

智能变电站可分为站控层、间隔层和过程层三层，它是由基于 IEC 61850 的统一数据模型及通信服务平台、智能化一次电气设备和基于全站统一授时的网络化二次设备组成。

4.2.1 智能变电站体系结构

智能变电站系统框架设计结构的合理性以及底层技术的实现程度，决定了体现智能化并适应智能电网需要的高级应用技术的发展和应用，也决定了智能变电站建设、推广和整体技术的发展。从逻辑上看，智能变电站系统可分为三层，即站控层、间隔层和过程层，由站级总线和过程总线完成各层的信息交互，各层之间的联系均可采用光缆，或过程层采用光缆，站级总线采用电缆。三层结构如图 4.8 所示。

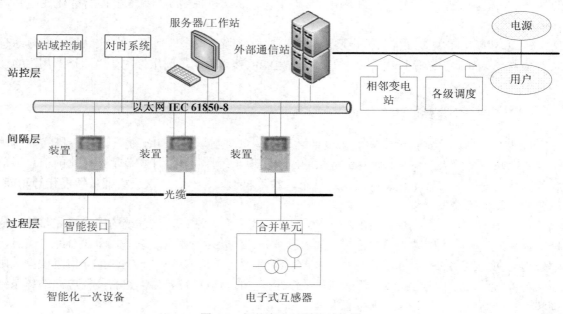

图 4.8 智能变电站系统结构图

4.2.2 过程层

过程层是一次设备与二次设备的结合面，包含由一次设备和智能组件构成的智能设备、合并单元和智能终端，完成变电站电能分配、变换、传输及其测量、控制、保护、计量、状态监测等相关功能。光电技术的应用使得一次设备智能化，过程层的智能化使得间隔层与过程层之间采用光信号通信技术成为现实，其关键在于电子式互感器在电力系统中的应用（该电子互感器基于罗柯夫斯基（Rogowski）线圈效应、光学原理或法拉第（Faraday）磁光效应）。

过程层的主要功能分三类：

（1）电力运行的实时电气量检测：主要是电流、电压、相位以及谐波分量的检测，其他电气量（如有功、无功、电能量）可以通过间隔层的设备运算得出。与常规方式相比所不同的是传统的电磁式电流互感器、电压互感器被光电电流互感器、光电电压互感器取代；采集传统模拟量被直接采集数字量所取代，这样做的突出优点是抗干扰能力强，绝缘和抗饱和特性好，装置实现了小型化、紧凑化。

（2）运行设备状态参数在线检测与统计：进行状态参数检测的设备主要有变压器、断路器开关、刀闸、母线、电容器、电抗器以及直流电源系统。在线检测的内容主要有温度、压力、密度、绝缘、机械特性以及工作状态等数据。

（3）操作控制的执行与驱动：包括变压器分接头调节控制，电容、电抗投切控制、断路器、隔离开关的分合控制，直流电源充放电控制。

4.2.3　间隔层

间隔层设备一般指继电保护装置、测控装置和故障录波等二次设备，实现使用一个间隔的数据并且作用于该间隔一次设备的功能，即与各种远方输入/输出、智能传感器和控制器通信。

4.2.4　站控层

站控层包括自动化系统、站域控制系统、通信系统和对时系统等子系统，实现面向全站或一个以上的一次设备的测量和控制功能，完成数据采集和监视控制（SCADA）、操作闭锁以及同步相量采集、电能量采集、保护信息管理等相关功能。

4.2.5　智能变电站关键技术

智能化变电站通过全景广域实时信息采集，实现变电站自协调区域控制保护，支持各级电网的安全稳定运行和各类高级应用；智能化变电站设备信息和运行维护策略与电力调度实现全面互动，实现基于状态监测的设备全寿命周期综合优化管理；变电站主要设备实现智能化，为坚强实体电网提供坚实的设备基础。为实现以上功能，智能化变电站应当具备设备融合、功能整合、结构简洁、信息共享、通讯可靠、控制灵活、接口规范、扩展便捷、安装模块化、站网一体化等特点，具体应包括以下关键技术：

（1）智能化变电站技术体系、技术标准及技术规范研究

在对智能电网的国内外现状、技术体系、实施进程及发展趋势进行跟踪、分析和评估的基础上，依据《中国智能电网体系研究报告》，研究智能变电站与数字变电站的差异，给出智能变电站的内涵、外延和应用范围；研究智能变电站内各种设备和系统的物理特性、运行逻辑及其输入输出的形式、介质，抽象出物理和信息模型，并基于统一的建模方法实现自描述；开展对智能电网发展基础体系、技术支撑体系、智能应用体系、标准规范体系、运维体系及技术评价体系的研究。

（2）智能化一、二次设备智能化集成技术研究

智能化一、二次设备智能化集成技术研究涉及变压器、开关设备、输配电线路及其配套设备，以及新型柔性电气设备（装置）等电力系统中各种一次设备与控制、保护、状态诊断等相关二次设备的智能化集成技术。这些一次设备实现智能化集成后，实体电网将是一个由各种对内（面向自身）具备完善控制、保护、诊断等功能，对外（面向整个系统）具有数字化、标准（规范）化信息接口并发挥不同功能作用的智能体的有机组合，这些智能体能够在智能化电网控制决策系统的协调控制下，既相对独立又友好合作，共同完成智能电网的运行目标。

（3）智能化变电站全景信息采集及统一建模技术研究

智能化变电站全景信息采集及统一建模技术研究主要指智能化变电站基础信息的数字化、标准（规范）化、一体化实现及相关技术研究，实现广域信息同步实时采集，统一模型，统一时标，统一规范，统一接口，统一语义，为实现智能电网能量流、信息流、业务流一体化奠定基础。智能化信息采集系统与装置研究，利用基于同步综合数据采集同时适用于传统变电站和数字化变电站的新型测控模式，实现各类信息的一体化采集，包括与智能变电站有关的电源（含可再生能源）、负荷、线路、微电网的全景信息采集。此外还包括标准信息模型及交换技术研究，信息存储与管理技术研究，信息分析和应用集成技术研究，信息安全关键技术与装备研究，智能化变电站同步时钟推广应用研究等。

（4）智能化变电站系统和设备系统模型的自动重构技术研究

研究变电站自动化系统中智能装置的自我描述和规范；研究基于以太网的智能装置的即插即用技术；研究变电站自动化监控系统对智能装置的识别技术、自动建模技术；研究当智能装置模型发生变化时的系统自适应和系统模型重构技术；研究自动化系统对智能装置的模型进行校验，对智能装置的功能及其模件进行测试、检查的交互技术；研究当变电站运行方式发生变化时，智能测控和保护装置在线自动重构运行模型的方法，后台系统自动修改智能装置的功能配置和参数整定的技术；研究自动化系统在智能装置故障时对故障节点的快速定位、切除和模型自适应技术。

（5）基于电力电子的智能化柔性电力设备的研发及其应用技术的研究

基于电力电子的智能化柔性电力设备的研发及其应用技术的研究包括不同柔性电力设备的拓扑结构研究，数学模型研究，功能特性及其对电网影响仿真与试验研究，以及自身控制与相互间协调控制策略研究等。目前已在电力系统中获得不同程度应用的智能化柔性电力设备主要包括晶闸管控制串联补偿器（TCSC）、静止无功补偿器（SVC）、静止同步补偿器（STATCOM）、有源滤波器（APF）等，它们在改善电力系统控制性能、提高系统电压稳定性与电能质量等运行品质方面发挥了重要作用；处于研发或不同程度试验中的柔性电力设备还有静止无功发生器（SVG）、固态限流器（SSFCL）、统一潮流控制器（UPFC）、静止同步串联补偿器（SSSC）、晶闸管控制移相器（TCPST）等，这些设备投运后，必将进一步改善、提高电力系统的控制性能、运行稳定性、电能质量等运行品质。随着智能电网建设步伐的推进，必将研发出更多不同功能的柔性电力设备并在电力系统中获得应用。

（6）间歇性分布式电源接入技术的研究

风能、太阳能等清洁能源，具有如下特点：储量丰富地区大多较为偏远；能量不够集中，相对分散；受气象变化及生物活动的影响，能量波动明显，用于发电，则呈现间歇性波动特性等。因此，清洁能源可再生并网发电（称为间歇性电源）直接接入电网，将对电力系统运行的安全性、稳定性、可靠性以及电能质量等方面造成冲击和影响，对电力系统的备用容量提出更高要求。另外，间歇性电源发电装置需按峰值功率设计投资，在能量波动大的情况下，装机容量的可利用率低。如何解决能量波动问题，是间歇性电源发展和利用面临的主要挑战。智能化变电站作为间歇性电源并入智能电网的接口，必须考虑并发展对应的柔性并网技术，实现对间歇性电源的功率预测、实时监视、灵活控制，以减轻间歇性电源对电网的冲击和影响。

（7）智能化变电站广域协同控制保护技术研究

研究基于变电站统一数据平台的广域协同控制保护的原理、实现方式、同步时间源技术、高速高精度测量技术、等间隔采样下的电气量计算技术、数据建模及交换技术、广域网时间传递技术、智能多代理系统、智能设备之间数据标准交换技术等。

（8）变电站对 IEC 61850 的体系架构及实现的研究

IEC 61850 提出了一种公共的通信标准，它的特点是：面向对象建模、抽象通信服务接口、面向实时的服务、配置语言及整个电力系统统一建模。通过对设备的一系列规范化，使其形成一个规范的输出，实现系统的无缝连接。

（9）变电站的通信网络架构的研究

智能变电站的通信网络结构设计需要充分考虑到网络的实时性、可靠性、经济性与可扩展性。网络的通信结构设计应支持变电站设备的灵活配置，减少交换机数量，简化网络的拓扑结构，降低变电站的建设和运行成本。

（10）电子式电流/电压互感器的研究

电子式互感器具有体积小、重量轻、频带响应宽、无饱和、抗电磁干扰性能高、绝缘可靠等优点，该互感器以罗柯夫斯基（Rogowski）线圈和轻载线圈作为电流传感元件，以电容分压器作为电压传感元件，以光纤作为信号传输通道，借助有源电子调制和信号处理技术实现电流、电压的测量。

4.2.6 电子式互感器

随着智能变电站的发展，作为智能变电站重要组成部分的互感器也由原来的电磁式互感器逐渐转变成为电子式互感器（如图 4.9 所示），并且越来越频繁地出现在实际工程应用中。电子式互感器能够增强电网网架结构的调节，有效抑制电网故障的传播，增加电网的运行效率，提高电网自我修复的能力，从而更好地为国民经济建设服务。

电子式电压互感器　　　电子式电流互感器　　　电子式电压电流组合互感器

图 4.9　电子式互感器实物图

1. 电子式互感器简介

电子式互感器主要是供给频率在 15～100Hz 之间的继电保护装置和电气测量仪器使用的具有模拟量电压输入或数字量输出的装置。电子式互感器的生产标准是国际电工委员会制定的，约定其设计、制造、实验和运行的整个过程。电子式互感器的依据标准主要是电子式电压互感器标准（IEC 60044-7）和电子式电流互感器标准（IEC 600448-8）。

电子式互感器解决了电磁互感器本身固有的缺陷，给电力系统带来了深远的影响。与电磁式互感器相比，具有以下优点：

- 电子式互感器不含铁芯，所以不存在铁磁饱和、铁磁谐振等问题。具有动态范围宽、线性度好、频带宽、响应快等特点，满足电力系统暂态保护的要求。
- 电子式互感器通过远端采集模块实现信号的本地采集和数字化共享，提高了互感器的精度，降低了互感器的重量、体积和投资。
- 采用光纤传输二次信号，高、低压之间实现彻底的电气隔离，避免了电磁互感器存在的短路大电流、开路高电压、传递过电压、接地、电磁干扰、过压冲击、过流冲击等问题，提高了二次系统的安全可靠性。
- 采用干式浇注绝缘，没有因充油而潜在的易燃、易爆等危险，安全、节能、环保。
- 简化了现场接线，大大促进变电站智能化发展的需要。

2. 电子式互感器分类

依据我国电子互感器分类标准和国际 IEC 标准，以一次传感器是否需要提供电源为标准，将电子式互感器分为有源型电子互感器和无源型电子互感器两大类型。有源型电子互感器又可分为根据罗氏线圈或低功率线圈检测一次大电流的电流互感器和采用电阻分压器、电容分压器或电抗分压器检测一次高电压的电压互感器；无源电子式互感器分为采用法拉第磁光效应或赛格奈克效应测量电流的电流互感器和采用普克尔电光效应或逆压电效应测量电压的电压互感器，如图 4.10 所示。

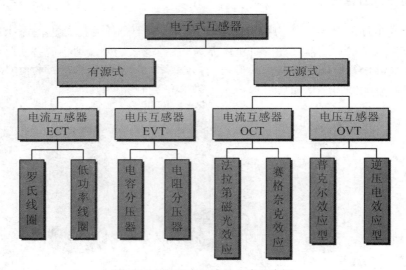

图 4.10　电子式互感器分类示意图

由于不同产品的实现原理和关键技术等差异较大，所以在一些应用特性上体现出一定的差异。不同互感器性能分析如表 4.1、表 4.2 所示。

表 4.1　OCT 与 ECT 性能比较

项目	罗氏线圈	法拉第磁光效应	赛格奈克效应
光波长影响	无	大	大
线性双折射	无	大	小
频率响应特性	良好	良好	良好

项目	罗氏线圈	法拉第磁光效应	赛格奈克效应
长期稳定性	较好	尚需验证	尚需验证
电磁干扰	易受干扰	无	无
是否有源	有	无	无
非周期分量	不可测量	可测量	可测量
光路结构	无	复杂	复杂
温度干扰	小	大	较小
振动干扰	较小	小	较小

表 4.2　OVT 与 EVT 性能比较

项目	电容分压	电阻分压	普克尔效应	逆压电效应
暂态特性	有俘获电荷现象，电压过零误差大	好	好	好
环境温度	不敏感	不敏感	敏感	敏感
电磁干扰	受外界杂散电容影响	影响小	影响小	影响小
是否有源	有	有	无	无
光电路	简单	简单	复杂	复杂
运行经验	较长	较长	短	无

3. 电子式互感器存在的问题

电子互感器作为一个新生事物，在智能电网应用方面技术尚不成熟，其缺点在于其可靠性低，稳定性差，工作寿命不够长等。

对于无源电子式互感器，测量精度易受环境温度影响且运行稳定性差。存在这样的问题是因为：①当环境温度发生变化的时候，会影响晶体的双折射现象，也就是影响了入射光与射出光的偏振角度，导致测量结果不准；②为提高测量精度，无源电子互感器往往使用复杂的光学回路，通常采用双层光路测量一次设备电气量，这样从入射光进入感应晶体到射出光出来往往会经过多个反射面，从而导致发光源器件的发光强度下降，合并单元无法正常接受互感器输出的数据。

对于有源电子式互感器，测量精度及稳定性易受电源回路、光电转换回路的影响。主要原因是：①目前有源电子互感器使用光纤与取能线圈协同取能的供电方案，此方案既避免了单独使用光纤长时间供电的老化问题，又避免了单独使用取能线圈在电网低负荷时无法满足设备运行的需求，但是，双供电方式的复杂结构也导致了供电故障率的上升。另外，此方案是在电网高负荷时使用取能线圈供电，低负荷时使用光纤供电，在极端情况下（如：电网长时间较低负荷运行时）光纤取能的稳定性有待考验。②有源电子互感器输入信号为电气信号，输出信号为光信号，信号转换前还需对信号做滤波、积分等处理。因此，在高压侧工作就需要考虑电磁干扰问题，在强电磁场的环境下应保证电子设备内部的回路运行不受影响。

另外，目前还没有出台相关的技术使用规范用于指导电子互感器设备的技术评价、状态特征信息的获得、检修和保养维护，所以管理运行较为困难。

4.2.7　IEC 61850 标准

IEC 61850 标准《变电站通信网络和系统》，是基于通用网络通信平台的变电站自动化系统唯一的国际标准，吸收了面向对象建模、组件、网络、分布式处理等领域的技术成果，主要针对变电站和调度中心涉及的各种协议不兼容性。IEC61850 标准是变电站的通信标准，主要作用是解决变电站内设备间的互操作性问题，建立站内统一模型和统一标准。

该系列标准具有的主要特点和优势：

1．系统分层技术

IEC 61850 明确了变电站自动化系统的三层结构：站控层、间隔层和过程层，以及各层之间的接口意义。将由一次设备组成的过程层纳入统一结构中，这是基于一次设备（如传感器、执行器）的智能化和网络化发展。

2．抽象服务通信接口技术

IEC 61850 为实现无缝的通信网络，提出抽象通信服务接口（Abstract Communication Service Interface，ACSI），接口技术独立于具体的网络应用层协议，与采用何种网络无关，可充分适应 TCP/IP 以及现场总线等各类通信体系。用户只需改动特定通信服务映射（Specific Communication Services Mapping，SCSM），即可完成网络转换，从而适应了电力系统网络复杂多样的特点。

3．面向对象的建模技术

为了实现互操作性，IEC 61850 标准采用面向对象技术，建立统一的设备和系统模型。采用基于 XML 的 SCL 变电站设备通信配置语言来全面地描述设备和系统，提出设备必须具有自描述功能。自描述、自诊断和即插即用的特性，极大方便了系统的集成，降低了变电站自动化系统的工程费用。

该标准一共包括 10 部分，如图 4.11 所示。

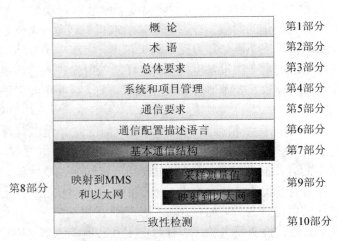

概　论	第1部分
术　语	第2部分
总体要求	第3部分
系统和项目管理	第4部分
通信要求	第5部分
通信配置描述语言	第6部分
基本通信结构	第7部分

第8部分：映射到MMS和以太网　　采样测量值／映射到以太网　第9部分

一致性检测　第10部分

图 4.11　IEC 61850 标准框图

第 1 部分：概论

第 2 部分：术语

第 3 部分：总体要求

第 4 部分：系统和项目管理

第 5 部分：功能和设备模型的通信要求

第 6 部分：与变电站有关的 IED 的通信配置描述语言

第 7-1 部分：变电站和馈线设备基本通信结构原理和模型

第 7-2 部分：变电站和馈线设备的基本通信结构抽象通信服务接口（ACSI）

第 7-3 部分：变电站和馈线设备基本通信结构公用数据类

第 7-4 部分：变电站和馈线设备的基本通信结构兼容的逻辑节点类和数据类

第 8 部分：特定通信服务映射（SCSM）映射到 MMS（ISO/IEC 9506 第 2 部分）和 ISO/IEC 8802-3

第 9-1 部分：特定通信服务映射（SCSM）通过串行单方向多点共线点对点链路传输采样测量值

第 9-2 部分：特定通信服务映射（SCSM）通过 ISO/IEC 8802-3 传输采样测量值

第 10 部分：一致性测试

4.2.8　站内通信网络及信息安全

变电站通信网络是变电站设备之间、设备与系统之间、各个系统之间信息交换的载体和纽带。构建实时、可靠、高效的通信网络系统是实现变电站智能化的关键。

随着变电站智能化的不断发展，对通信网络的要求越来越高。在变电站通信网络系统的构建过程中，为保证信息接口的统一性，必须满足 IEC 61850 标准；为提高网络的实时性和可靠性，必须考虑冗余性、抗干扰性以及自恢复性等。另外，还应考虑信息安全、网络时钟同步等问题。

1. 站内通信网络现状

目前，智能变电站自动化系统多采用基于 IEC 61850 标准定义的数据接口模型，采用"三层两网"结构，设备装置根据实现的功能不同分为站控层、间隔层和过程层设备，层与层设备间信息交换通过站控层网络、过程层网络实现。

站内通信网络用来承载保护、测控、计量、故障录波等功能，根据信息实现功能不同可分为采样值（CV）、面向通用对象的变电站事件（GOOSE）、制造报文（MMS）和对时信息 4 类报文。站控层网络组网方式较为统一，采用双星型或星型以太网组网，MMS、GOOSE 和简单网络时间协议 SNTP 共网传输；过程层网络组网方案较多，保护可采用直采直跳、直采网跳和网采网跳方式，GOOSE、SV 可采用不组网、共网和独立组网等方式，交换机配置可采用按串（间隔）和多串方式。

目前，为保证报文传输的实时性和可靠性，过程层各报文业务一般都采用单独组网方式，但是在这种组网方式下会产生很多问题：①形成多个独立的信息传递网络，不利于变电站整站信息共享互动；②造成交换机及光纤的数量过多，导致网络结构和接线复杂、网络设备可靠性降低、运行维护工作量大等。

2. 站内通信网络优化分析

随着变电站自动化技术、一次设备智能化、二次设备集成化的不断发展，通信网络需满足的要求越来越高。在智能变电站通信网络优化分析研究中，实时性和可靠性的研究占有十分重要的地位。

（1）实时性

为了避免随着通信网络节点数增加导致网络重载甚至拥堵情况的出现，并且保证各种报文对于传输时延性的要求，需要采取各种方法提高以太网的实时性。目前提高网络实时性的主要技术有以下几种：

1）交换式以太网技术

传统以太网使用 CSMA/CD 介质访问控制方法影响了实时性，交换式以太网具有全双工传输和微网段的特性，不再受限于 CSMA/CD 介质访问控制方法，每个站点都有独立的冲突域，可以随时发送和接收数据信息。交换式以太网技术大大提高了以太网实时性，为智能变电站总线提供了技术支持。

2）虚拟局域网技术

虚拟局域网 VLAN 是一种利用现代交换技术对局域网内的设备进行逻辑划分，形成一个个网段，从而实现虚拟工作组的技术。利用 VLAN 技术可以将物理的局域网划分成不同的虚拟局域网，虚拟局域网中的工作站无需在同一个物理空间，无需属于同一个物理网段，这样就可将某个交换端口划分到固定的虚拟局域网，把广播信息限制在虚拟局域网的内部。通过这种机制，一个虚拟局域网内部的广播和单播信息都不会被转发到其他的虚拟局域网，从而大大减少了虚拟局域网中的信息量、提升了通信网络的速率、提高了网络实时性及安全性。

3）信息优先级技术

实时和非实时数据在同一个通信网络中传输容易导致服务资源竞争情况的发生。采用具有信息优先级技术的 IEEE802.1 优先级标签以太网数据帧，可提高具有高优先级数据帧的响应速度，从而提高自动化系统的实时性。

4）快速生成树协议

为了避免广播数据包无限循环导致网络阻塞，传统以太网拓扑中不能出现环路，通过生成树算法可以解决环路问题。快速生成树协议 RSTP 的提出使得算法的收敛过程由 1 分钟降低到 1～10 秒，使得变电站通信网络速率得到了提升，并使得网络冗余设计成为现实。

（2）可靠性

可靠性是智能变电站通信网络设计的重要指标之一，智能变电站通信网络的可靠性取决于通信网络结构、设备和软件可靠性。网络冗余方案是提高智能变电站通信网络可靠性的重要方法。在 IEC 61850 中提出，将采纳 IEC 62439 推荐的网络冗余方案，提高变电站自动化系统通信网络的可靠性。IEC 62439 提供了几种网络冗余方案，如：并行冗余网络协议（RPR）和高可用无缝环网协议（HSR）。

1）并行冗余网络协议

并行冗余网络的双网互为冗余，在结构上是严格独立的。任何一个链路或者交换机发生故障的时候，由于故障是独立的，不会影响网络中数据的发送和接收，并且可以实现零延时的双网切换。

2）高可用无缝环网协议

高可用无缝环网依赖两个局域网进行工作，在发生链路或交换机故障情形时提供完全无缝的切换，用于建立一个简单的、无缝的环网结构。它具有优异的故障恢复性能，满足变电站自动化系统的实时要求，适用于各种规模的变电站以及站总线和过程总线拓扑。

3. 信息安全

IEC 61850 标准的制定与应用在一定程度上提高了智能变电站系统间的互操作性，但它的开放性也给电力系统带来了安全威胁。IEC 61850 并未对通信网络系统的安全性作出相应的规定，因此必须在保证变电站二次系统通信网络数据的机密性、完整性、可用性及有效性的基础上，确保整个通信网络的安全性。为满足电力系统通信网络信息安全的防护要求，国际电工委员会进行了安全标准 IEC 62351 的编制。IEC 62351 作为专门的信息安全协议，明确定义了传输层安全协议。规定的信息安全是指信息在产生、传输、使用和存储的过程中不被泄露或者破坏，保证信息的保密性、完整性、可用性及确定性。

信息的保密性，最重要的就是防止非法访问，对操作实体和交换报文施以标识，并鉴别其是否合法，以确保包括设备运行信息、保护整定值信息、报警信息等重要信息不被未授权的实体所获取。

信息的完整性，指确保智能变电站中的信息不受任何形式的非法插入、修改、删除等操作。包括确保数据单元完整性和数据单元序列完整性，数据单元完整性要求为数据单元增加分组校验或者密码校验，数据单元序列完整性要求为数据单元增加序列号或者时间标记。

信息的可用性，指防止服务被非法拒绝。确保经过授权的访问不被非法拒绝，防止未被授权的访问得以实现。

信息的确定性，也叫不可否认性，合法用户在系统中的每一项操作都留有痕迹，记录了该操作的各种属性，合法用户无法否认或者抵赖自己在网络上的操作和承诺，即抗抵赖。

为了保证信息安全，针对智能变电站一系列安全问题，我们可以采取以下几种安全措施：

（1）数字签名技术

数字签名的原理是发送方通过数学变换方法对所要发送的信息进行变换，变换的要求是变换后的信息与原信息唯一对应。接收方通过数学逆变换方法对接收到的信息进行逆变换，进而得到原始信息。通过数字签名技术能有效防止信息被破译、篡改和伪造，还能验证信息在传输过程中有无变动，在保证数据完整性方面也有不错的效果。

（2）加密技术

加密技术是最基本，也是最常用和最有效的网络安全技术。通过加密技术可以有效限制截获、篡改、伪造等安全威胁。针对智能变电站的网络特点选择相应的加密算法，以达到保障网络安全的目的。明文通过加密算法和加密密钥获得密文，一般加密算法比较简单，最重要的是保证密钥的安全。加密和解密的过程耗时很少，不影响智能变电站的实时性要求。

（3）设置虚拟专网技术

虚拟专用网络技术借助相关安全技术和手段，通过一个公用网络建立一个临时的、安全的连接。它实际上是借助公共网络这个不可靠的信息传输媒介，附加安全隧道、访问控制、用户认证等安全技术，实现与专用网络类似的安全性能，进而达到提高网络安全性的目的。

（4）防火墙技术

防火墙技术是设置在被保护网络和外部网络之间的一道屏障，实现网络的安全保护，以防止发生不可预测的、潜在破坏性的入侵。防火墙本身具有较强的抗攻击能力，它是提供信息安全服务，实现网络和信息安全的基础设施。通过部署防火墙、边界攻击检测、DDOS 攻击防护等措施，进一步提升针对各种网络攻击、特种病毒木马的防范能力，提高可靠性及安全性。

4.2.9 信息化建设

变电站信息化建设主要的系统包括：综合自动化系统、输变电状态监测系统、智能变电站辅助控制系统、一体化监控系统、调度管理系统（OMS）、调度自动化系统、电源系统、计量系统等。

综合自动化系统是站内运行的重要系统，调控中心可通过调度自动化系统与站内综合自动化系统通信，实现对变电站全部设备的运行情况执行监视、测量、控制和协调。随着变电站无人值守化的推进，要求变电站内必须安装综合自动化系统。输变电在线监测系统着重关注设备运行状况，为日常检修服务。变电站辅助控制系统提供变电站日常运行辅助。一体化监控系统是随着新一代变电站而提出建设要求的，涵盖了综合自动化系统、输变电在线监测等站内系统功能，并规划了辅助控制系统功能。

1. 综合自动化系统

变电站综合自动化系统是利用先进的计算机技术、现代电子技术、通信技术和信息处理技术等实现对变电站二次设备（包括继电保护、控制、测量、信号、故障录波、自动装置及远动装置等）的功能进行重新组合、优化设计，对变电站全部设备的运行情况执行监视、测量、控制和协调的一种综合性的自动化系统。

变电站综合自动化系统内各设备间通过相互交换信息、数据共享，来完成变电站运行监视和控制任务。变电站综合自动化替代了变电站常规二次设备，简化了变电站二次接线，是提高变电站安全稳定运行水平、降低运行维护成本、提高经济效益、向用户提供高质量电能的一项重要技术措施。综合自动化系统如图 4.12 所示。

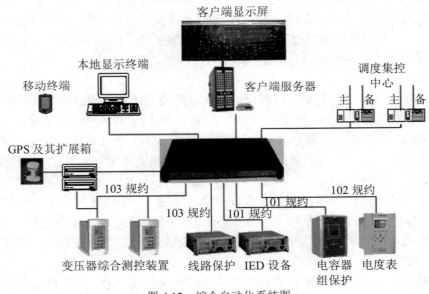

图 4.12　综合自动化系统图

（1）功能模块

1）监控子系统

监控子系统功能如图 4.13 所示。

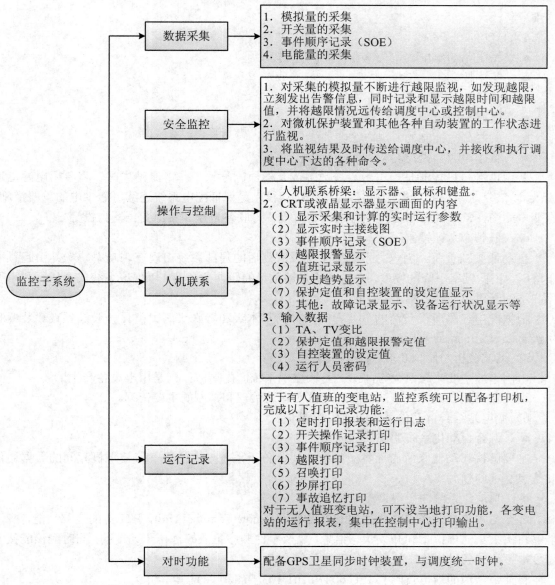

图 4.13 监控子系统功能图

2）微机保护子系统

继电保护的基本任务：

- 有选择性地将故障元件从电力系统中快速、自动地切除，使其损坏程度减至最轻，并保证最大限度地迅速恢复系统中无故障部分的正常运行。
- 反应电气设备的异常运行工况，根据运行维护的具体条件和设备的承受能力，发出报警信号，减负荷或延时跳闸信号。
- 根据实际情况，尽快自动恢复停电部分的供电。

3）电能量计算子系统

电能量包括有功电能和无功电能。电能量的采集和管理是变电站综合自动系统的重要组成部分。

4）自动控制子系统

- 变电站的电压、无功综合控制。
- 集中控制。
- 分散控制。
- 关联分散控制。
- 关联分散控制的实现方法。
- 备用电源自投控制。

备用电源自投控制是当电力系统故障或其他原因导致工作电源消失时，将备用电源迅速投入，以恢复对系统的供电，因此备用电源自动投入是保证配电系统连续可靠供电的重要措施。在变电站中，常用的备自投控制有进线备自投、母联备自投和备用变压器自投等。

- 低频减负荷控制。

自动低频减负荷：当电力系统全系统或解列后的局部系统出现有功功率缺额并引起频率下降时，根据频率下降的幅度，自动切除足够数量的较次要负荷，以保证系统安全运行和重要用户不间断供电的技术措施。

根据配电线路所供负荷的重要程度，分为基本级和特殊级两大类。一般低频减载装置基本级可以设定 5 轮或 8 轮。

5）谐波分析与监视功能

电网谐波主要来自两大方面：一是输配电系统产生谐波；二是用电设备产生谐波。

谐波监测是研究分析谐波问题和研究对谐波治理和抑制的主要依据。

6）变电站综合自动化系统的通信功能

- 综合自动化系统的现场级通信。

主要解决自动化系统内部各子系统之间、各子系统与上位机（监控主机）间的数据通信和信息交换问题。

- 自动化系统与上级调度通信。

综合自动化系统必须兼有远程测控终端（Remote Terminal Unit，RTU）的全部功能，应该能够将所采集的模拟量和开关状态信息，以及事件顺序记录等远传至调度端；同时应该能接收调度端下达的各种操作、控制、修改定值等命令。

目前最常用的通信规约有 IEC 60870 101/103/104 和 CDT 等。

（2）变电站综合自动化系统的结构形式

1）集中式的结构形式

集中式的结构形式是指，采用不同档次的计算机，扩展其外围接口电路，集中采集变电站的模拟量、开关量和数字量等信息，集中进行计算与处理，分别完成监控、微机保护和一些自动控制等功能，如图 4.14 所示。

这种集中式的结构是根据变电站的规模，配置相应容量的集中式保护装置和监控主机及数据采集系统，安装于变电站主控室内。

主变压器和各进出线及站内所有电气设备的运行状态，通过电流互感器（TA）、电压互感器（TV）经电缆传送到主控室的保护装置和监控主机。继电保护动作信息往往是取保护装置的信号，通过电缆送给监控主机。

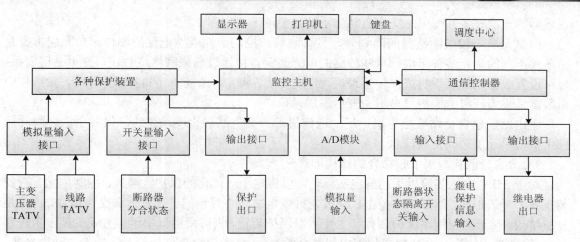

图 4.14　集中结构的综合自动化系统框图

2）分层（级）分布式系统集中组屏的结构形式

分层（级）分布式的多 CPU 的体系结构，每一层完成不同的功能，每一层由不同设备或不同的子系统组成。一般来说，整个变电站的一、二次设备可分为 3 层，即变电站层、单元层（或称间隔层）和设备层，如图 4.15 所示。

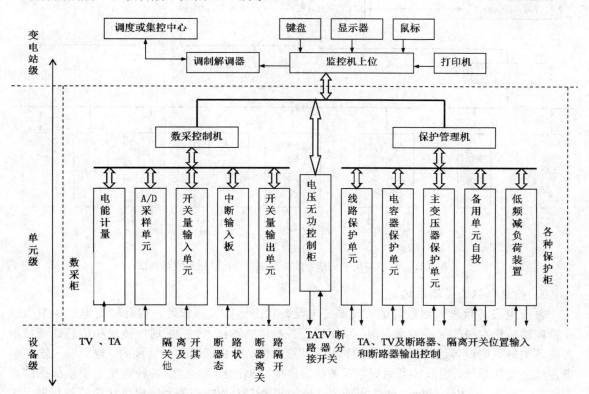

图 4.15　分级分布式系统集中组屏的综合自动化系统结构图

变电站层称为 2 层，单元层为 1 层，设备层为 0 层。

设备层主要指变电站内的变压器和断路器、隔离开关及其辅助接点，电流互感器、电压互感器等一次设备。变电站综合自动化系统主要位于1层和2层。

但单元层一般按断路器间隔划分，具有测量、控制部件或继电保护部件。单元层本身是由各种不同的单元装置组成，这些独立的单元装置直接通过局域网络或总线与变电站层联系；也可设置数据采集管理机或保护管理机，分别管理各测量、监视单元和各保护单元，然后集中由数据采集管理机或保护管理机与变电站层通信。

变电站层包含全站监控主机、远动通信机等。变电站层设现场总线，供各主机之间和监控主机与单元层之间交换信息。

3）分布分散式与集中相结合的结构形式

对于35kV电压等级以下的配电线路，可以将这个一体化的保护、测量、控制单元分散安装在各个开关柜中，然后由监控主机通过光纤或电缆网络对他们进行管理和交换信息，这就是分散结构。对于高压线路保护装置和主变压器保护装置，仍可采用集中组屏方式安装于主控制室内。这种模式称为分布分散式与集中相结合的结构，是当前综合自动化系统的主要结构形式，系统结构图如图4.16所示。

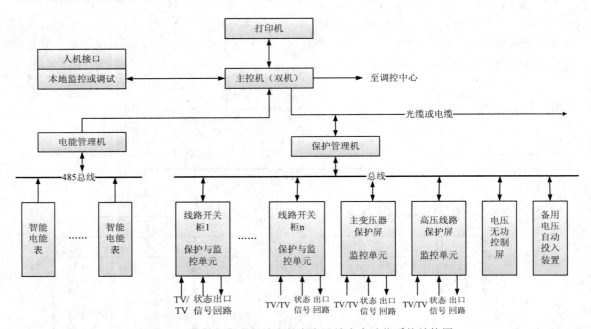

图4.16 分散与集中相结合的变电站综合自动化系统结构图

2. 输变电状态监测系统

输变电设备状态监测系统是实现输变电设备状态运行检修管理、提升输变电专业生产运行管理精益化水平的重要技术手段。系统通过各种传感器技术、广域通信技术和信息处理技术实现各类输变电设备运行状态的实时感知、监视预警、分析诊断和评估预测，建立统一输变电设备状态监测系统，规范各类输变电设备状态监测数据的接入，提供各种输变电设备状态信息的展示、预警、分析、诊断、评估和预测功能，并集中为其他相关系统提供状态监测数据，实现输变电设备状态的全面监测和状态运行管理。输变电设备状态监测系统总体架构如图 4-17所示。

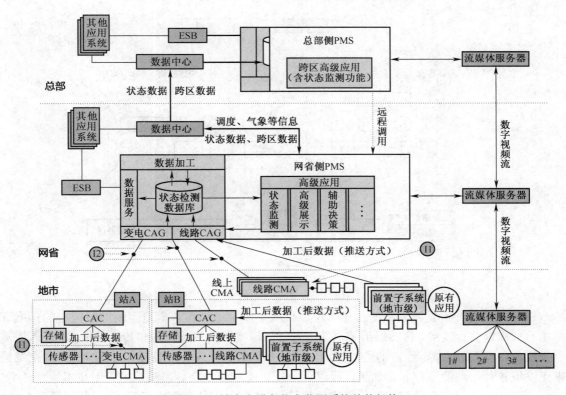

图 4.17　输变电设备状态监测系统总体架构

（1）功能模块

总体上看，输变电设备状态监测系统进行两级部署，并在地市级部署状态信息接入控制器（Condition information Acquisition Controller，CAC）、各类状态监测传感器及监测代理（CMA），以及用于视频/图像监控的流媒体服务器和视频采集装置。视频/图像监控子系统相对独立。

在站内分布的各类变电设备状态监测传感器（新投运部分）或变电 CMA 通过标准方式接入本站 CAC，然后通过本站 CAC 向上接入网省，变电状态信息接入网关机（Condition Acquisition Gateway，CAG）。对于已经建有状态监测系统的变电站，CAC 通过从原前置子系统集中接入所有状态信息（注：CAC 接入的是加工后数据，并采用推送方式，要求原变电前置子系统进行相应改造）实现对原系统的包容，CAC 不直接连接原有的状态监测装置，以降低接入的复杂性。

在输电线路上分布的各类输电线路状态监测传感器首先通过线路 CMA 汇聚，然后线路 CMA 通过直接接入部署在网省端的线路 CAG 实现状态信息的接入。对于已经建有状态监测系统的输电线路，网省端线路 CAG 通过从原线路前置子系统集中接入所有状态信息（注：与 CAC 一样，线路 CAG 接入的也是加工后的数据，并采用推送方式，要求原线路前置子系统进行相应改造）实现对原系统的包容。此外，线路 CMA 通过临近变电站的 CAC 接入主站的情况也有可能存在。

从分层角度看，存在传感器层、接入层和主站层三层基本结构，如图 4.18 所示。

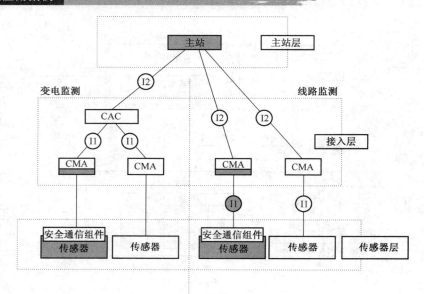

图 4.18　系统的分层结构

这种分层设计可支持系统的传感器层、接入层和主站层在各自范围内遵照统一的标准规范相对独立地并行发展。传感器层重点发展各种先进实用的传感原理和传感器技术；接入层重点发展各种高效、可靠、经济的通信接入组网技术和信息处理与信息接入标准化技术；主站层重点发展各种监测信息存储、加工、展现、分析、诊断和预测等监测数据应用技术。

三层结构中的安全通信组件是标准化的，可嵌入在各类传感器中，统一负责传感器与 CMA 之间的唤醒、认证、数据通信和信息安全任务。各类传感器无需考虑与 CMA 的底层通信细节和信息安全策略等问题，仅专注于自身专业传感技术的实现。

上述分层系统结构中各层之间存在两个接口级别，分别是：第 1 级接口 I1 和第 2 级接口 I2，其具体分布点如图 4.19 所示。

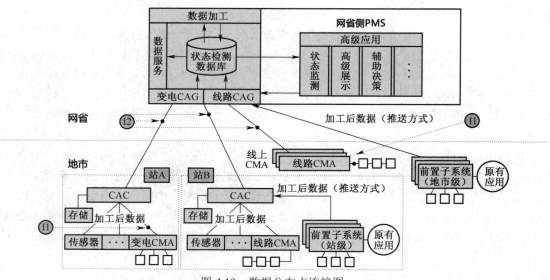

图 4.19　数据分布点连接图

下面仅对输电线路部分的 I1 和 I2 接口进行描述：

I1 接口是传感器到 CMA 之间的接口，位于最底层，面向传感器，传递的是原始的传感器数据和传感器控制信号。I2 接口是 CMA 到 CAG 之间的接口，位于中间层，面向主站系统，传递的是高级的加工后的"熟数据"和高级控制信号。

（2）系统功能

1）输电线路状态监测

输电线路状态监测的主要数据类型包括气象环境监测类数据、导线监测类数据、杆塔监测类数据和杆塔附件监测类数据。

- 气象环境监测。
  - 微气象环境监测，包括：温度、相对湿度、风速、风向、气压、雨量、光辐射。
  - 覆冰监测，包括：覆冰厚度、综合拉力、不均衡张力差、绝缘子串风偏角和偏斜角。
- 导线监测。
  - 导线弧垂监测，包括：导线弧垂和对地距离。
  - 导线温度监测，包括：导线温度。
  - 导线微风振动监测，包括：导线的振幅、频率和疲劳损伤。
  - 相间风偏监测，包括：导线风偏角、导线倾斜角。
  - 导线舞动监测，包括：舞动振幅、频率、半波数。
- 杆塔监测。
  - 杆塔振动监测，包括：X 方向加速度、Y 方向加速度和 Z 方向加速度。
  - 杆塔倾斜监测，包括：顺线倾斜角、横向倾斜角。
- 杆塔附件监测。
  - 绝缘子串风偏监测，包括：风偏角和偏斜角。
  - 绝缘子污秽度监测，包括：绝缘子盐密（ESDD）、灰密、温度、湿度。

2）变电设备状态监测

变电设备状态监测的主要数据类型包括变压器状态监测类数据、断路器及高压组合电器（GIS）状态监测类数据、容性设备状态监测类数据。

- 变压器状态监测。
  - 油中溶解气体监测，包括：氢气（H_2）、一氧化碳（CO）、甲烷（CH_4）、乙烯（C_2H_4）、乙炔（C_2H_2）、乙烷（C_2H_6）、二氧化碳（CO_2）。
  - 油中微水监测，包括：水含量（H_2O）、水活性（AW）。
  - 局部放电监测。
  - 套管绝缘监测，包括：泄漏电流、介质损耗和等值电容。
  - 铁芯接地电流监测，包括：泄漏电流。
  - 冷却器风扇及油泵监测。
  - 温度负荷监测，包括：环境温湿度、变压器负荷电流及电压、顶部油温、绕组热点温度。
  - 有载分接开关监测，包括：自动/手动工作模式、触头位置及磨损、马达驱动电流及电压、保护继电器状态和在线滤油机运行状态。

> 保护器件监测，包括：瓦斯继电器状态、泄压设备状态等。

- 断路器及高压组合电器（GIS）状态监测。

> GIS 局部放电监测。

> SF_6 气体密度及微水监测。

> GIS 室 SF_6 气体泄露监测。

> 避雷器绝缘监测，包括：泄漏电流、阻性电流、容性电流和计数器动作次数。

> SF_6 气体分离物监测。

> 断路器动作特性监测，包括：分合闸线圈回路、分合闸线圈电流、分合闸线圈电压、断路器动触头行程、断路器动触头速度、开断电流、断路器的操动次数统计、断路器操动过程中的机械振动、合闸弹簧状态、导电接触部位的温度和断路器的电寿命。

- 容性设备状态监测。

> 套管绝缘监测。

> 电流互感器（CT）绝缘监测。

> 电容式电压互感器（CVT）绝缘监测。

> 耦合电容器（OY）绝缘监测。

> 避雷器绝缘监测。

3）视频/图像监控

整个视频/图像监控系统包括前端设备子系统、传输网络和后端管理及视频/图像监控子系统三部分。其中：前端设备子系统主要包括：硬盘录像机、摄像机、报警设备（或报警系统）等。根据现有电力系统通信通道状况，传输网络主要有专用 E1 网络和以太网络。前端设备子系统和传输网络利用现有设备和网络，PMS 中视频部分集中在后端管理及视频/图像监控子系统部分。

系统逻辑上包括流媒体服务器、管理服务器以及展现终端。其中流媒体服务器、管理服务器为独立设备，在各级别部署两台流媒体服务器，分别为主用和备用，实现双机热备。根据"分级部署、逐层汇集"的原则，视频图像数据分别在国家电网地市公司、国家电网网省公司、国家电网公司总部由流媒体服务器进行汇集。视频、图像在 PMS 相关模块中集成展现，总部侧 PMS 和网省侧 PMS 进行视频显现时，分别从同级部署的流媒体服务器获取视频数据。系统结构如图 4.20 所示。

在网省级，集中存储的状态监测数据可以通过规范的状态监测数据服务经由企业级 ESB 总线为其他应用系统提供各类输变电设备状态监测在线信息，满足各类业务应用对状态监测信息的在线处理需要。其他应用系统也可通过数据中心共享各类输变电设备状态监测信息（这些信息由生产管理系统 PMS 负责定期送入数据中心，有一定的延时）。

3. 智能变电站辅助控制系统

智能变电站辅助控制系统由图像监视及安全警卫子系统、火灾报警子系统、环境监测子系统组成，通过辅助控制系统后台实现子系统之间以及与消防、采暖、通风、照明等的联动控制。安全警卫子系统、火灾报警子系统、环境监测子系统和辅助控制系统后台之间应采用 DL/T860 标准互联。

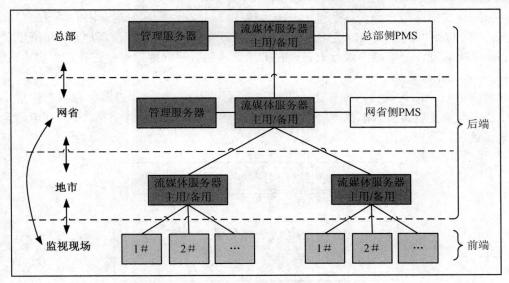

图 4.20　视频、图像监控系统结构图

变电站辅助控制系统具体功能如下：

（1）图像监视：站内宜配置视频监控系统并可远传视频信息，在设备操控、事故处理时与站内监控系统协同联动，并具备设备就地和远程视频巡检及远程视频工作指导的功能。

（2）安全警卫子系统：配置灾害防范、安全防范子系统，告警信号、量测数据宜通过站内监控设备转换为标准模型数据后，接入当地后台和控制中心，留有与应急指挥信息系统的通信接口。配备语音广播系统，实现设备区内流动人员与集控中心语音交流，非法入侵时能广播告警。

（3）火灾报警子系统：取得当地消防部门认证的火灾报警系统应预留与辅助控制系统后台的通信接口。

（4）环境监测子系统：能对站内的温度、湿度、水浸、SF_6 浓度等环境信息进行实时采集、处理和上传，采集周期小于 5 秒；可实现空调、风机、加热器的远程控制或与温湿度控制器的智能联动。

（5）照明子系统：应采用高效节能光源以降低能耗，应有应急照明设施。有条件时，可采用太阳能、地热、风能等清洁能源供电。

（6）设备状态监测：对变电站内变压器、电缆接头、闸刀触电、消弧线圈等多种设备热点信息、变压器壳体形变信息、避雷器动作次数信息、站内微气象信息等进行实时监测，为实现优化电网运行和设备运行管理提供基础数据支撑。

（7）智能告警：实现对站内实时/非实时运行数据、辅助应用信息、各种告警及事故信号等综合分析处理；系统和设备根据对电网的影响程度提供分层、分类的告警信息；按照故障类型提供故障诊断及故障分析报告，为运行人员提供辅助数据支撑。

（8）故障信息综合分析决策：在故障情况下对包括事件顺序记录信号及保护装置、相量测量、故障录波等数据进行数据挖掘、多专业综合分析，并将变电站故障分析结果以简洁明了的可视化界面综合展示。

（9）智能巡视：通过在三维模拟场景中漫游，对变电站内的设备状态信息进行巡视工作；

系统可依据设定的路线自动进行变电站三维模拟巡游,生动地展现变电站内的场景信息和各设备情况,并可以回顾巡检人员的巡检路线。通过在三维模拟场景模拟现场巡视,可降低劳动强度,提高巡视频度,能够减少运行人员巡视的次数,融合视频录像可使巡视过程更为直观。

4. 一体化监控系统

智能变电站一体化监控系统直接采集站内电网运行信息和二次设备运行状态信息,通过标准化接口与输变电设备状态监测、辅助控制、计量等系统进行信息交互,实现变电站全景数据采集、处理、监视、控制、运行管理等,其逻辑关系如图 4.21 所示。

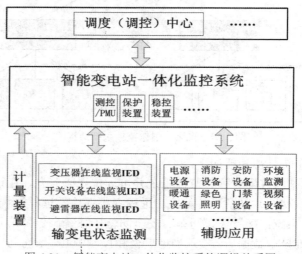

图 4.21 智能变电站一体化监控系统逻辑关系图

(1) 一体化监控系统架构

智能变电站一体化监控系统可分为安全Ⅰ区、安全Ⅱ区和安全Ⅲ/Ⅳ区,架构如图 4.22 所示。

1) 在安全Ⅰ区中,监控主机采集电网运行和设备工况等实时数据,经过分析和处理后进行统一展示,并将数据存入数据服务器。Ⅰ区数据通信网关机通过直采直送的方式实现与调度(调控)中心的实时数据传输,并提供运行数据浏览服务。

2) 在安全Ⅱ区中,综合应用服务器与输变电设备状态监测和辅助设备进行通信,采集电源、计量、消防、安防、环境监测等信息,经过分析和处理后进行可视化展示,并将数据存入数据服务器。Ⅱ区数据通信网关机通过防火墙从数据服务器获取Ⅱ区数据和模型等信息,与调度(调控)中心进行信息交互,提供信息查询和远程浏览服务。

3) 综合应用服务器通过正反向隔离装置向Ⅲ/Ⅳ区数据通信网关机发布信息,并由Ⅲ/Ⅳ区数据通信网关机传输给其他主站系统。

4) 数据服务器存储变电站模型、图形和操作记录、告警信息、在线监测、故障波形等历史数据,为各类应用提供数据查询和访问服务。

5) 计划管理终端实现调度计划、检修工作票、保护定值单的管理等功能。视频可通过综合数据网通道向视频主站传送图像信息。

(2) 系统功能

智能变电站一体化监控系统的应用功能结构如图 4.23 所示,分为三个层次:数据采集和统一存储、数据消息总线和统一访问接口以及五类应用功能。

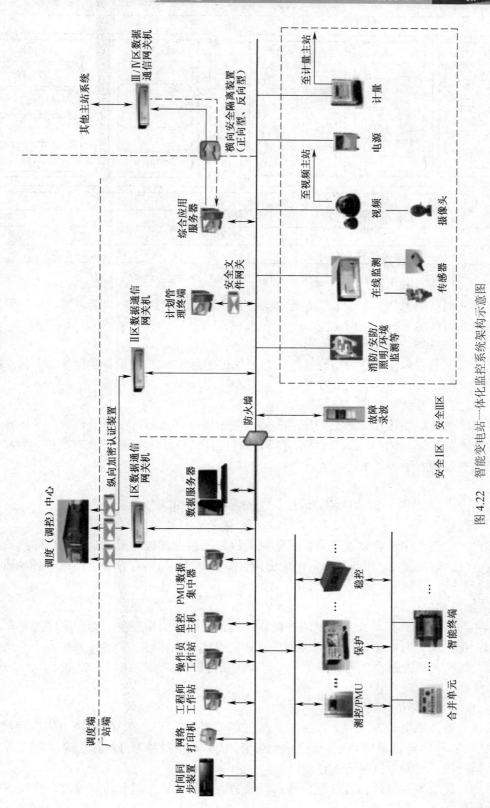

图 4.22 智能变电站一体化监控系统架构示意图

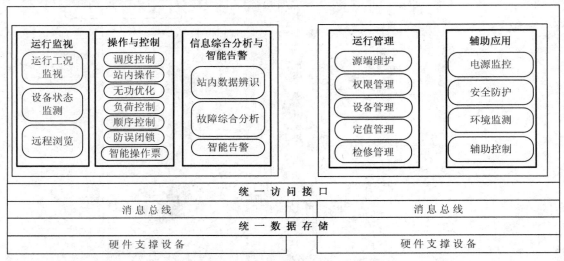

图 4.23　智能变电站一体化监控系统应用功能结构示意图

五类应用功能包括：运行监视、操作与控制、信息综合分析与智能告警、运行管理、辅助应用，下面详细介绍前三项功能：

1）运行监视

通过可视化技术，实现对电网运行信息、保护信息、一/二次设备运行状态等信息的运行监视和综合展示。包含以下三个方面：

● 运行工况监视

主要实现变电站内全景数据的统一存储和集中展示，包括：电网运行状态、设备监测状态、辅助应用信息、事件信息、故障信息等，同时实现装置压板状态的实时监视，当前定值区的定值及参数的召唤、显示。

● 设备状态监测

实现一/二次设备、辅助设备的运行状态的在线监视和综合展示。

● 远程浏览

调度（调控）中心可以通过数据通信网关机，远程查看智能变电站一体化监控系统的运行数据，包括电网潮流、设备状态、历史记录、操作记录、故障综合分析结果等各种原始信息以及分析处理信息。

2）操作与控制

操作与控制可以实现智能变电站内设备就地和远程的操作控制。包括顺序控制、无功优化控制、正常或紧急状态下的开关/刀闸操作、防误闭锁操作等。调度（调控）中心通过数据通信网关机实现调度控制、远程浏览等，包含：站内操作、调度控制、自动控制、防误闭锁、智能操作票。

3）信息综合分析与智能告警

通过对智能变电站各项运行数据（站内实时/非实时运行数据、辅助应用信息、各种报警及事故信号等）的综合分析处理，提供分类告警、故障简报及故障分析报告等结果信息。包含：站内数据辨识、故障分析决策、智能告警。

建立智能变电站故障信息的逻辑和推理模型，进行在线实时分析和推理，实现告警信息的分类和过滤，为调度（调控）中心提供分类的告警简报。

5. 调度管理系统（OMS2.0）

调度管理系统（OMS2.0）是智能电网调度控制系统的重要组成部分，主要实现电网调度基础信息的统一维护和管理；实现主要生产业务的专业化、规范化和流程化管理；调度专业和并网电厂的综合管理；电网安全、运行、计划、二次设备等信息的综合分析评估和多视角展示与发布，以及实现对调度机构内部综合业务管理的技术支撑功能等。主要连接的系统为设备（资产）运维精益管理系统（PMS2.0），同时调度管理系统也是调控中心对外提供各类生产运行信息和数据的服务窗口。

（1）调度管理系统部署架构

1）调度端 EMS、OMS2.0 在国、分中心、省、地、县调五级部署（如图 4.24 所示）。

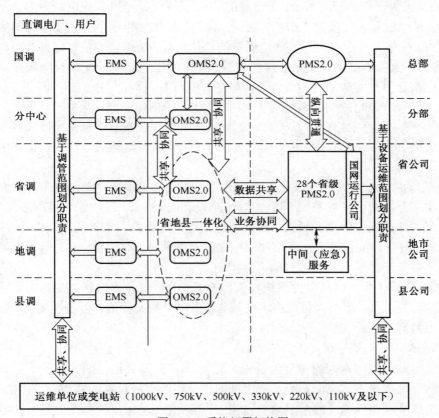

图 4.24 系统部署架构图

2）部分省调 OMS2.0 采用省、地、县三级的一体化方式部署。

3）调度端基于调管范围实现对变电站、直调电厂、用户的调控管理业务。

（2）系统功能

1）OMS2.0 和 PMS2.0 系统在省级实现对接。为了保证数据共享与业务协同的快捷性和稳定性，依据部署情况，在省公司层面实现两系统间的数据共享与业务协同。其中国网运行公司与国调中心间直接实现系统对接。

2）以省调 OMS 为依托，实现调度系统 OMS 纵向贯通。省级 OMS2.0 依据调度管辖权，负责上对国调中心、分中心，下对地、县转发 PMS2.0 信息，实现国、分中心、省、地、县等各级数据共享和业务协同。

3）PMS2.0 系统实现省级 PMS2.0 与总部 PMS2.0 的纵向贯通。

4）OMS2.0 与 PMS2.0 业务协同与数据共享采用远程浏览、告警直传、数据中心+E 文件、消息邮件+E/G 文件以及消息邮件+WF 文件等多种方式。

6. 调度自动化系统

电网监控与调度自动化系统由电力系统中的各个监控与调度自动化的硬件和软件组成，按其分布特点与实现的功能又可以分成一定的层次，而其高一级的功能往往建立在一定的基础功能之上。主要连接的系统有变电站自动化系统、配电网管理系统和能量管理系统。

电力调度自动化系统按其功能可以分成如下四个子系统：

（1）信息采集命令执行子系统：该子系统是指设置在发电厂和变电站中的子站设备、遥控执行屏等。子站设备可以实现"四遥"功能，包括：采集并传送电力系统运行的实时参数及事故追忆报告；采集并传送电力系统继电保护的动作信息、断路器的状态信息及事件顺序报告（SOE）；接受并执行调度员从主站发送的命令，完成对断路器的分闸或合闸操作；接受并执行调度员或主站计算机发送的遥调命令，调整发电机功率。除了完成上述"四遥"的有关基本功能外，还有一些其他功能，如系统统一对时、当地监控等。

（2）信息传输子系统：该子系完成主站和子站设备之间的信息交换以及各个调度中心之间的信息交换。信息传输子系统是一个重要的子系统，信号传输质量往往直接影响整个调度自动化系统的质量。

（3）信息的收集、处理与控制子系统：该系统由两部分组成，即：发电厂和变电站内的监控系统。收集分散的面向对象的 RTU（RemoteTerminal Unit，远程终端控制系统）的信息，完成管辖范围内的控制，同时将经过处理的信息发往调度中心，或接受控制命令并下发 RTU执行。调度中心收集分散在各个发电厂和变电站的实时信息，对这些信息进行分析和处理，结果显示给调度员或产生输出命令对对象进行控制。

（4）人机联系子系统：从电力系统收集到的信息，经过计算机加工处理后，通过各种显示装置反馈给运行人员。运行人员根据这些信息，做出各类决策后，再通过键盘、鼠标等操作手段，对电力系统进行控制。

7. 电源系统

常规性变电站的电源系统通常分为直流、交流、UPS 和通信电源等几种不同的类型。在一般的变电站运营模式下，交流系统是变电站的主要能源供应设备。例如，具体的电能储蓄、电源操作等工作都需要依赖交流系统来予以完成。这就意味着，交流系统的稳定性能如何将会直接影响到整个变电站的运行是否稳定、可靠。

变电站直流操作电源系统（直流 220V 或 110V 系统）是用蓄电池储能，交流电正常且整流器完好时，蓄电池为冲击负荷提供补充电流；交流停电或整流器故障时，蓄电池为经常负荷、事故负荷及冲击负荷供电。它是变电站安全运行的重要设备。

变电站通信电源系统（直流 48V 系统）也是用蓄电池储能，交流电正常且整流器完好时，由整流器为负荷供电；交流电停电或者整流器故障时，由蓄电池供电。变电站通信电源与直流操作电源的结构基本相同，不同点是蓄电池的作用和控制母线的降压装置系统。

变电站逆变电源系统一般不采用交流 UPS，而是从直流操作电源系统取得直流电，通过逆变器输出交流电源，主要为一些重要的变电站设备（如：远动测控计算机、管理计算机、检修照明等）提供不间断电源，亦称 UPS。

8．计量系统

变电站的电能计量系统主要有数字化电能表、电子式电流电压互感器、合并电源、全站的采样同步时钟 GPS 同步信号以及二次连接部分组成。电子式互感器采集到的数据汇总到合并单元，合并单元经点对点或以太网方式发送采集数据至位于间隔层的数字式电能表，实现了计量设备的输入信号由电缆从传统电流/电压互感器输入的模拟信号到通信电缆或光纤输入的数字信号的转变。

现有的变电站有两套计量系统，分别为调度系统和营销系统所管，实现计费功能。

4.3 智能变电站典型应用案例

4.3.1 概述

本章以浙江嘉兴 110kV 新生智能变电站（国家电网公司第二批智能变电站试点工程）为例，首先介绍变电站在智能电网建设中的重要性，其次讲述物联网技术在智能变电站建设中的重要体现，最后详细介绍基于物联网技术与三维可视化技术的智能变电站辅助系统的功能及具体实现方式。

本建设工程项目中采用了多种类型的传感器，将获取的多维信息进行协同感知与处理，实现更可靠、更透彻、更细致的信息感知，为智能决策和智能行为提供准确的信息；采用三维可视化技术，使得数据能够直观地展现，并利用空间信息资源，融合多维信息，进行全方位信息描述；通过动态信息的高阶异构数据挖掘及智能分析，实现虚拟现实的全域、全景信息展示。

4.3.2 设计思路

1．变电站在智能电网中的应用

智能电网是以特高压电网为骨干网架、各级电网协调发展的坚强网架为基础，以信息通信平台为支撑，具有信息化、自动化、互动化特征，包含电力系统各个环节，覆盖所有电压等级，实现"电力流、信息流、业务流"的高度一体化融合的现代电网。智能变电站作为统一坚强智能电网的重要环节，在区域智能电网中承接与上游发电、输电、调度环节以及下游配电、用电环节的配合衔接，站内整合集成力度很大，是实现智能电网最重要、最基础的环节之一。它采用先进、可靠、集成、低碳、环保的智能设备，以全站信息数字化、通信平台网络化、信息共享标准化为基本要求，自动完成信息采集、测量、控制、保护、计量和监测等基本功能，并可根据需要支持电网实时自动控制、智能调节、在线分析决策、协同互动等高级功能，实现与相邻变电站、电网调度、变电站用户运行部门、检修部门、管理部门等互动的变电站。

智能电网 6 大环节示意图如图 4.25 所示。

2．物联网技术在智能变电站中的应用

物联网技术在变电站中应用可分为两个层面：一是体现在变电站站域物联网技术应用，包括设备的智能化以及信息的采集、传送和处理，提高变电站的智能化水平；二是体现在变电站相关区域电网的应用，包括具有负荷切换关系的相邻变电站、上下级变电站以及区域内配电网和新能源接入等，为区域智能电网的建设提供支持。物联网应用架构如图 4.25 所示。

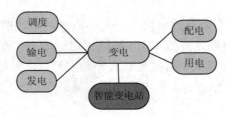

图 4.25　智能电网 6 大环节示意图

图 4.26　物联网应用架构

3. 变电站总体架构

　　智能变电站辅助系统以智能变电站"三层两网"结构为基础，将物联网的三层结构融于智能变电站体系结构中，并通过无线、有线的复合通信方式，完成站内设备的状态感知，与集控中心互联，实现数据的同步、信息共享。系统以动力监测、环境监控、智能检修辅助、智能运行辅助和综合展示集成为功能基础，为智能变电站提供了智能化、信息化、互动化的辅助支撑。

　　变电站总体架构如图 4.27 所示。

4. 智能变电站辅助系统功能

　　系统功能整体分为六大部分：动力监测、环境监控、智能运行辅助、智能检修辅助、综合集成展示及三维全景展示。其中动力监测包括站用电监测、光伏发电监测、蓄电池监测、UPS 监测等；环境监控包括门禁、电子围栏、视频监控、室内温湿度监测、有害气体、水浸、消防监测，灯光、卷帘控制以及站内建筑室内智能化管理等；智能运行辅助包括变电站智能巡检、工器具智能管理、屏（柜）钥匙管理等；智能检修辅助包括避雷器动作次数监测、设备温度监测、柜（盘）温湿度监测、电容器壳体变形等；综合集成展示及三维全景展示主要通过三维可视化技术为状态监测信息、系统运行信息等提供统一、直观的综合展示平台。系统功能图如图 4.28 所示。

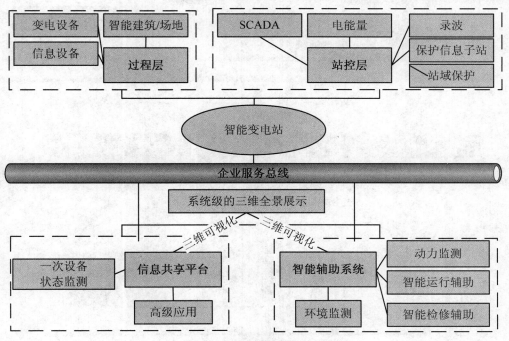

图 4.27　变电站总体架构图

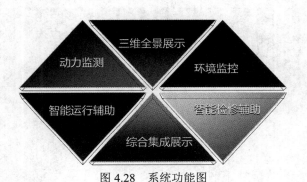

图 4.28　系统功能图

各部分功能有机融合，支持信息的共享和互动，整体为变电站的智能化及安全生产提供服务和支撑。

4.3.3　智能辅助系统设计

1.　整体架构

系统整体分为过程层、间隔层、站控层。过程层对应物联网感知层，包括各种传感识别设备/子系统，实现数据信息的采集；间隔层对应物联网的网络层，包括综合接入网关等设备，主要实现数据的汇集及 IEC 61850（DL/T 860）协议的标准化转换；站控层及调控中心共同形成物联网的应用层，实现数据的接收、分析和综合可视化展示。

系统提供多种对外接口，站内通过隔离装置实现与变电站综合自动化系统的对接，调控中心支持与 PMS 生产管理系统等应用系统的互连。系统整体架构如图 4.29 所示。

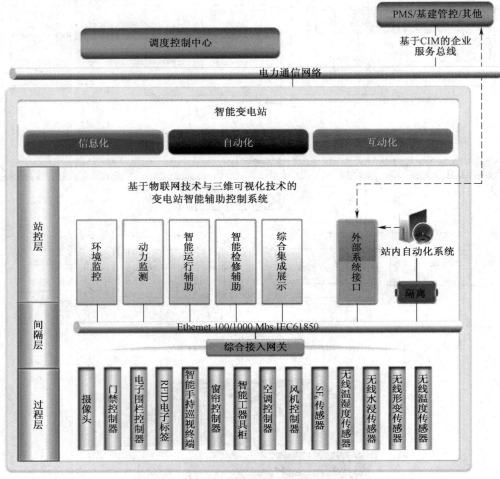

图 4.29　系统整体架构

2. 技术架构

从技术角度出发，系统整体由网络处理层、中间服务层及客户端应用层构成，可同时支持 B/S 和 C/S 两种形式结构。

系统技术架构又可分为设备层、传输层、控制层和用户层，其中传输层为站内以及站与集控站间的电力通信专网。

CS 客户端采用基于 C++标准的 STL/BOOST 等框架，实现了数据的采集与分析处理，BS客户端采用 J2EE AJAX 体系架构，支持 C/S、B/S 的混合部署结构。中间服务层采用 Thread Pool、Memory Pool、协议栈、DBMS 结构化设计等多种技术，实现了对基础服务的业务封装，同时可以与 Java 应用无缝连接，使应用系统保持高效率的同时增强灵活性。网络层实现了对多种主流通讯协议（如 RTP、RTCP、RTSP、UDP、SIP 等协议）的支持，能够支持 RADIUS 等安全协议认证。技术架构如图 4.30 所示。

3. 网络架构

根据智能变电站分层结构体系，系统整体构架如图 4.31 所示，主要包括过程层、间隔层和站控层。

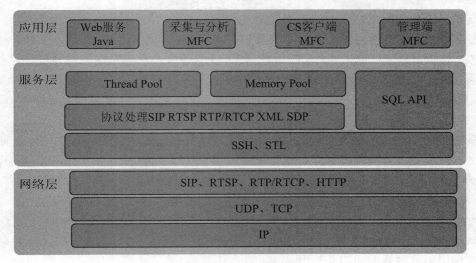

图 4.30 技术架构图

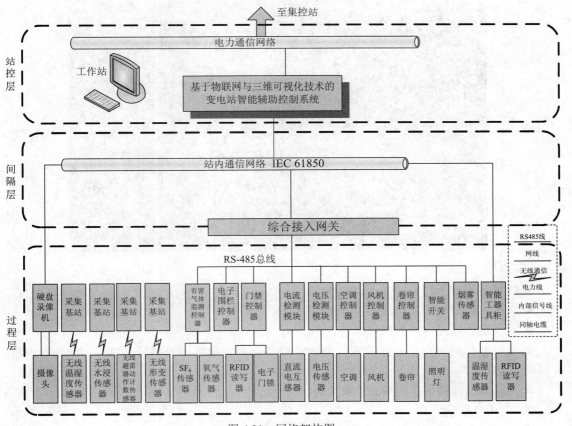

图 4.31 网络架构图

过程层对应物联网的感知层，主要通过各种传感设备实现设备状态监测，数据通信支持以太网、RS4-85 总线、无线等方式。

综合接入设备位于间隔层，实现监测数据的汇集及互动控制信息传送，视频监控数据和变电站巡检（经单向隔离装置）信息直接由过程层传送至站控层。

站控层对应物联网的应用层。相关数据在站控层接入系统平台，由系统平台进行统一的数据接收、数据分析、可视化展示、报警联动。此外，系统平台经单向隔离装置与综合自动化系统实现互联，为变电站智能运行、检修提供辅助支持。

4. 系统详细功能介绍

（1）动力监测

以智能变电站建筑节能管理为目标，通过对动力系统运行工况的在线监测，从而保障对智能一、二次设备运行能源的有效监测和可靠供应。监测内容包括站用电监测、蓄电池监测、UPS 监测等。

1）站用电监测

系统通过与站内综合自动化系统接口，可接入：高压侧电压、高压侧电流、低压侧 380V 电压、低压侧 380V 电流、380V 各支路电压、380V 各支路电流、空开状态、手车状态等站用电数据。站用电监测界面如图 4.32 所示。

图 4.32　站用电监测界面

系统可实现如下功能：

● 接入数据的实时获取，并在三维场景中实时显示。

● 设定各监测点位的报警阈值。

● 根据各监测点位的报警阈值判断点位是否产生数据过限报警，并在三维场景中进行定位。

● 联动监控摄像头同时灯光配合。

2）蓄电池监测

系统通过与站内综合自动化系统接口，可接入：总电压、总电流、单个电池电流、各电池电压、电池状态（温度、内阻等）。系统可实现如下功能：

● 蓄电池监测数据的实时获取，在三维场景中显示。

● 联动监控摄像头并进行灯光配合。

- 各监测点位报警阈值的设定。
- 根据报警阈值判断点位是否产生数据过限，如过限，进行报警并在三维场景中定位。

3）UPS 监测

系统通过与站内综合自动化系统接口，可接入：主机工作状态（正常或逆变）、逆变报警、装置报警。系统可实现如下功能：

- 联动监控摄像头并配合灯光控制。
- UPS 监测数据的实时获取，并在三维场景中展示。
- 设定各监测点位的报警阈值，进行阈值数据过限报警，并在三维场景中定位展示。

（2）环境监控

通过对站内环境进行全面监控，实现站内环境的智能化管理、安全防护监测及设备故障辅助诊断。监控内容包括门禁、电子围栏、视频监控、室内温湿度监测、有害气体、水浸、消防监测，灯光以及卷帘控制等。

1）门禁监控

在变电站外围墙大门口处安装刷卡式电子门锁，并将电子门锁的门禁控制器与伸缩门的控制主机连接，使具有合法权限的持卡人通过刷卡，便可自动打开伸缩门，无需人工干预。门禁控制子系统通过前端设备的信息采集、软件后台的信息处理及与其他设备的联动等，将实现如下功能：

- 授权人员卡：通过发卡机可将人员的基本信息写入人员卡，同时设定其进入的权限。
- 刷卡开门：工作人员持具有权限的人员卡可刷卡开门，或通过输入密码开门，并将人员进入的记录上传到监控中心；未授权卡刷卡时禁止进入，并产生报警事件上传到监控中心，并在三维场景中实时显示门的开关状态。
- 远程开门：通过软件系统的控制，可远程开门。
- 联动抓拍：具有合法权限的刷卡事件触发联动拍照，非授权卡刷卡事件联动摄像机进行现场录像。结束后自动在监控主机中详细记录该条报警信息，如：刷卡时间、刷卡卡号、地点、控制器名称以及录像信息等，并以颜色突显，点击该记录后可重放视频或图片信息，便于日后事件追查。
- 灯光联动：联动摄像机拍照或录像时，根据白天及夜间模式，自动联动灯光控制系统进行光线补充。
- 消防联动：根据消防系统的报警信息，可将门禁自动解锁，方便人员进出。
- 语音提示功能：在入口处安装语音模块，可根据人员出入的情况提示不同的语音信息。

门禁读卡器如图 4.33、图 4.34 所示。

2）电子围栏监测

电子围栏系统由变电站建设部门负责安装。信息获取方式是通过 RS-485 线将电子围栏的报警主机连接到综合接入网关，报警主机的安装位置一般为外围墙内侧，紧挨外围墙，RS-485 线的初始位置为外围墙内侧，终点为主控室的综合接入网关。主要实现如下功能：

- 实时获取防区报警信息，根据报警信息的防区位置在三维场景中快速定位并以颜色突显报警区域。
- 根据报警防区的位置，对报警区域的监控摄像头进行联动控制，获取现场视频并录制。

图 4.33 通道式读卡器及指示灯   图 4.34 开门按钮及大门刷卡式读卡器

- 根据报警的时间，通过灯光控制的工作模式，当为夜间模式时，配合摄像头，启动对应防区灯光系统。

电子围栏现场安装图如图 4.35 所示。

图 4.35 电子围栏现场安装图

3）视频监控

视频监控子系统是在传统变电站工业电视监控基础上，增加图像智能分析、多系统报警联动、多形式可视化展示等功能，为变电站安全生产提供直观、高效、智能的辅助管理手段。智能化功能具体如下：

- 图像智能分析：通过智能图像分析，实现移动侦测、遮挡报警等，出现异常时，及时上报系统。
- 智能联动：通过主平台与门禁、电子围栏、消防、热点监测、设备状态监测等子系统实现智能联动。例如：室门（禁）开启，室内灯光开启，摄像机转向门预置位，启动录像、拍照等功能。
- 三维场景展示：系统除了常规分屏显示之外，在三维场景漫游巡视过程中，可实现附近点位图像的自动显现，当报警出现时，三维场景迅速定位至报警点，并自动调阅监控图像信息等。

实时视频监控窗口如图 4.36 所示。

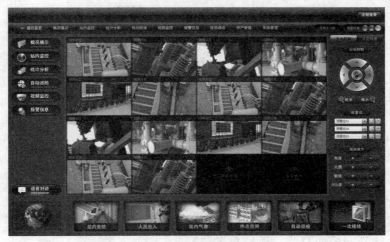

图 4.36　实时视频监控窗口

4）室内温湿度监测

环境的温、湿度对变电站一、二次设备的运行工况有着极其重要的影响，因此对相应场所的环境温湿度监测和控制是必要的。具体功能如下：

● 获取各监测点位的温湿度数据，并在客户端中进行展示。

● 可分别设定各监测点位的报警阈值条件，并根据各监测点位的报警阈值判断点位是否产生温度或湿度过限报警。

● 当监测点位出现数据越限时，系统在客户端进行报警提示，并可快速定位到三维场景中的报警点位。

● 当监测点位出现数据越限时，联动监控摄像头对该点位关联的场景、设备区域进行拍照和录像，并在客户端弹出视频信息。根据报警发生的区域和时间，联动灯光系统进行配合。

● 当监测点位出现温度过高的报警时，联动监测点所在房间的空调设备进行降温。

● 当监测点位出现湿度过高的报警时，联动监测点所在房间的空调设备进行排湿，联动风机进行通风。

室内温湿度监测界面如图 4.37 所示。

图 4.37　室内温湿度监测界面

5）有害气体监控

站内常见的有害气体是 SF_6 气体，对进入室内的工作人员的生命安全构成威胁，因此研制气体泄漏环境智能化监控系统应用于变电站内，有助于提高站内工作环境的安全性。

有害气体监测系统由站控层服务器、控制器和 8 只气体探头组成。其中 SF_6 传感器将被安装在被检测处附近，站控层服务器通过轮询方式查询各气体探头的气体浓度数据，并在危险情况时给出报警信息以及控制风机工作，实现对有害气体的在线监测功能。风机每次启动时间一般不少于 15 分钟。具体功能如下：

● 对 GIS 室内 SF_6 气体进行浓度检测。
● 针对有害气体浓度进行阈值设定。
● 阈值越界后在三维场景中进行报警推送，用户可选择定位到三维场景中的泄漏点。
● 阈值越界后风机自动打开进行排风。
● 报警后摄像头转向 GIS 设备查看设备是否有明显故障状态。

有害气体监控界面如图 4.38 所示。

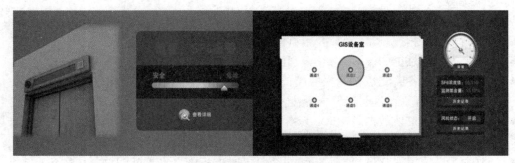

图 4.38　有害气体监控界面

6）水浸监控

水浸系统利用无线水浸传感器实时监测二次设备室地面、电缆沟的水浸情况，当检测到浸水时发出报警信息。通过可视化平台，用户可以直观的看到无线水浸传感器当前的状态、状态改变的时间点等。具体功能如下：

● 获取各监测点的水浸状态并在客户端中进行展示。
● 当水浸状态发生变化时，在客户端中进行信息提示，并可在三维场景中进行快速定位。
● 当水浸状态发生变化时，联动监控摄像头对该监测点位所在的场景区域进行拍照和录像，并在客户端弹出视频信息。根据发生的区域和时间，联动灯光系统进行配合。

水浸报警界面如图 4.39 所示。

7）消防监测

消防监测系统可根据变电站维护和监控要求，接入消防报警信息，进行消防报警信息联动。报警后可实现与视频图像、环境温度传感器、门禁系统等设备的联动，实现对变电站火灾的智能化检测、报警的联动处理。功能如下：

● 系统接收消防系统发送的探测器的状态信息，并在三维场景中实时显示。
● 系统接收消防系统的报警信息，并在三维场景中快速定位。
● 根据报警信息的位置，联动摄像头及灯光控制系统。

图 4.39　水浸报警界面

● 当发生重大火警时，门禁系统联动，门禁解锁。

消除三维展示界面如图 4.40 所示。

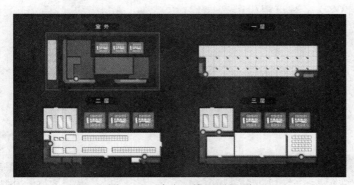

图 4.40　消防三维展示界面

（3）智能运行辅助

实现对变电站一、二次设备智能巡视，为生产运行管理提供辅助技术支撑。监控内容包括变电站智能巡检、工器具智能管理、屏（柜）钥匙管理等。

1）变电站智能巡检

智能巡视功能包括巡视任务管理、巡视任务执行和巡视任务的查询等 3 个部分功能。

巡视任务的管理指对自动巡视要涉及的设备列表的选择和管理，并定义自动巡视过程中采集的视频与监测数据等，还可设置巡视任务的定时执行。

巡视任务的执行包括两种形式，首先是客户端主动执行自动巡视，此时客户端将通过三维可视化界面进行巡视过程的展示、场景的变换以及数据的展示。其次是服务器端按照时间任务计划自动进行自动巡视，当有客户端在线时，系统将提示客户端是否观看巡视。服务器端将自动存储自动巡视的结果，供用户查询。

巡视任务的查询可对系统中记录的自动巡视任务进行查询，可得到巡视任务的执行状况、巡视结果、巡视任务设置人等信息。

变电站巡视路线图如图 4.41 所示。

图 4.41　变电站巡视线路图

2）工器具智能管理

在现有的安全工器具柜上，添加 RFID 读写设备、温湿度传感器、门禁、语音等设备，实现工器具的智能管理，工器具管理系统具备以下功能：

● 通过 RFID 读写设备，系统可实时监测工具的在位状态。

● 通过门禁控制器，系统可实时获取人员的开柜门信息。

● 基于语音设备，系统可提供语音提示功能。在人员领用设备后，语音提示其关门动作；在人员归还设备时，可判断是否已经完全归还，并给予语音提示。

● 基于温湿度传感器，系统可实时获取工器具柜内的温湿度信息。

● 系统可记录工器具的取用事件，并与人员信息绑定，从而确定工器具的领用者、领用时间、归还时间等信息。

● 当工作人员未携带人员卡，可通过断电方式，自动打开工器具门。

工器具柜展示界面图如图 4.42 所示。

图 4.42　工器具柜展示界面图

3）屏（柜）钥匙管理

变电站内各屏（柜）的钥匙是开启各屏（柜）、对变电设备进行管理和查看的关键工具，是必不可少的辅助工具之一,因此,对钥匙的管理是智能变电站辅助控制系统的重要内容之一。

通过在每个钥匙和其对应的各屏(柜)上粘贴一个 RFID 标签,来对各对象进行标识,各屏(柜)的 RFID 标签内存储屏(柜)的相关信息(编号、名称、作用、投运时间),并以文字显示屏(柜)的编号、名称;各钥匙的 RFID 标签文字显示所对应的屏(柜)编号、名称,以便于工作人员快速找到。主控楼两个门禁安装有 RFID 通道式门禁,当工作人员携带粘贴有 RFID 标签的钥匙经过门禁时可被识别到,从而在后台系统中可查询钥匙的出入记录,以实现钥匙的安全管理。

屏(柜)钥匙管理如图 4.43 所示。

图 4.43　屏(柜)钥匙管理

(4)智能检修辅助

通过实施对变电站一次设备状态的智能监测,实现一、二次设备、实时数据及运行参数,为状态检修提供检修辅助。智能检修辅助包括避雷器动作次数监测、设备温度监测、柜(盘)温湿度监测、电容器壳体变形等。

1)避雷器动作次数监测

避雷器动作次数监测是智能变电站大检修的组成部分。通过无线避雷器动作计数传感器检测避雷器动作电流,统计出避雷器动作次数。在避雷器桩上安装支架,将避雷器的接地引线穿过动作次数传感器的环,利用电磁互感原理,监测动作次数。具体实现功能如下:

● 实时获取各避雷器的动作次数信息,并在客户端中进行展示。

● 当避雷器产生放电动作(动作次数发生变化)时,在客户端进行信息提示,并可在三维场景中进行快速定位。

● 当避雷器产生放电动作(动作次数发生变化)时,联动监控摄像头对该避雷器关联的场景区域进行拍照和录像,并在客户端弹出视频信息。根据发生的区域和时间,联动灯光系统进行配合。

2)设备温度监测

系统可对变电站内的变压器、电缆接头、闸刀触点、铜排连接点、电容器、消弧线圈等多种设备的运行温度信息进行监测。监测范围包括:主变压器油箱及进出线电缆接头、20kV

高压开关柜电缆接头、电容器外壳、消弧线圈外壳及进出线电缆接头、中心点接地变压器外壳及接地电阻、110kV GIS 外壳、站用变温度状态监测等。

设备温度监测现场安装图如图 4.44 所示。

图 4.44　设备温度监测现场安装图

3）柜（盘）温湿度监测

系统在变电站内的开关柜、自动化主机柜、总控单元、网络交换机柜等设备处部署无线温湿度传感器，对温湿度信息进行监测，能够为每个测量点分别设置各种告警阈值，阈值超标的监测点会有醒目的提示和警报。

系统定时获取温湿度监测点位的温湿度数据，在客户端进行数据展示，并将数据存储到数据库中。系统后台对数据进行分析判断，当监测数据达到设置的报警条件时，系统在客户端进行报警信息的提示，并在后台联动视频监控设备和灯光照明系统，对温湿度报警时的设备或场景状况进行图像记录。

在温度、湿度出现越限报警时，系统还联动设备所在房间的空调设备和风机设备进行降温、排湿和通风，如图 4.45 所示。

图 4.45　柜（盘）温湿度监测

4）电容器壳体变形

系统采用无线形变传感器监测电容器的壳体温度和壳体变形。具体功能如下：

- 获取各监测点位的温度数据，并在客户端中进行形象化展示。
- 获取各监测点位的电容器壳体相对形变量，并在客户端中进行形象化展示。
- 可分别设定各监测点位的报警阈值条件，并根据各监测点位的报警阈值判断点位是否产生数据过限报警。
- 当监测点位出现数据报警时，在客户端中进行报警提示，并可在三维场景中快速定位到报警点位。
- 当监测点位出现数据报警时，联动监控摄像头对该点位监测的电容器所在区域进行拍照和录像，并在客户端弹出视频信息。根据报警发生的区域和时间，联动灯光系统进行配合。

（5）综合集成展示

系统将动力监测、环境监控、智能运行辅助、智能检修辅助四个部分所涉及的大量监测数据通过可视化技术进行信息集成和控制交互，提供统一、直观的综合展示平台。

变电站三维建模及系统三维界面如图 4.46 和图 4.47 所示。

图 4.46　变电站三维建模图

图 4.47　系统三维界面

参考文献

[1] 智能变电站技术导则（Q/GDW 383－2009）[S].

[2] 刘振亚．智能电网知识读本[M]．北京：中国电力出版社，2010.

[3] 陈力，孙嘉，牛强等．智能变电站集成一体化方案的应用研究[J]．电气技术，2010（8）.

[4] 李孟超，王允平等．智能变电站及技术特点分析[J]．电力系统保护与控制，2010，9.

[5] 韩琪．数字化变电站应用及智能变电站发展趋势研究[D]．济南：山东大学，2011.

[6] 孙振权，张文元．电子式电流互感器研发现状与应用前景[J]．高压电器，2004.

[7] 侯昌明．电子式互感器在数字化变电站中的应用[J]．电子测试，2013（20）.

[8] 黄文华，李勇．IEC 61850 标准的技术及应用研究[J]．现代电子技术．2010（21）.

[9] 叶刚进．IEC 61850 标准在智能化变电站工程化应用[D]．华北电力大学，2012.

[10] 罗超．电子互感器运行故障诊断系统研究[D]．武汉：湖北工业大学，2013.

[11] 欧峻彰．电子互感器在数字化变电站的应用[J]．中国高新技术企业，2014（29）.

[12] 许铁峰，徐习东．高可用性无缝环网在数字化变电站通信网络的应用[J]．电力自动化设备，2011，31（10）.

[13] 莫峻，谭建成．基于 IEC 61850 的变电站网络安全分析[J]．电力系统通信，2009（4）.

[14] 刘洋．基于数据挖掘的智能变电站辅助决策研究[D]．华北电力大学，2012.

[15] 韩琪．数字化变电站应用及智能变电站发展趋势研究[D]．济南：山东大学，2011.

[16] 张晓更．我国建设智能变电站的必要性及前景探析[J]．机电信息，2013（3）.

[17] 辛培哲，闫培丽，肖智宏等．新一代智能变电站通信网络技术应用研究[J]．电力建设，2013，7.

[18] 曹中来．有关智能变电站一体化监控系统设计方案的分析[J]．数字技术与应用，2011.

[19] 刘亚坤．数据采集及传输技术在智能变电站环境监测系统中的应用[D]．呼和浩特：内蒙古大学，2011.

[20] 张义国．智能变电站的发展[J]．中国电力教育，2010（33）.

[21] 冯秀宾．智能变电站的涵义及发展探讨[J]．高压电器，2013，2.

[22] 周勋甜．智能变电站的技术应用研究[D]．杭州：浙江大学，2011.

[23] 吴忆，连经斌，李晨．智能变电站的体系结构及原理研究[J]．华中电力，2011（3）.

[24] 熊浩清，杨红旗，李会涛．智能变电站发展前景分析[J]．河南电力，2011（3）.

[25] 朱恺辰．智能变电站关键技术及其构建方式的探讨[J]．电源技术应用，2013（10）.

[26] 杨卫星．智能变电站技术方案研究[D]．杭州：浙江大学，2011.

[27] 张幼明，高忠继，黄旭．智能变电站技术应用研究分析[J]．东北电力技术，2012（5）.

[28] 薛永程．智能变电站建设方案研究[J]．企业技术开发，2013，7.

[29] 秦川红．智能变电站通信网络实时性与安全性研究[D]．大连：大连理工大学，2013.

[30] M G Kanabar，Tarlochan S Sidhu. Performance of IEC 61850-9-2 Process Bus and Corrective Measure for Digital Relaying [J]. IEEE Transactions on Power Delivery，2011.

[31] Tarlochan S Sidhu，YIN Yujie. Modeling and Simulation for Performance Evaluation of IEC 61850 based Substation Communication Systems [J]. IEEE Transactions on Power Delivery，2007.

[32] J Ren，M Kezunovic. Modeling and Simulation Tools for Teaching Protective Relaying Design and Application for the Smart Grid [C]. Modern Electric Power Systems，Poland，2010.

[33] 刘婷. 智能变电站信息安全管理方法研究[D]. 华北电力大学，2013.

[34] 张磊. 智能变电站一次设备智能化技术分析[J]. 企业技术开发，2013，6.

[35] 甘磊，刘天慈，吴忠平. 智能变电站意义及关键技术研究[J]. 电力科技，2013（04）.

[36] 贾承龙，智能电网及其关键技术研究综述[J]. 机电信息，2012（30）.

[37] H Kirrmann，M Hansson，P Muri. IEC 62439 PRP：Bumpless recovery for highly available，hard real-time industrial networks[C]. IEEE Conference on Emerging Technologies & Factory Automation，2007.

[38] H Kirrmann，K Weber，O Kleineberg，H Weibel. HSR：Zero recovery time and low-cost redundancy for Industrial Ethernet（High availability seamless redundancy，IEC 62439-3）[C]. IEEE Conference on Emerging Technologies & Factory Automation，2009.

第 5 章　智能冷链物流

本章导读

冷链物流（Cold Chain Logistics）泛指冷藏冷冻类食品在生产、贮藏运输、销售，到消费前的各个环节中始终处于规定的低温环境下，以保证食品质量，减少食品损耗的一项系统工程。它是随着科学技术的进步、制冷技术的发展而建立起来的，以冷冻工艺学为基础、以制冷技术为手段的低温物流过程。

智能冷链物流将物联网技术应用于冷链物流的原材料采购、产品储存、运输、销售等各个环节，能够对整个过程实施智能化监控，代表了未来冷链物流发展的方向。在冷链物流中运用物联网技术，能够以较低的成本控制从生产到销售以及到用户的全部信息，在销售端也能够迅速地把销售的情况反馈给生产厂家。生产厂家获得了信息后，能够根据市场的具体变化来安排生产，在减少库存的同时也减少了企业生产风险。本章在深入分析冷链物流的主要特征和发展现状的基础上，对物联网在冷链物流中的应用技术进行了阐述，并介绍了冷链物流未来的发展趋势。

本章我们将学习以下内容：
- 冷链物流基础知识
- 国内外智能冷链物流发展情况
- 基于物联网的冷链物流技术
- 智能冷链相关装备

我国自 20 世纪 80 年代初引进现代物流理论以来，企业、政府和学术界逐渐意识到现代物流在节约企业成本、推动经济发展、创造新的利润源和提高企业竞争力中所蕴藏的巨大潜力。随着国民经济的发展和人民对食品要求的不断提高，冷链物流的发展越来越受到重视。随着电子信息技术和传感技术的高速发展，尤其是近年国家在物联网建设的推动下，带动了冷链物流行业的发展。基于物联网技术的冷链物流系统的研究与开发，是我国目前冷链物流体系的一个研究热点。随着电子信息技术的发展，使得冷链物流系统的研究得到了关键技术的支撑，模块化设计要求、整体功能的规划，将有助于我国冷链物流体系形成产业化，促进物流行业相关标准的形成，通过借鉴国外先进的技术和经验，从整体范围内推动我国数字物流体系的进一步建设和发展。

5.1　冷链物流概述

5.1.1　冷链物流

冷链物流（Cold Chain Logistics）泛指冷藏冷冻类食品在生产、贮藏运输、销售，到消费前的各个环节中始终处于规定的低温环境下，以保证食品质量，减少食品损耗的一项系统工程。

它是随着科学技术的进步、制冷技术的发展而建立起来的，以冷冻工艺学为基础、以制冷技术为手段的低温物流过程。冷链物流的特殊性体现在两个方面：一是对象的特殊性，冷链物流的对象是容易腐烂变质的生鲜食品；二是作业环境的特殊性，冷链物流的储运和作业环境必须限制在适宜的低温环境下。根据这一特殊性，结合笔者在相关行业的设计研究经验，本文把冷链物流定义为：冷链物流是指采用一定的技术手段，使生鲜食品在采收、加工、包装、储存、运输及销售的整个过程中，不间断地处于一定的适宜条件下，最大程度地保持生鲜食品质量的一整套综合设施和管理手段，这种由完全低温环境下的各种物流环节组成的物流体系称为冷链物流。冷链物流把易腐、生鲜食品的生产、运输、销售、经济和技术等各种问题集中起来考虑，协调相互间的关系，以确保易腐食品在加工、运输和销售过程中的质量和安全，是具有高科技含量的一项低温系统工程。

冷链物流由冷冻储藏、冷藏运输及配送两个方面构成，其模型见图 5.1。

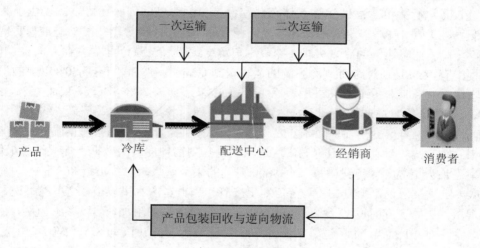

图 5.1　冷链物流模型

（1）冷冻储藏：包括食品的冷却储藏和冻结储藏，以及水果蔬菜等食品的气调储藏。它是保证食品在储藏和加工过程中的低温环境。此环节主要涉及各类冷藏库、加工间、冷藏柜、冷冻柜及家用冰箱等。

（2）冷藏运输：包括食品的中、长途运输及短途配送等。主要涉及铁路冷藏车、冷藏汽车、冷藏船、冷藏集装箱等低温运输工具。在冷藏运输过程中，温度波动是引起食品品质下降的主要原因之一，所以运输工具应具有良好的性能，远途运输尤其重要。

随着大中城市各类连锁超市的快速发展，各类连锁超市正在成为冷链食品的主要销售渠道，在这些零售终端，大量使用了冷藏、冷冻陈列柜和储藏库，它们成为完整的食品冷链中不可或缺的重要环节。

5.1.2　冷链物流的重要性

冷链物流体系作为农业和食品物流体系中的一种高档次的物流系统，是一个跨行业、多部门有机结合的特殊物流系统。对冷链物流体系的完善，冷链运行效率的提高，政府监管体系的完备，消费者饮食观念的更新、功能化的趋势的变革都有非常重要的意义。

（1）冷链物流是食品安全的重要保障

我国是一个食品生产和消费大国，大众消费的食品安全和卫生一直都是值得特别关注的问题。尽管改革开放以来，我国政府高度重视并采取一系列措施加强食品流通安全工作，但从总体来看，中国食品质量安全形势依然严峻，尤其是在流通环节存在严重问题，在食品供应链的各个环节上问题频频发生，令人堪忧。据统计，我国每年食物中毒报告案例数约为2~4万人，专家估计这个数字尚不到实际发生数的 1/10。食品中肉类、熟肉制品、豆制品、乳制品中蛋白质含量高，容易受微生物侵染而变质，这些食品是造成食物中毒最常见的食品。要保障食品安全，就必须发展生鲜食品冷冻、冷藏供应链，将易腐、生鲜食品从产地收购、加工、贮藏、运输、销售，直到消费的各个环节都处于适当的低温环境之中，以保证食品的质量，减少食品的损耗，防止食品的变质和污染，以实现食品质量安全的有效控制目标。

（2）冷链物流是生鲜食品行业发展的基础运用

冷链设备进行生鲜食品的运输、储存，在保持商品鲜度的同时还可以减少由于商品鲜度下降、变色、变质、腐烂等带来的损耗，降低经营成本。在欧美等国，很早就重视实现冷藏链的问题，普及了低温运输的冷藏火车、冷藏汽车及冷藏船等设施。同样，在日本，生鲜食品在流通过程中有 98%是通过带有制冷系统的运输设施完成的。然而，我国 80%以上的生鲜食品是采取常温保存、加工和流通。据统计，常温流通中果蔬损失 20%~30%、粮油 15%、蛋 15%、肉干 3%，加上生鲜食品的等级间隔、运输及加工损耗，每年造成的经济损失约上千亿元。以果蔬为例，由于保鲜产业落后，储藏方式和消费方式原始，大部分都采取常温的流通方式，其结果是果蔬的损失率约为 20%~30%，这还仅仅只是到销售部门的数据，如果计算最终消费，其损耗率恐怕会更高。导致我国每年有 8000 万吨的果蔬腐烂，总价值近 800 亿元，高居世界榜首。从一定意义上说，我们在辛辛苦苦地生产着相当数量的水果垃圾，这不能不说是生产力的极大浪费。从另一方面说，保鲜储藏能显著提高生鲜食品的附加值。以冬枣为例，秋天采收季节每公斤不足 10 元钱，而经过气调保鲜库冷藏至元旦、春节时，可卖到每公斤 50 元。其实，农产品的最大投资不在采收时，而是在采后的加工处理。在美国，农业总投入只有三成用在采摘前，七成都在产后；相应地，农产品加工后总产值和采摘时自然产值比是 3.7:1。

（3）冷链物流可以丰富食品品种、提高食品的品质

冷链物流可以提高食品的品质。以冷鲜肉为例，它被公认为是最好的生鲜肉。在制作过程中，要求在畜体屠宰后的 24 小时内将宰体温度降至 0℃~4℃，然后在此温度下进行分割、剔骨、包装，并在贮藏、运输直至到达最终消费者的冷藏箱或厨房的过程中温度要始终保持在 0℃~4℃的范围内。这种肉在嫩度、口感、风味、营养、多汁性和安全性等方面都优于无任何冷却条件下加工的热鲜肉。

我国的冷冻冷藏食品是从传统的汤圆、水饺、包子等为标志的速冻点心发展起来的。近年来，冠生园冷冻食品公司推出了菜肴式的冷冻食品，这是我国冷冻食品行业与国际接轨的一次初探。以菜肴为主要内容的新型冷冻冷藏食品，更加注重运用厨艺，融入"色、香、味、型"四大要素，从而把中华传统美食延伸到冷冻冷藏食品。以菜肴类为标志的冷冻冷藏食品的崛起，说明冷冻冷藏食品市场已进入一个新的发展阶段，丰富了食品品种，提高了食品品质。

5.1.3　智能冷链物流

智能冷链物流是将物联网技术应用于冷链物流的原材料采购、产品储存、运输、销售等各个环节，能够对整个过程实施智能化监控，代表了未来冷链物流发展的方向。在冷链物流中运用物联网技术，能够以较低的成本控制从生产到销售以及到用户的全部信息，在销售端也能够很迅速地把销售的情况反馈给生产厂家。生产厂家获得了信息后，能够根据市场的具体变化来安排生产，在减少库存的同时也减少了企业生产风险。同时通过无线技术、全球定位系统、数字地理信息技术以及物联网技术的结合，为冷链物流提供全生命周期管理服务。智能冷链也可为冷链物流的货品提供生命周期管理服务，充分运用温度传感、高清视频、温度标签、无线传输等手段，监测货品的温度、湿度等数据，也可监控物品在流通环节因为温度失控而发生变质现象，从而能够保障货品质量，减少货品损耗，使冷链物流具有"智慧"。

5.1.4　国内外发展状况

现阶段，我国的冷链物流绝大部分由食品公司自行在工厂内部设立冷冻库，再直接用冷冻车运送至各零售场所或经销商，由他们自行理货或配送，冷链物流系统仍处于"仓储"及"运输"阶段。这与我国冷冻食品和冷链物流的蓬勃发展是不相适应的。我国在冷链物流的研究上起步较晚，目前冷链物流研究还不够深入。近几年，我国在大力建设物联网的同时，在巨大的消费需求的冲击下，激发并且带动了冷链物流的发展。目前我国冷链运输面临的棘手问题是，车载移动终端在运输过程中造成温度失控，使"冷链运输"不"冷链"而形成"冷端节点"，部分食品虽然在储存环节采用了低温储藏，食品质量暂时得以保障，但在运输销售等环节出现"断链"现象，整个冷链过程占物流流通环节比重过低。目前多数物流公司采用温湿度记录仪放在车载移动终端内获取温湿度信息，在下一次物品交接时一次性读取数据，这样公司管理人员和客户就无法动态检测到车载移动终端内部货物的过程状态，影响了货物运输在途质量、实时性和准确性。

中国各大高校在物联网浪潮的推动下，也在冷链物流行业研究中崭露头角，采用现代化物联网技术，建设我国冷链物流运输过程的监测系统和预警机制刻不容缓，对于满足现代化人们对食品的需求和安全要求有重要意义。另外，RFID 技术还可以扩展在全程冷链物流体系中。联盟或者企业成员可以通过管理中心控制口令获取相关货物的参数数据，实现对冷链温湿度的全程、实时监控和预警；同时也可以向消费者提供便捷的查询手段，向社会广泛公布产品的安全信息，使整个冷链物流过程透明化。

很多发达国家的冷链物流自 20 世纪 60 年代兴起，通过半个世纪的发展历程，迄今为止已经形成了以电子信息技术为核心，同时以冷藏技术、运输及配送技术、库存控制等专业物流技术为支撑的完整现代化冷链物流体系。

发达国家在冷链物流中广泛采用先进的信息技术，对生鲜食品的生产、储藏、运输、销售实施全过程控制，如美国、日本的计算机联网管理系统和欧洲的电子数据交换系统，都在冷链物流中发挥了很好的作用。我国也应积极建立有统一标准数据的计算机管理信息系统和电子交换系统，为冷链有关方面提供准确的市场动态和信息沟通，通过计算机系统可及时了解生鲜食品的生产、加工、储藏信息；掌握供应链中冷冻冷藏产品的数量及位置，进行及时地提货和补货，从而提高冷链物流的作业效率与管理水平。同时也对各种冷藏车的运输进行全面的动态监控，为食品安全审查提供可溯源性信息支持，对于问题食品可以追查到底。

其中，美国、日本、德国等发达国家处于世界发展的先锋。日本是最早开始发展物流行业的国家，早在 1964 年日本就开始对物流产业进行调控，到 1969 年初步形成了日本全国范围内物流系统的宏观规划。再从 1965 年至今已经建成了 20 多个大规模以城市为主的物流工业园区，由此作为切入点，政府通过建立、完善物流设施，提高物流效率，推动了物流运输的发展，用低廉的成本、高效的运送、优质的服务，使日本冷链物流企业竞争力大大加强。目前为止，日本已建成了完整的冷链物流体系，降低了食品损耗，增加了企业经济利益。美国 RFID 技术、GPRS 技术、GPS 技术的集成测试、应用研究都处于世界领先地位。2005 年 5 月，美国凤凰城 Sky Harbor 国际机场采用 TransCore 公司为其研发的基于 RFID、GPS 技术的第一例冷链运输车辆跟踪系统，这个系统是将 RFID 技术和 GPS 定位系统相结合使用的成功实例之一。2007 年，英国第三方物流运营者 Unipart Logistics 颁布了一项结合 RFID 技术、GPS 技术、GSM/GPRS 三种技术的物流服务，通过放入系统追踪器，可以通过管理中心追踪公司旗下的所属货车车队，被称为 Unipart Insight 技术物流，整个系统就是在车载终端装配一个 RFID 采集系统，一台 GPS 信号接收机，GSM/GPRS 通讯设备。通过此系统可以查询货物是否出货、运货过程中货物是否丢失，当发生货物丢失或者送错货物时能够快速追踪到商品的下落。荷兰 SecurCash 公司采用 RFID 技术自动完成 ATM 装钞，自 2005 年来，SecurCash 一直在荷兰市场为银行和很多零售公司从事贵重物品的运输。现在该公司在自动识别领域已经和国际公司 CaptureTech 合作共同开发、测试 RFID 系统，使用 RFID 技术追踪自动取款机的钞箱，该系统命名为 PoolTrace，可以确保 SecurCash 的银行客户端接收到可靠、详细的运钞记录，不需要专门的工作人员在每一台 ATM 机上进行点钞核算，该服务被称为"非人工自动现金运钞"。

5.2 智能冷链物流系统架构及相关技术

5.2.1 系统总体设计

智能冷链物流由一系列复杂、精密的活动组成，要计划、组织、控制和协调这些活动，需要信息技术的支持。智能冷链物流信息系统涉及到供应商、中转仓库、冷链运输以及最终消费者，也就是整个冷链物流的全过程。

智能冷链物流必须完成下面几个任务：一是冷藏物品的流动；二是物品冷链信息的流动；三是企业资金的流动。要达到冷藏物品准确、快速、安全的流通以满足冷链物流需求，与冷藏物品冷链信息的流动息息相关，仓储企业、冷链运输企业以及销售的资金流动也与冷链信息流动有很大关系。在智能冷链物流中信息流动占有非常重要的位置，智能冷链物流信息是整个冷链系统的核心部分，通过冷链信息在冷链物流活动中准确、快速、实时的流动，可以使冷链相关各部门对物流过程做出及时迅速的反应，达到冷藏物品流动、冷链信息流动与资金流动的良性循环。

与其他普通物品物流运输不同，生鲜食品的冷链运输应当保证食品品质，不至于在途由于高温腐坏，这就要求有能够提供低温环境的链路系统作为保障，因此对链路系统提出了更高的要求。而冷链运输车辆在途信息的获知也是链路系统的一个重要组成部分，这就需要数据采集和无线传输技术作为支持，利用先进的信息技术，实时共享冷链物流信息。结合无线传感网络技术、全球定位技术以及地理信息技术的系统，实现了对冷藏运输过程的动态监管。无线传感网络技术用于采集车厢内的温度信息，全球定位系统用于实时采集车辆位置、路线及速度信息等，利用 GPRS 模块与后台终端实现数据通信。冷藏运输监控系统中集成的无线传感网络、GPS 和 GIS 使得全程跟踪车辆位置，实时监控车厢温度信息成为了可能，所有关键数据被采集、传输并且保存了下来，实现冷链资源的有效整合。

冷链物流运输系统的业务流程设计如图 5.2 所示。

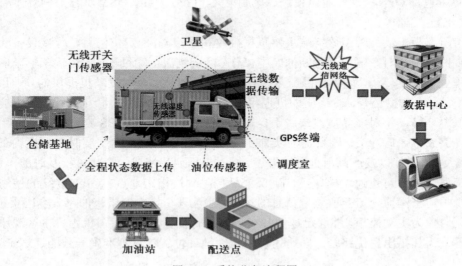

图 5.2   系统业务流程图

通过车辆上安装的硬件设备，经通信系统将车辆在加油站、仓储基地和配送点之间的途中状态实时上传到集团数据中心，用户通过客户端远程监控软件即可完成对车辆的监控调度。

本系统由硬件系统、通信系统以及软件系统三个相互关联的部分组成，硬件系统是本系统的基础，通信系统是连接硬件系统和软件系统的纽带，软件系统是整个远程监控系统的核心，其系统组成结构如图 5.3 所示。

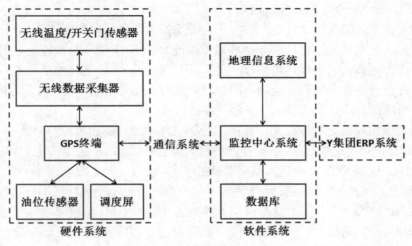

图 5.3   系统架构图

5.2.2 感知系统设计

硬件系统是整个远程监控系统的信息来源。硬件系统主要包括 GPS（Global Position System）终端、无线传感器、油位传感器、RFID 自动识别系统、人机交互调度屏以及配套的天线和连接线束。

1. GPS 终端

GPS 终端包括 GPS 模块、通讯模块、控制单元、GPS 天线、GSM 天线、SIM 卡、报警按钮、远程控制继电器等。

图 5.4 所示为车辆终端，该终端主要负责接收和回传 GPS 定位信息、外接设备的信息传输以及实现监控中心对车辆的远程断油断电操作。冷链物流运输过程中，运输车辆车厢内的产品必须全程处于低温环境，确保产品质量。但是低温环境是由车辆发动机提供的，一旦运输途中车辆出现故障，如抛锚等，冷冻压缩机也将由于发动机的熄火而停止工作，如果不能在短时间内恢复低温环境，将对产品质量造成不良影响。而冷链物流中 GPS 定位技术的应用很好地缓解了这一突发性矛盾冲突。该系统可以通过网络实现车辆信息共享，实时掌握运输车辆的位置、线路和人员信息，以及产品所处环境温度，同时根据现场情况的变化进行及时的车辆调度，一旦发生突发事故，可迅速做出决策，确保产品按时到达指定地点。GPS 终端的使用，一方面可以减少与司机沟通交流获取位置信息的环节，避免开车接电话带来的不安全因素；另一方面可变被动监控为主动监控，能够迅速获知车辆的实时位置，甚至在司机由于主客观原因走错路的情况下，为其指出最优路径，防止司机因反馈地理位置信息不准确导致的运送延误现象。

图 5.4　车辆终端

GPS 主要采用 GPS 位置定位技术，包含 GPS 地理位置定位系统和北斗卫星导航系统（BeiDou Navigation Satellite System，BDS）。

地理位置定位系统是美国 20 世纪 70 年代初开始投入研制，直到 1994 年才全面初步建成，能够实现海、陆、空立体三维空间的导航和定位功能。GPS 定位基本原理是根据高速运行的卫星瞬间位置作为已知起始坐标，用 GPS 卫星与用户接收机天线之间的距离差为观测点，采用空间距离后方交会的方法来确定待测点的位置。因为大气的摩擦作用，随着时间推移，GPS 卫星精度会逐渐降低，所以需要长期维护和更替。

GPS 定位系统由 3 部分构成：地面监控部分、空间部分、用户接收部分。

地面监控部分：由 1 个主控站、3 个注入站及 5 个监测站组成。主控站设在美国科罗拉多的联合空间执行中心（CSOC）；3 个注入站分别设在印度洋的狄哥、大西洋的阿森松、太平洋的卡瓦加兰 3 个美国空军基地；5 个监测站有 1 个单独设在夏威夷外，其他 4 个设在主控站和注入站。

空间部分：由 21 颗工作卫星和 3 颗备用卫星构成，24 颗卫星均匀分布在 6 个相对赤道倾斜角是 55 度近似圆形空间轨道上，每个轨道上有 4 颗卫星运行，卫星距离地面平均高度是 20200km，GPS 卫星能够均匀覆盖整个地球，在地球上任何位置至少能看到 4 颗 GPS 卫星。

用户接收部分：基本设备是 GPS 信号接收机，主要用来接收、跟踪、变换和测量 GPS 卫星所发出的信号实现导航和定位的目的。GPS 用户比较隐蔽，只接收不发射信号，用户数量也不受限制。

中国北斗卫星导航系统（BeiDou Navigation Satellite System，BDS）是中国自行研制的全球卫星导航系统。是继美国全球定位系统（GPS）、俄罗斯格洛纳斯卫星导航系统（GLONASS）之后第三个成熟的卫星导航系统。北斗卫星导航系统（BDS）和美国GPS、俄罗斯GLONASS、欧盟GALILEO，是联合国卫星导航委员会已认定的供应商。

北斗卫星导航系统由空间段、地面段和用户段三部分组成，可在全球范围内全天候、全天时为各类用户提供高精度、高可靠的定位、导航、授时服务，并具有短报文通信能力，已经初步具备区域导航、定位和授时能力，定位精度10 米，测速精度 0.2 米/秒，授时精度 10 纳秒。

2012 年 12 月 27 日，北斗系统空间信号接口控制文件正式版 1.0 正式公布，北斗导航业务正式对亚太地区提供无源定位、导航、授时服务。

2013 年 12 月 27 日，北斗卫星导航系统正式提供区域服务一周年新闻发布会在国务院新闻办公室新闻发布厅召开，正式发布了《北斗系统公开服务性能规范（1.0 版）》和《北斗系统空间信号接口控制文件（2.0 版）》两个系统文件。

2014 年 11 月 23 日，国际海事组织海上安全委员会审议通过了对北斗卫星导航系统认可的航行安全通函，这标志着北斗卫星导航系统正式成为全球无线电导航系统的组成部分，取得面向海事应用的国际合法地位。

在冷链物流中，利用位置定位接收机来获取货物在途的动态地理位置，传输给远程监测中心，若运载车辆发生故障，监测中心能实时知晓运载车辆的具体地理位置，并派遣就近的相关处理人员进行相应的维修及处理，及时降低运输货物的损坏风险。

2. 无线传感器

无线传感器由中央处理器、传感器、网络接口等组成，负责采集现场的环境参数，并将各参数与设定值比较，若超出规定范围，则会利用报警器报警，并将数据通过订制协议有线传送到 GPS 终端。本系统中无线传感器应用于主要对车厢内温度和车厢开关门的监控。无线传感器分为无线数据采集器（接收端）、无线开关门传感器（发射端）、无线温度传感器（发射端）。无线传感器配合 GPS 终端使用，通过与 GPS 的数据结合上传，实时监控车辆温度、开关门等参数，一旦发生温度超过预设阈值可及时上传温度报警提醒。无线传感器较有线传感器的优势在于，无须在车体上打孔穿线有线连接驾驶室的 GPS 终端，只需将传感器固定在车内就可以了，设计人性化，安装和维护相对简单，故障率低，一定程序上也保证了车厢的密封性。主要采用温湿度传感器技术、门传感器技术、传感器组网技术。温湿度无线传感器如图 5.5 所示。

图 5.5　温湿度无线传感器

其中，温湿度传感器是指能将温度量和湿度量转换成容易被测量处理的电信号的设备或装置。市场上的温湿度传感器一般是测量温度量和相对湿度量。

温度：度量物体冷热的物理量，可有不同的测量精度。

相对湿度：在计量法中规定，湿度定义为"物象状态的量"。日常生活中所指的湿度为相对湿度，用 RH%表示。总之，即气体中（通常为空气中）所含水蒸气的量（水蒸气压）与其空气相同情况下饱和水蒸气量（饱和水蒸气压）的百分比。

露点：指含有一定量水蒸气（绝对湿度）的空气，当温度下降到一定程度时所含的水蒸气就会达到饱和状态（饱和湿度）并开始液化成水，这种现象叫做凝露。在有特殊低温要求的环境中，防凝露是传感器的一个重要选择指标。

门传感器有线或无线传感器网络技术，按照工业标准应用的无线数据通信设备，包括无线门开关传感器 A 和无线门开关传感器 B，每间隔一定时间采集一次开关信号，当 A 和 B 相距一定范围内时，为关闭信号，当二者超出此范围时，为打开信号。开关门传感器 A 可以将检测到的开关门信号数据转换成电信号，并经发射模块通过有线或无线方式发送出去。

传感器组网是指根据现有传感器资源的特点，合理地对不同传感器节点进行联网从而形成一个有机的整体。传感器组网是为了充分地整合各个传感器采集的信息资源，增强系统的可靠性和协同能力。而通信网络是实现各种信息正常传输的必要基础。一般来说，传感器组网对通信网络有三点要求：第一，通信网络的各通信节点在功能和物理上是独立的；第二，各通信节点通信接口是通用的；第三，通信带宽能满足数据传输的需求。在满足以上条件的支持下，通信网络虽然由不同的通信系统组成，但可以满足各种层次数据的传输要求，然后便可以在不同的节点共享信息数据。

从多传感器系统的信息流综合层次上分，传感器组网的结构模型主要有：多级式、分布式、集中式和混合式。传感器在信息融合系统中的角色是信息源，也是信息融合系统的控制对象，信息融合是各传感器间相互连接的桥梁。传感器网络收集感知现场的各种传感节点采集的信息数据，并传送给特定的系统，应用于冷链物流运输过程中的无线传感网络技术，即通过分布在冷链运输车辆车厢内不同位置的多个温度传感器以及位于车门处的开关门感应器，将采集到的车厢内实时温度和开关门信息转换成电信号经传感器的无线发射模块，通过微波天线将其无线发送到位于车头驾驶舱的无线电接收模块中，无线电接收模块通过微波天线接收来自发射模块的信号，无线电接收模块通过有线数据接口将信息传送给驾驶舱的 GPS 终端，GPS 终端最终通过报文形式上传，监控中心可得到车厢内多个位置的传感信息。

3. 油位传感器

目前油量检测的方式有两种，一种是不加装油位传感器只接油箱电压线，在这种情况下 GPS 企业都是将 GPS 终端上油量检测线接油箱电压线，根据油箱电压值的变化判断油量的增多还是减少，若油箱电压的变化超出预定的算法合理范围则认为有加油或异常耗油事件发生。第二种是加装油位传感器，在这种情况下 GPS 企业都是在车辆的油箱上打孔，安装自己的油位传感器。

目前常见的油位传感器包括传感器管、浮子、固定支架，传感器管线路板。这种油位传感器是利用磁场控制舌簧管内触点通断的原理，将被测量变化转换成输出信号，从而线性测出油位高度的传感器。油位传感器通过 RS-232/485 接口和 GPS 终端通信，具有测量精度高、耐腐蚀、安全性好等突出优点，可应用于油位、水位告警及给、排液自动控制等领域，特别适合在燃油中使用（不受油类、油量影响），如图 5.6 所示。

图 5.6　油位传感器

　　以上两种方式，都有一定的误差，可以通过软件算法将误差控制在一定范围。第一种方案无需加装设备，安装成本低，多用于定性油量检测，可用于加油和异常耗油的定性判断，无法定量检测加油或异常耗油量。第二种方案需要加装油位传感器，需将油箱抽干后在油箱上打孔，存在安全隐患，安装成本高，但可实现定量检测。用户可根据自己的实际需求进行选配安装。

　　4．RFID 自动识别技术

　　RFID 温度标签直接放置在冷车车厢内（如图 5.7 所示），对运输物品进行温度监控。读写器被放置在驾驶室，将 RF 天线引入冷厢内，温度标签直接放入冷厢内，寻找合适的位置固定。通过读写器，将冷车内的温度变化实时传输给温控中心。控制中心负责与智能车载终端的信息进行交换，各种短信息的分类、记录和转发，与其他相关职能部门的网络互连，以及这些部门之间业务信息的流动；同时对整个网络状况进行监控管理。适合用于血液、疫苗、生鲜食品、雪糕、冻肉等物品的配送。

图 5.7　RFID 温度标签

　　RFID 是 Radio Frequency Identification 的缩写，它是一种非接触自动识别技术，RFID 射频通信技术是利用空间交变磁场，实现目标物体信息的传递来达到识别和测量目标物体的通信技术，与传统方式相比，RFID 技术无需直接接触、无需人工干预、无需光学可视就可以完成信息的读取和处理，在一定程度上提高了工作效率，节约了人力资源，而且广泛应用在生产、交通、物流、医疗、防伪、跟踪等领域。RFID 系统具有快速自动扫描、体积小、信息容量大、可重复使用、保密性好等优势。一个典型的 RFID 系统由电子标签、读写器以及计算机系统等部分组成，电子标签是系统的信息载体，读写器是信息读写控制和处理中心，电子标签和读写器之间一般采用半双工通信方式进行信息交换，RFID 识别技术对多个目标物体和高速运动物体都能识别，操作简单方便。RFID 技术的发展状况如表 5.1 所示。

表 5.1　RFID 技术的发展历史介绍

时间	发展状况
1941－1950 年	雷达的改进和应用催生了 RFID 技术，1948 年奠定了 RFID 技术的理论基础
1951－1960 年	早期 RFID 技术的研究，实验室进行试验
1961－1970 年	RFID 技术理论发展，开始在应用上进行尝试
1971－1980 年	产品研发得到快速发展，出现最早的一次 RFID 应用
1981－1990 年	RFID 技术在商业领域应用，各种规模开始出现
1991－2000 年	开始了 RFID 产品标准化研究，产品得到广泛应用，逐渐成为人们生活中的一部分
2001 至今	标准化问题被人们提出，产品类型丰富，有源、无源、半有源标签均得到发展和应用，成本降低、规模变大

RFID 系统工作原理：电子标签进入读写器的磁场范围内，接收读写器发出的射频信号，无源标签在获得一定能量后驱动射频发射模块将自身的标签信息发送给读写器；有源标签则主动以某一个频率向读写器发射标签自身信息。读写器对接收到的标签信息进行错误检测，确认无误后，将信息传至上位机进行处理。电子标签有唯一的电子序列号，能够在系统中被唯一识别。目前 RFID 系统已广泛用于电子收费站（ETC）、车辆自动识别系统（AVI）、门禁识别（GAI）、物流运输系统（AEI）、商品防伪识别（EICP）等系统。在冷链物流监测系统中，RFID 标签不仅能识别运输货物，而且还能动态监测运输货物的温湿度参数，在车箱内可以布置多个采集节点，每个采集节点与读写器进行通信，读写器把各个节点处的货物信息进行分析和处理，再传输给中央处理器远程传输到监测中心进行监测，RFID 标签在运输车内能够进行实时动态采集，标签使用寿命较长，可以重复使用，使用环境比较恶劣也不影响采集的参数，降低了冷链运输系统的成本，解决了运输货物在途参数的动态采集和货物信息识别的问题。

5.　人机交互调度屏

调度屏可选配基于 Windows CE 或 Android 操作系统的调度屏，在安装导航软件的同时，可利用其操作系统平台进行业务系统软件的二次开发。此调度屏与 GPS 终端可通过串口有线连接，司机通过调度屏发送、接收业务信息（通过 GPS 终端的通讯模块），实现司机与调度员的实时交互，也可与企业后台业务系统进行数据对接，扩展更多的业务功能。调度员可向调度屏发送文本信息，进行调度管理。调度内容可为任务信息、超速报警、气象信息等。调度屏支持的语音播报功能有助于运输人员在途接收信息，避免了运输过程查看文本信息带来的潜在隐患。车辆调度屏如图 5.8 所示。

图 5.8　车辆调度屏

5.2.3 通信传输系统设计

通信系统是硬件系统与软件系统联系的桥梁，通过通信系统 GPS 终端和监控中心系统进行数据的交互。通信系统包括通信协议和通信方式两大部分。通信协议即通信双方实现通信所需要遵循的规约，软件功能的实现需要在确定通信协议的基础上进行开发。协议中将明确约定数据类型、连接方式、时序安排以及报文格式，确保网络数据的准确传输。可供选择的通信方式有：GSM 短信、GPRS、CDMA 和 3G、4G。

1. GSM 短信

GSM 短信是以短消息的方式与监控中心系统进行通讯，一般有 10 秒左右的延时，只有进行通信才发生费用，按联通或移动的短信资费标准。GPRS、CDMA 和 3G、4G 都以互联网为载体，以网络数据包的形式与监控中心系统进行通讯，这种通信方式延时时间很短，一般都在 1 秒以内，但由于网络连接有数据流，所以时刻都会产生通信费用。这种通信方式按流量进行计费。

2. GPRS

GPRS（General Packet Radio Service，通用分组无线服务）移动通信网络作为 GSM 数据通信的一种方式，采用分组交换技术，让多个终端共享链路信息，数据传输速率高达 115Kbps，确保信息传输的及时可靠。同时移动网络的高覆盖率可以确保监控中心系统随时与车辆的通信，且受电磁干扰影响较低，确保通信链路的畅通。

3. 3G

3G 是第三代移动通信技术，是指支持高速数据传输的蜂窝移动通信技术。3G 服务能够同时传送声音及数据信息，速率一般在几百 kbps 以上。3G 是指将无线通信与国际互联网等多媒体通信结合的新一代移动通信系统，目前 3G 存在 3 种标准：CDMA2000、W-CDMA、TD-SCDMA。

3G 下行速度峰值理论可达 3.6Mbit/s（一说 2.8Mbit/s），上行速度峰值也可达 384Kbit/s。不可能像网上说的每秒 2G，当然，下载一部电影也不可能瞬间完成。

国际电信联盟（ITU）在 2000 年 5 月确定 W-CDMA、CDMA2000、TD-SCDMA 三大主流无线接口标准，写入 3G 技术指导性文件《2000 年国际移动通讯计划》（简称 IMT-2000）；2007年，WiMAX 亦被接受为 3G 标准之一。国际电联确定三个无线接口标准，分别是美国CDMA2000、欧洲 W-CDMA、中国 TD-SCDMA。中国国内支持国际电联确定的三个无线接口标准，分别是中国电信的 CDMA2000、中国联通的 W-CDMA、中国移动的 TD-SCDMA，GSM设备采用的是时分多址，而 CDMA 使用码分扩频技术，先进功率和话音激活至少可提供大于3 倍 GSM 的网络容量，业界将 CDMA 技术作为 3G 的主流技术。原中国联通的 CDMA 卖给中国电信，中国电信已经将 CDMA 升级到 3G 网络，3G 主要特征是可提供移动宽带多媒体业务。

CDMA 是 Code Division Multiple Access（码分多址）的缩写，是第三代移动通信系统的技术基础。第一代移动通信系统采用频分多址（FDMA）的模拟调制方式，这种系统的主要缺点是频谱利用率低，信令干扰话音业务。第二代移动通信系统主要采用时分多址（TDMA）的数字调制方式，提高了系统容量，并采用独立信道传送信令，使系统性能大大改善，但 TDMA的系统容量仍然有限，越区切换性能仍不完善。CDMA 系统以其频率规划简单、系统容量大、频率复用系数高、抗多径能力强、通信质量好、软容量、软切换等特点显示出巨大的发展潜力。

下面分别介绍 3G 的几种标准：

（1）W-CDMA

W-CDMA，全称为 Wideband CDMA，也称为 CDMA Direct Spread，意为宽频分码多重存取，这是基于 GSM 网发展出来的 3G 技术规范，是欧洲提出的宽带 CDMA 技术，它与日本提出的宽带 CDMA 技术基本相同，目前正在进一步融合。W-CDMA 的支持者主要是以 GSM 系统为主的欧洲厂商，日本公司也或多或少参与其中，包括欧美的爱立信、阿尔卡特、诺基亚、朗讯、北电，以及日本的 NTT、富士通、夏普等厂商。该标准提出了 GSM（2G）－GPRS－EDGE－W-CDMA（3G）的演进策略。这套系统能够架设在现有的 GSM 网络上，对于系统提供商而言可以较轻易地过渡。预计在 GSM 系统相当普及的亚洲，对这套新技术的接受度会相当高。因此 W-CDMA 具有先天的市场优势。W-CDMA 已是当前世界上采用的国家及地区最广泛的、终端种类最丰富的一种 3G 标准，占据全球 80% 以上的市场份额。

（2）CDMA2000

CDMA2000 是由窄带 CDMA（CDMA IS95）技术发展而来的宽带 CDMA 技术，也称为 CDMA Multi-Carrier，它是由美国高通北美公司为主导提出，摩托罗拉、Lucent 和后来加入的韩国三星都有参与，韩国成为该标准的主导者。这套系统是从窄频 CDMAOne 数字标准衍生出来的，可以从原有的 CDMAOne 结构直接升级到 3G，建设成本低廉。但使用 CDMA 的地区只有日、韩和北美，所以 CDMA2000 的支持者不如 W-CDMA 多。不过 CDMA2000 的研发技术却是目前各标准中进度最快的。该标准提出了从 CDMAIS95（2G）－CDMA20001x－CDMA20003x（3G）的演进策略。CDMA20001x 被称为 2.5 代移动通信技术。CDMA20003x 与 CDMA20001x 的主要区别在于应用了多路载波技术，通过采用三载波使带宽提高。中国电信正在采用这一方案向 3G 过渡，并已建成了 CDMA IS95 网络。

（3）TD-SCDMA

TD-SCDMA 全称为 Time Division-Synchronous CDMA（时分同步 CDMA），该标准是由中国大陆独自制定的 3G 标准，1999 年 6 月 29 日，中国原邮电部电信科学技术研究院（大唐电信）向 ITU 提出，但技术发明始于西门子公司，TD-SCDMA 具有辐射低的特点，被誉为绿色 3G。该标准将智能无线、同步 CDMA 和软件无线电等当今国际领先技术融于其中，在频谱利用率、对业务支持具有灵活性、频率灵活性及成本等方面具有独特优势。另外，由于中国内地庞大的市场，该标准受到各大主要电信设备厂商的重视，全球一半以上的设备厂商都宣布可以支持 TD-SCDMA 标准。该标准提出不经过 2.5 代的中间环节，直接向 3G 过渡，非常适用于 GSM 系统向 3G 升级。军用通信网也是 TD-SCDMA 的核心任务。相对于另外两个主要 3G 标准 CDMA2000 和 W-CDMA，它的起步较晚，技术不够成熟。

4．4G

第四代移动电话行动通信标准，指的是第四代移动通信技术，外语缩写：4G。该技术包括TD-LTE和FDD-LTE两种制式（严格意义上来讲，LTE 只是 3.9G，尽管被宣传为 4G 无线标准，但它其实并未被3GPP认可为国际电信联盟所描述的下一代无线通讯标准 IMT-Advanced，因此在严格意义上其还未达到 4G 的标准。只有升级版的 LTE Advanced 才满足国际电信联盟对 4G 的要求）。4G是集3G与WLAN于一体，并能够快速传输数据、高质量音频、视频和图像等。4G 能够以 100Mbps 以上的速度下载，比目前的家用宽带 ADSL（4 兆）快 25 倍，并能够满足几乎所有用户对于无线服务的要求。此外，4G 可以在DSL和有线电视调制解调器没有覆盖的地方部署，然后再扩展到整个地区。很明显，4G 有着不可比拟的优越性。主要优势如下：

（1）通信速度快

由于人们研究 4G 通信的最初目的就是提高蜂窝电话和其他移动装置无线访问 Internet 的速率，因此 4G 通信给人印象最深刻的特征莫过于它具有更快的无线通信速度。

从移动通信系统数据传输速率作比较，第一代模拟式仅提供语音服务；第二代数位式移动通信系统传输速率也只有 9.6Kbps，最高可达 32Kbps，如PHS；第三代移动通信系统数据传输速率可达到 2Mbps；而第四代移动通信系统传输速率可达到 20Mbps，甚至最高可以达到 100Mbps，这种速度相当于 2009 年最新手机的传输速度的 1 万倍左右，第三代手机传输速度的 50 倍。

（2）网络频谱宽

要想使 4G 通信达到 100Mbps 的传输，通信运营商必须在 3G 通信网络的基础上，进行大幅度的改造和研究，以便使 4G 网络在通信带宽上比 3G 网络蜂窝系统的带宽高出许多。4G 通信的 AT&T 的执行官们说，估计每个 4G 信道会占有 100MHz 的频谱，相当于W-CDMA 3G 网络的 20 倍。

（3）通信灵活

从严格意义上说，4G 手机的功能，已不能简单划归"电话机"的范畴，毕竟语音资料的传输只是 4G 移动电话的功能之一而已，因此未来 4G 手机更应该算得上是一只小型电脑了，而且 4G 手机从外观和式样上，会有更惊人的突破，人们可以想象的是，眼镜、手表、化妆盒、旅游鞋，以方便和个性为前提，任何一件能看到的物品都有可能成为 4G 终端，只是人们还不知应该怎么称呼它。

4G 通信使人们不仅可以随时随地通信，还可以双向下载传递资料、图画、影像，当然更可以和从未谋面的陌生人网上联线对打游戏。也许有被网上定位系统永远锁定无处遁形的苦恼，但是与它据此提供的地图带来的便利和安全相比，这简直可以忽略不计。

（4）智能性能高

第四代移动通信的智能性更高，不仅表现于 4G 通信终端设备的设计和操作具有智能化，例如对菜单和滚动操作的依赖程度会大大降低，更重要的，4G 手机可以实现许多难以想象的功能。

例如 4G 手机能根据环境、时间以及其他设定的因素来适时地提醒手机的主人此时该做什么事，或者不该做什么事，4G 手机可以把电影院票房资料，直接下载到 PDA 之上，这些资料能够把售票情况、座位情况显示得清清楚楚，用户可以根据这些信息来在线购买自己满意的电影票；4G 手机可以被看作是一台手提电视，用来看体育比赛之类的各种现场直播。

（5）兼容性好

要使 4G 通信尽快地被人们接受，不但要考虑它的功能强大外，还应该考虑到现有通信的基础，以便让更多的现有通信用户在投资最少的情况下就能很轻易地过渡到 4G 通信。

因此，从这个角度来看，第四代移动通信系统应当具备全球漫游，接口开放，能跟多种网络互联，终端多样化以及能从第二代平稳过渡等特点。

因此未来以 OFDM 为核心技术的第四代移动通信系统，也会结合两项技术的优点，一部分会是 CDMA 的延伸技术。

（6）高质量通信

尽管第三代移动通信系统也能实现各种多媒体通信，为此第四代移动通信系统也称为"多媒体移动通信"。

第四代移动通信不仅仅是为了应对用户数的增加，更重要的是，必须要适应多媒体的传输需求，当然还包括通信品质的要求。总结来说，首先必须可以容纳市场庞大的用户数、改善现有通信品质不良的问题，同时达到高速数据传输的要求。

（7）频率效率高

相比第三代移动通信技术来说，第四代移动通信技术在开发研制过程中使用和引入许多功能强大的突破性技术，例如一些光纤通信产品公司为了进一步提高无线因特网的主干带宽宽度，引入了交换层级技术，这种技术能同时涵盖不同类型的通信接口，也就是说第四代主要是运用路由技术（Routing）为主的网络架构。

由于利用了几项不同的技术，所以无线频率的使用比第二代和第三代系统有效得多。

按照最乐观的情况估计，这种有效性可以让更多的人使用与以前相同数量的无线频谱做更多的事情，而且做这些事情的时候速度相当快。

综合考虑网络覆盖率、数据传输速度、可靠性和通信资费，可选择中国移动的 GPRS 通信方式，目前 GPRS 流量套餐选择多、费用低，非常适合 GPS 终端数据的传输。

通信系统负责 GPS 终端与监控中心系统间的数据传输，包括车辆位置信息、状态信息、任务信息和监控中心控制指令等信息的传输。GPS 终端内置 GSM（Global System of Mobile Communication，全球移动通讯系统）模块和移动通信卡卡槽，插入手机卡开通 GPRS 服务，即可将接收到的 GPS 信息以及无线传感等信息与监控中心系统通过 GPRS 进行远程数据交互。

5.2.4 软件管理系统设计

软件系统是整个远程监控系统的核心，负责对相关数据进行交换、运算、保存、显示等处理功能，它包括监控中心系统、地理信息系统和数据库等。

（1）监控中心系统

监控中心系统由一系列后台服务器软件与前台客户端软件组成，是整个远程监控系统的"神经中枢"，集中实现监控、任务调度、接/处警以及其他信息服务，并对整个远程监控系统的软硬件进行协调、管理。

监控中心系统应具备以下功能：

数据交换功能：通过数据接收软件接收来自 GPS 终端的数据；通过数据发送软件将系统或用户的指令发送到 GPS 终端及其外接设备；通过数据接口软件与企业 ERP 系统进行数据交换。

数据处理功能：对接收到的数据按用户需求进行处理，并能对异常数据向用户提示、报警等，必要时提供相应的控制指令以改变控制对象的行为；将接收处理过的数据存入数据库。

GPS 终端通过通信系统经监控中心系统后台服务器软件将 GPS 终端上传的数据存储到数据库，监控中心系统通过数据接口软件与企业的 ERP 系统进行数据交互，获取相关业务数据，经监控中心系统后台服务器软件数据分析后将分析结果存入数据库，并产生相关数据统计及分析报表在监控中心系统前台客户端软件显示，也可将统计分析数据转发至 ERP 等系统，实现企业内的系统集成。

（2）地理信息系统

地理信息系统是整个系统的数据地理信息显示平台。地理信息系统主要完成如下的功能：

地图显示：监控中心系统以矢量或栅格地图的形式，显示人、车、物的位置；调度屏内置导航地图，可以 360 度全景显示方式或驾驶舱视角方式，为司机提供导航地图，使系统人机界面友好。

地图服务：配合地图显示提供信息搜索和查询服务；配合监控中心系统实现轨迹回放、区域设置、地物搜索等地图服务功能；为司机提供路线规划、自动导航功能。

（3）数据库

数据库系统主要用来实现整个远程监控系统数据的保存功能。依照系统复杂程度、数据量大小的不同，可采用不同的数据库系统。对于数据量较小，数据间结构相对简单的系统可考虑采用微软公司的 SQL Server 数据库，而对数据量庞大，数据间结构复杂的系统则可考虑选用甲骨文公司的 Oracle 数据库。

5.2.5 软件系统功能设计

在冷链物流运输远程监控系统中，主要的问题是要快速准确地获知在途车辆的位置信息便于车辆的调度，实时得到在途冷链食品的温度而进行高温预警、辅助实时报警及油耗监控等规范司机的行为，因此冷链物流运输远程监控系统需要结合全球定位、无线传感网络、地理信息技术和现代计算机与通信技术，实现人、车、物的紧密联系，统一配合，从而提高冷链物流的运输效率，降低运营成本，提高管理水平。冷链物流运输远程监控系统的功能主要可分为六大模块，如图 5.9 所示。

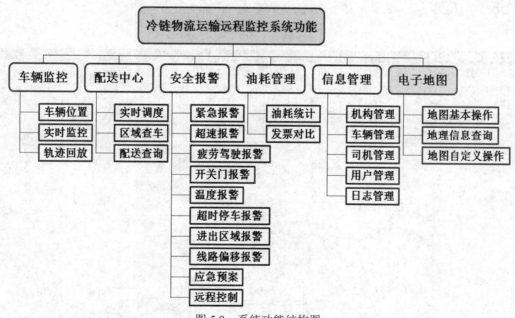

图 5.9　系统功能结构图

1. 车辆监控

（1）车辆位置

在冷链物流运输远程监控系统中，车辆位置信息作为一个重要参数应当可以随时获取。监控中心系统可以通过 GPS 技术能够实时上传车辆的位置信息，实现对车辆的实时跟踪，可以查看车辆当前的位置信息，可以看到的信息包括车牌号、司机信息、当前时间、当前速度、所在位置（精确到省市区街道），并结合地理信息系统来展现定位的结果。系统应当面向客户端开放，使用户可以通过用户名、密码登录系统查询车辆位置，提高使用者的服务满意度。

（2）实时监控

可实现多窗口同时监控多辆车的运行，能准确报告车辆位置（包括地点、时间）及运行状况（包括发动机、温度、开关门、油量等），进而全面掌握货物在途信息，了解车辆到达时间，便于做出快速响应，如图 5.10、图 5.11 所示。无线温度传感器实时采集冷藏、冷冻车厢内温度，并实时上传至监控中心，方便管理人员监控车厢内不同位置的温度（离制冷机出风口距离远近不同，温度会有差异），防止因温度过高或过低造成货物损坏与变质。无线开关门传感器实时监控车厢门开关状态，在车厢门开关瞬间，无线开关门传感器与安装在车厢门上的门磁相互作用，开关量信号发生变化，及时上传至监控中心可保障货物安全。

车牌号	车号	驾驶员	所属线路	车辆位置	车辆状态	时间	方...	时...	经度	纬度	里程
贵 C-78740	29	无	无	无	空载, Acc...	2008-05-23 13:49:48	正北	0	107.8890016...	27.22028	7170121.0
贵 C-38815	28	谢远明	无	无	空载, Acc...	2008-05-23 13:51:32	正北	0	107.184135	27.961411666666667	1602580.0
贵 C-53605	59	无	无	无	空载, Acc...	2008-05-23 13:54:23	正北	0	106.82132	28.12553	3326479.0
贵 C-51881	27	无	无	无	空载, Acc...	2008-05-23 13:56:07	正北	0	106.8256816...	28.136538333333334	5470459.0
贵 C-60843	58	刘振耀	四組	无	空载, Acc...	2008-05-23 13:53:29	东北	0	106.9260966...	27.684666666666665	2534678.0
贵 C-09357	26	无	无	无	空载, Acc...	2008-05-23 13:47:59	东北	0	106.82906	28.125315	4094733.0
贵 C-37915	57	王斌	无	无	空载, Acc...	2008-05-23 13:46:45	正北	0	107.8776483...	28.52075	3712485.0
贵 C-36334	25	无	无	无	空载, Acc...	2008-05-23 13:56:23	西南	62	106.85134	28.391323333333332	4349370.0
贵 C-07764	56	赵焰	无	无	空载, Acc...	2008-05-23 13:54:30	正北	0	107.4362983...	28.553446666666666	2739533.0
贵 C-39942	24	无	无	无	空载, Acc...	2008-05-23 13:55:25	正北	0	106.8257483...	28.135851666666667	1984286.0
贵 C-24331	54	周祖伦	十三組	无	空载, Acc...	2008-04-27 12:39:46	西北	26	106.82843	27.54215	897944.0
贵 C-51977	22	无	无	无	空载, Acc...	2008-05-23 13:53:24	正北	0	106.820045	28.128851666666666	3621205.0
贵 C-46037	53	无	无	无	空载, Acc...	2008-04-06 05:44:00	正北	0	105.70089	28.58585	313971.0
贵 C-39750	21	李光品	无	无	空载, Acc...	2008-05-23 13:32:49	西南	36	107.344775	27.932358333333333	3134004.0
贵 C-39916	20	郑强	无	无	空载, Acc...	2008-05-23 09:33:33	东南	0	106.4129883...	27.811013333333335	652133.0
贵 C-07274	51	陈坤红	无	无	空载, Acc...	2008-04-06 14:49:53	正西	0	107.43702	28.55264	953509.0
贵 C-67479	50	王军	无	无	空载, Acc...	2008-05-23 13:54:40	正西	0	105.6965216...	28.588851666666667	429305.0
贵 C-60842	19	蒋发治	六組	无	空载, Acc...	2008-05-23 13:55:50	正东	0	106.9218166...	27.68033	4494626.0
贵 C-28662	18	无	无	无	空载, Acc...	2008-05-23 13:54:50	正北	0	105.6892483...	28.573576666666668	1248492.0
贵 C-38477	17	王世应	十五組	无	空载, Acc...	2008-05-23 13:56:06	正东	49	106.7352983...	27.610315	4619715.0

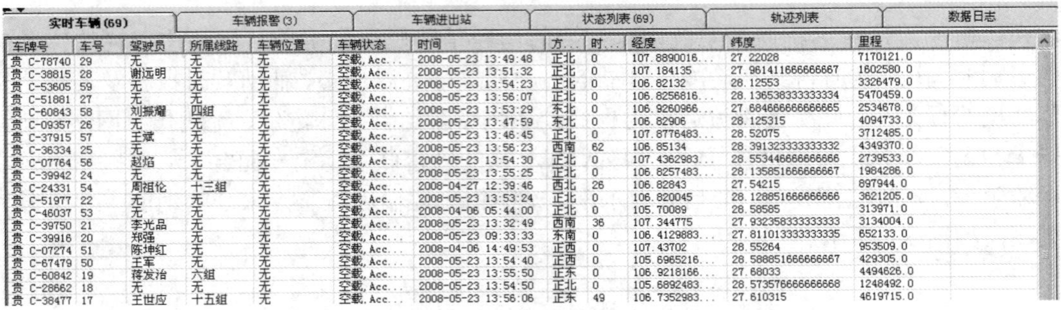

图 5.10 车辆信息列表

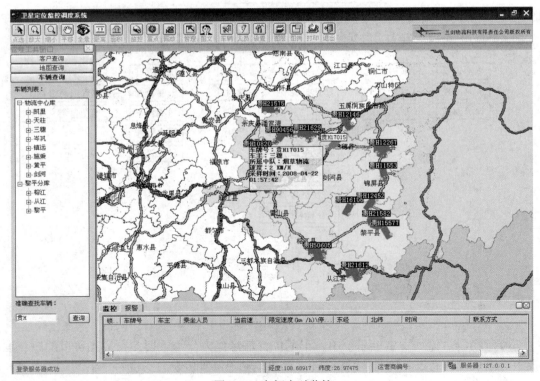

图 5.11 车辆实时监控

（3）轨迹回放

监控中心系统具备轨迹回放功能，系统操作员可选定一辆车，选择时间区间，系统自动调取该车这段时间内的轨迹数据，结合地图进行轨迹的动态再现，已播放的轨迹线在地图上用颜色高亮显示，如图 5.12 所示。在轨迹回放过程中，可以随时手动调整轨迹回放播放的速度和进度，并支持暂停、继续播放、停止等操作。

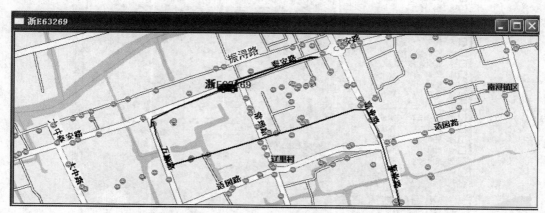

图 5.12　车辆轨迹回放

2．配送管理

（1）实时调度

调度员可以通过监控中心系统选定车辆，对选定的车辆发送文本信息。监控中心系统通过 GPRS 将文本信息传输给车内的 GPS 终端，GPS 终端有线传输给调度屏，调度屏接收文本信息在屏幕上显示，并自动语音播报文本信息，司机可通过按动调度屏上的指定按键回馈监控中心表示已收到。

（2）区域查车

调度员在地图上手动圈选一个区域，可以将所有当前位置在此区域内的车在地图上显示出来。结合当前的任务执行状态，调度员可选择最合适的车辆发送临时调度任务信息，从而降低运送成本和运输时间，提高经济性。也可对区域内所有车辆发送信息，实现区域调度功能。

（3）配送查询

通过数据接口将本系统与企业 ERP 系统进行数据对接，获取 ERP 系统中预设的任务信息，利用 GPS 数据结合起止点位置进行任务判断，可计算出车辆实际执行配送任务的开始时间、结束时间，与任务计划起止时间比较，可考核司机是否按计划执行任务，并可预先做出超时或提前到达目的地的智能预估，甚至可以设计最佳行驶路线，包括最快的路线、最短的路线、通过收费高速公路路段次数最少的路线等。路线规划好之后，利用地理信息系统的三维导航功能，通过选配的调度屏显示设计路线以及车辆当前运行路线给司机参考。

3．安全报警

产生报警时，可通过声、光、图片和文字等方式提示并显示车辆动态位置信息和静态信息，可将报警信息通过邮件或短信的方式发送给预设的邮箱或手机号。历史报警信息可供查询。车辆报警设置如图 5.13 所示。

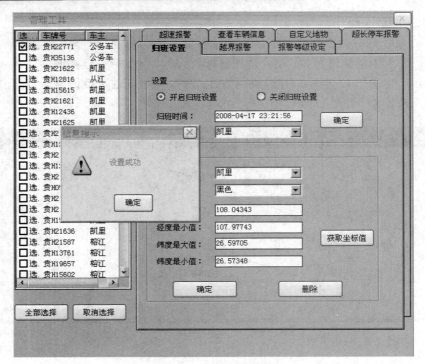

图 5.13　车辆报警设置

（1）紧急报警

当车辆遇劫或需要求助时，司机可通过 GPS 终端自带的报警开关向监控中心报警，经纬度、行驶速度、方向、时间等信息经 GPS 终端上传到监控中心。监控人员可根据报警情况及时进行指挥调度和警情处理。人工报警应具备防止误操作功能。

（2）超速报警

监控中心可对车辆进行分路段设定超速阈值，当司机行车速度超过此阈值时，监控中心可自动接收超速报警提醒，监控中心可通过本系统下发文本信息给车内调度屏提醒司机减速行驶。

（3）疲劳驾驶报警

疲劳驾驶报警是为了防止司机长时间连续开车，预防交通事故隐患。车辆或司机连续驾驶时间超过疲劳驾驶预设时长时触发疲劳驾驶报警，疲劳驾驶时间阈值可自定义设置，默认设为 4 小时。

（4）开关门报警

监控中心可对指定车辆设置指定时间段或路段内的车厢门开报警，一旦车辆在设置时间段或路段内违规开车厢门，立即触发开关门报警。可有效预防司机途中公车私用以及货物丢失、调包等行为。

（5）温度报警

监控中心可对指定车辆设置指定时间段内的车厢各个位置的温度传感器有效温度阈值，一旦温度超过此阈值，立即触发温度报警，监控中心可及时通知司机采取措施，而不至于到目的地才发现食品已变质，可有效保证食品的途中安全。

（6）超时停车报警

在指定时间段或路段内，车辆停车时间超过监控中心预设的时长时，触发超时停车报警提醒。监控中心可以根据超时停车报警信息，及时联系在途运输人员，确认在途情况，一旦发生紧急情况能够做到快速发现和救援，同时确保货物按时到达目的地。

（7）进出区域报警

监控中心可借助电子地图对指定车辆预设多边形或圆形监控区域，当车辆上传的前后两位置分别在预设区域的内外时即认为车辆驶入或驶出预设区域，触发进出区域报警。报警信息包括：车辆信息、进出区域的状态（进/出）、进出区域的时间、区域的名称，区域可在地图上显示。

（8）路线偏移报警

监控中心可借助电子地图对指定车辆预设路线，将车辆上传的位置信息与预设路线进行对比，当上传的位置不在预设路线上时即认为车辆发生路线偏移，触发路线偏移报警。报警信息包括：车辆信息、路线偏移的时间、路线的名称，路线可在地图上显示。

（9）应急预案

用户可以预先设置多种应急处理预案，在同一个预案里可以设置一系列要执行的操作。在必要时，例如有报警信息触发时，就可以直接调用某些预案及时对事件做出反应，采取必要的手段和措施，切实发挥出监控中心系统的实用效果。

（10）远程控制

通过 GPS 终端的继电器，监控中心可在车辆被偷盗后对车辆进行远程控制，控制包括：油路关闭/开启控制、点火电源关闭/开启控制。从道路安全角度出发，远程控制指令发出后在车辆下次启动前生效。

4．油耗管理

油耗管理功能可以让企业管理者能更好地控制车辆运输所产生的成本，可以帮助企业有效管理车辆用油，通过监控车辆加油时间、加油位置、加油量，可有效解决车辆实际油耗与报销不符的情况，可解决眼下行业普遍存在的多开票少加油或先加满然后抽油私自卖掉以及交换发票张冠李戴的现象，从源头抓起，从而降低运输成本。

（1）油耗统计

通过加装油位传感器，可全天候监控车辆加油、非正常油耗等异常情况，可存储加油记录信息（历史加油次数、加油时间、加油地点、加油量）、异常油耗记录信息（历史异常油耗次数、时间、地点、异常油耗量）、车辆油量变化信息（显示任意时间段内的即时油量）供事后查询，可结合图表直观展现。若不加装油位传感器，可通过接 GPS 终端的脉冲油位检测线，结合采集到的电压值变化（陡增或陡降）及事件发生时车辆的状态（发动机状态、速度）等参数，通过软件算法定性判断加油及异常油耗事件。可进一步结合地理信息系统，根据系统判断的加油事件附近是否有加油站来加强判断依据。

（2）发票对比

发票对比功能主要是通过对比发票上的加油时间和系统判断的加油时间是否为同一时间，加油量（若加装油位传感器）是否与发票加油量相符，提示是否为虚假发票，给管理员作参考依据，加强对司机的考核。

5. 信息管理

系统的信息管理功能主要是对系统基础信息的维护，包括机构管理、车辆管理、司机管理和用户管理。

（1）机构管理

组织机构层级众多，监控中心系统可支持无限级分组，上级机构用户可管理本机构及所有下级机构的车辆、司机等信息。

（2）车辆管理

由于每次货物的配送量有多有少，各不相同，从降低成本、经济运营的角度考虑，会配备不同运载重量等级的车型，以满足不同用户的需求，如周边或者市区用户可以用小型运载车辆进行配送，对于较远地区且运输量较大的客户，就需要重型车辆进行配送。这就需要系统对各类车辆信息进行分类管理，明确车辆信息，如车型、载重能力、车牌及其随车人员相关信息等。

（3）司机管理

为每位司机建立个人档案，包括联系方式、年龄、驾龄、驾驶证号以及对应车辆车型等信息。

（4）用户管理

建立用户管理模块，用于负责系统中用户账号及权限的管理，包括账号的注册、修改和删除，不同用户权限的设定和授权，严格控制用户对系统的访问权限，根据级别权限提供有限数据管理，保证系统运行的安全和稳定。

（5）日志管理

用户操作的所有新增、删除、修改操作都有日志可供查询。

6. 电子地图

（1）地图基本操作

地图漫游：可通过鼠标进行地图平移操作。

地图放大缩小：可在地图上通过鼠标滚轮或拉框的方式对地图进行放大或缩小操作。

鹰眼（或称缩略图）：用于显示当前窗口在全图中的位置，当前窗口换图时，鹰眼自动进行相应变化。通过改变鹰眼中窗口位置可改变相应的主窗口地图显示区域，如图 5.14 所示。

图 5.14　鹰眼功能

图层管理：管理地图图层，通过点选列表框中的选项来决定地图中要显示的图层，右边的两个可选项，若选择"全部选择"，则地图的所有图层都会显示出来；反之，所有图层都不会显示，如图 5.15 所示。

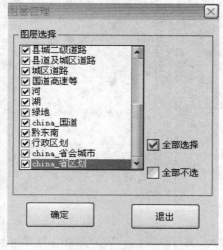

图 5.15　图层管理

测距：可在地图上用鼠标选点进行多点间的距离测量，如图 5.16 所示。

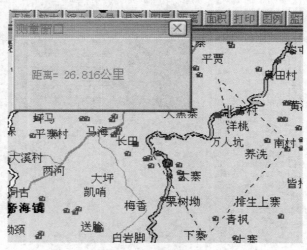

图 5.16　距离测量

测面积：可在地图上用鼠标选点围成一个封闭区域进行面积测量，如图 5.17 所示。

（2）地理信息查询

利用关键词作为检索输入方式，运用自动检索技术，在地图信息数据库中按照用户需求进行匹配以查询相关地理位置信息，具备对服务区、加油站、餐饮、住宿等设施点、地名、道路和行政区域的精确查询和模糊检索功能。

（3）地图自定义操作

可以在地图上自定义用户感兴趣的地点、路线、区域等，以此配合完成各种业务功能，如路线偏移报警、进出区域报警等，如图 5.18 所示。

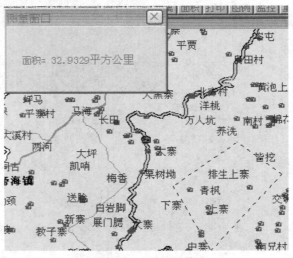

图 5.17　面积测量

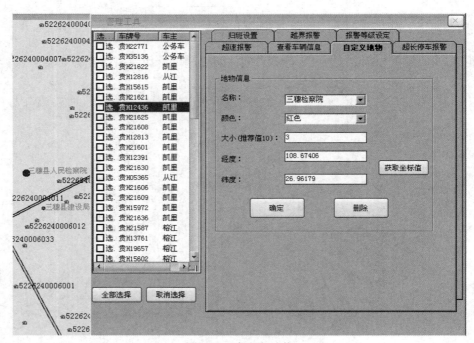

图 5.18　自定义地物

5.3　智能冷链物流典型案例

5.3.1　项目背景

　　九州通在医药流通批发领域位列中国第三，作为一家成长型企业年销售额增长率高达47%。在武汉等多地共建设 34 所国内物流中心，直接向各大医院、医生甚至个人配送药品。

2003 年开始，为消除无效库存，九州通彻底整合物流网络，推进了自主开发导入仓库管理系统等一系列积极改革。

2008 年中国医药产品品质管理规定（GSP）出台，规定要求医药物流领域要彻底贯彻品质管理方针。此外，制药厂、药店、医院这些用户都提出希望提高温度管理精确度，为提高客户满意度，物流过程中的温度管理也需贯彻到底。尤其是对于流感疫苗以及血液制剂等价格昂贵且需要严格温度管理的药品，品质管理的重要性日益增加，因此当初九州通希望尽快解决这一课题，以此来加强在业界的竞争力。

以前，九州通使用温度计测定数据，在此基础上实施温度管理，这种方式必须要人工进行温度确认，巨大工作量成为负担。另外，由于只能在发货及到货时测量，缺乏连续性、缺少中途信息，导致信息可靠性欠缺。为解决上述问题，九州通亟需导入全新的温度追踪系统。

图 5.19　九州通物流中心（武汉）

5.3.2　项目概述

引进 RFID 技术实现全程冷链监控，在低温药品的生命周期管理中，冷链的连续数据很重要，为达到冷链商品在库、配送过程的无缝冷链监控目的，对冷链商品在库、出库、运输、交货、回库环节进行温度监控，九州通决定引进全新的 RFID（无线射频识别技术，可通过无线电讯号识别特定目标并读写相关数据，而无须在识别系统与特定目标之间建立机械或光学接触）进行数据采集记录，保证全程冷链管理。

全程自动记录药品温度变化情况，并实现不开箱读取温度数据。无论是一个产品还是多个产品，无论是同一地点还是多个地点，RFID 都会将记录实时准确地上传至系统的数据中心，实现药品从仓储、运输、终端全程冷链管理，便于药厂、药品流通企业、医院随时掌握药品仓储、运输、终端的信息查询。

通过 RFID 技术与冷藏箱的结合实现了多批次小批量低温冷藏药品单品级别实时温度管理，填补了行业空白。通过技术的补充与企业系统的升级完善相结合，解放了人力，降低出错率，实现了真正意义上的全程冷链管理。

九州通温度追踪系统于 2009 年 9 月开始导入，12 月开始正式启动。

现在，主要应用在疫苗以及血液制剂等价格相对昂贵的医药产品的运输过程。系统导入时，为顺利投入应用，对现场操作者进行了培训，都在短时间内掌握了操作要点。

系统应用流程如图 5.20 所示。首先，发货时将附带温度传感器的 RFID 标签装在医药产品包装箱上。该标签测定并记录运输过程中的温度变化，货物到达后通过便携型读写器或天线读取温度信息。附带温度传感器的 RFID 标签体积小且可以循环使用，仅需几秒钟即可完成信息读取。温度信息分类保存在温度分析数据库，以便日后进行分析以发现问题改善问题。

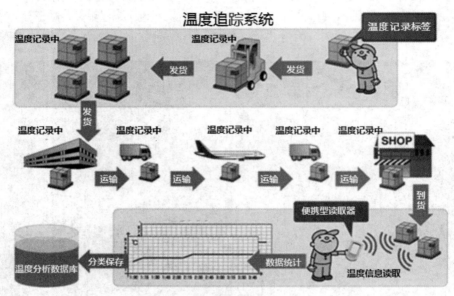

图 5.20 系统应用流程

计划以小规模为开端逐渐向全公司推广，未来 2 年内将导入 1500 个 RFID 标签，之后根据应用情况继续增加。

5.3.3 项目效果

通过此次温度追踪系统的导入，温度信息的获取在短时间内即可完成，工作量得到大幅缩减。另外，现在通过分析温度信息就可以发现物流过程中的问题，通过变更、改善运输包装箱、保温材料、卡车、路径等实现更加安心安全迅速的医药产品配送。

导入这个系统的最大成果，就是顾客满意度提高了。通过流通过程中连续的温度追踪实现了可靠的温度管理。九州通一直以来以客户第一为准则，以为客户提供满意的服务为目标，通过此次系统导入，能够为客户提供具有更高附加值的物流服务。

在这个系统中，使用了 Active 标签作为 RFID 标签。Active 标签可以实时获取信息，因此构想通过与 GPRS 联动等方式获取实时的温度信息，构建了具有强大扩展性能的系统。今年内，预计实现实时温度管理，并计划进行功能扩展来实现诸如在现场可采取即时对策等功能。增加运输过程中的即时报警通知功能，如果在产品不能使用之前在现场能够采取相应对策，就可以使库存损失缩减到最小，能够实现更高效更可靠的物流服务。

此次应用 RFID 的温度追踪系统在行业内是最先进的,这样的系统,仅仅一部分导入就想收到很大的成效有些困难。本来,通过物流全部过程的信息的配合,可以确保品质的提高。因此,今后不仅可以在九州通集团内全面推广,还考虑与合作伙伴 NEC 公司一起,使超过 4200 家制药厂以及 58000 多家药店等其他客户也能够用上温度追踪系统。

5.4　智能冷链物流小结

我国在智能化作业发展方向一直都有很明确的目标,除数控机械作业的不断学习进取外,随着技术的稳定,将冷链行业自动化控制作业也作为一个发展重点。

响应国家对节能、环保、降耗、高效发展的号召,冷链行业的管理和动作等方面都进行了加强,更推进了冷链行业产业结构的调整和经济增长方式的转型。这一研究会井然有序地在将来的几年里迅速发展。冷库作为食品低温流通的中枢环节,近几年我国冷库在行业规模、储存容量、科学管理、电子技术等方面都有了质的提高,世界冷库行业所受的重视更加集中,投资环境良好,需求空间拉大。良好的运行环境促进了我国冷链智能化的发展,并逐渐成为发展趋势,而冷藏箱的发展随着智能冷库的发展也进入了一个崭新的阶段。

我国的冷链建设一直在数量、规模的低阶段上发展,对运行和管理的智能化相对轻视,使得行业间出现结构不合理、质量效益低的现象,制约了我国冷库的发展。智能冷库的实现和进步离不开自觉而明智的创新环境的塑造、离不开政府的扶植和重视,近年来我国农产品的生产、贸易、深加工、物流、冷藏箱、冷藏包域的需求都拉动了冷库行业在技术上的提升,这都将使得智能化成为冷库行业高效发展的最佳途径。所以也要在用库和管库方面实现科学的治理,对冷库企业的发展模式、经济效益与生态效益的统一、客体的研究、内部的管理进行科学的展开分析,注重把未来冷库的发展趋势向着质量效益型转变,引导投资环境由点投资向链投资转变,保持一个良好的运行。

参考文献

[1]　漆莼. 国内冷链物流发展现状与对策[J]. 物流科技,2012(3):82-85.

[2]　商凌云,程风禹. 我国食品冷链物流发展现状及对策研究[J]. 物流科技,2009(3):1-3.

[3]　吴理门. 基于 RFm 技术的农产品冷链物流供应链系统[J]. 物流工程与管理,2011,33(11):30-32.

[4]　严传生. 基于 RFID/GPS/GIS 的全程智能物流系统研究与实现[D]. 北京:北京邮电大学,2011.

[5]　陈昊. 基于 RFID 和 GPS 技术的数字物流车载主控中心系统研究[P]. 南宁:广西大学,2008.

[6]　李会萍. 基于 RFID 和 GPS 技术的数字物流车载终端系统研究[D]. 南宁:广西大学,2007.

[7]　范珍. 我国冷链物流完善对策[J]. 中国物流与采购,2011(2):76-77.

[8] 赵长青，傅泽田等．食品冷链运输中温度监控与预警系统[J]．微计算机信息，2010，26（6）：27-28．

[9] 肖敏敏．基于 RFID 的食品冷链物流追朔系统研究[D]．北京：北京交通大学，2012．

[10] 史良．基于 GPS/RFID 的冷链运输车辆监控系统的设计与研究[D]．哈尔滨：哈尔滨工程大学，2011．

[11] 辛瑞．基于 RFID 技术的冷链系统的研究[D]．上海：上海师范大学，2012．

[12] 匡敏．我国冷链物流发展的思考[J]．铁道运输与经济，2010，32（3）：59-62．

[13] 徐蓉．基于 GPS/GPRS/RFID 的危险品车辆监控系统的研究[D]．上海：上海海事大学，2007．

[14] 应晓书．基于射频识别（RFID）技术在冷链物流中的应用研究[D]．武汉：武汉理工大学，2008．

[15] 何宁英．基于 RFID 技术的冷链物流中心库存预警系统[D]．武汉：武汉理工大学，2011．

第 6 章　智能医疗和诊断

本章导读

智能医疗是通过打造健康档案区域医疗信息平台，利用先进的物联网技术，实现医患、医疗机构、医疗设备之间的互通，使医疗过程信息化、智能化和互动化。智能诊断是智能医疗的高级形式，诊断系统通过存储医疗知识，并根据患者的病症，进行智能推理，给出诊断治疗意见。智能医疗和诊断推进整个医疗体系的变革，使治疗和诊断的过程更加具有针对性和便捷性，具有重要的社会意义。本章分别讲解了智能医疗和智能诊断的结构体系，分析了典型案例的工作机理和应用方案，介绍了智能医疗和诊断系统未来的发展趋势。

本章我们将学习以下内容：
● 智能医疗基础知识
● 智能医疗技术与案例
● 智能诊断技术与案例
● 智能医疗和诊断的发展趋势

6.1　智能医疗基础知识

6.1.1　系统概述

智能医疗是通过打造健康档案区域医疗信息平台，利用先进的物联网技术、信息通信技术，实现患者、医务人员、医疗机构和医疗设备等医疗元素之间的信息定义、信息采集与交互，逐步达到信息化、智能化和互动化。智能医疗通过设计和开发医疗智能设备和软件，对医疗元素的信息进行感知和采集，根据医疗标准和医疗数据库，诊断并分析有关个人生理和心理状况的数据，并将这些数据通过互联网实现数据库的实时更新以及医患之间的信息互动；系统还将涉及医院物资管理和信息安全保护等。智能医疗将实现医疗信息数字化、医疗过程远程化、医疗流程科学化和服务沟通人性化，是物联网领域的重要产业之一。通过发展智能医疗，区域内有限的医疗资源可全面共享，医疗服务产业随之升级，人们亦可获得极为便捷、及时和精准的医疗服务。

智能医疗增强了医疗系统的整合性、预测性和可控性，使医疗过程实现精准定位、智能分析、有效医治，逐渐实现和优化更加智能、惠民、可及、互通的健康医疗诊断模式、医患交流模式、医疗预防模式、医院管理模式、资源投资模式、医保改革模式、政府公共卫生服务模式，最终促成医疗的智能化、标准化和普及化。

智能医疗示意图如图 6.1 所示，其协作模式如图 6.2 所示。

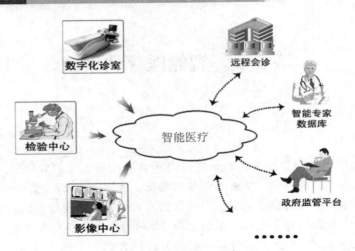

图 6.1 智能医疗示意图

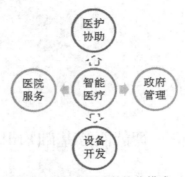

图 6.2 智能医疗的协作模式

　　智能医疗是一项系统性工程技术，包括物联网技术（Internet of Things，IoT）、信息技术（Information Technology，IT）、生物技术（Biotechnology，BT）、纳米技术（Nanotechnology，NT）和环境技术（Environment Technology，ET）等（如图 6.3 所示），涉及物联网、信息通信、电子电气工程、材料科学和生物医学等前沿科技。

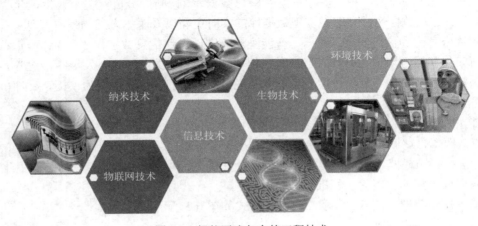

图 6.3 智能医疗包含的工程技术

智能医疗所包含的内容及发展方向使其具有系统性和社会性两方面属性，表现在以下方面：

（1）智能医疗具有整合性

其包含先进的医疗平台和通讯平台，需要数字化家庭医疗（如图 6.4 所示）、急救医疗、远程医疗的智能化建设，以及通讯平台的针对性、便捷性、可操作性普及。

图 6.4　数字化家庭医疗

（2）智能医疗具有交互性

不论病人身在何处，被授权的医生都可以透过一体化的系统浏览病人的就诊历史、健康记录和保险细节等状况；病人也可以实时反馈自身境况，得到及时的、一致的护理服务，如图 6.5 所示。

图 6.5　远程健康监护系统的互动性

（3）智能医疗具有协作性

这个体系的实现可以铲除信息孤岛，从而记录和共享医疗信息和资源，建立一个整合的专有医疗网络，在医疗服务、社区卫生、医疗支付、人身保险等机构之间交换信息和协同工作，如图 6.6 所示。

（4）智能医疗具有预防性

随着系统对信息的不断感知、处理和分析，可以实时发现重大疾病即将发生的征兆，并由此实施有效响应。从患者层面来讲，通过个人病况的不断更新，对慢性疾病或者遗传病采取相对应的措施，有效预防疾病的发生或恶化。

（5）智能医疗具有社会服从性

其实施需要以人为本，以大众需求为基础，逐渐取得社会的关注和认可。在智能医疗发展过程中，运营商和政府的作用应得到重视。政府应适时引导有条件的非公立医疗机构进行智能医疗试点，并从资本层面着手对进入智能医疗领域进行投资的社会资本进行扶持和鼓励。

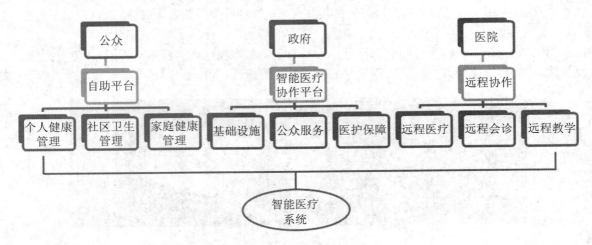

图 6.6 智能医疗的协作性

（6）智能医疗具有普及性和革新性

经过扎实、低速的初步发展，智能医疗的推广应用可以得到迅速普及，市场规模将发生倍数增长，逐渐遍布整个社会。与此同时，不断产生的用户需求、医疗技术和临床成果，将会激发更多智能医疗领域的创新发展，整个领域的更新换代速度也将加快。

（7）智能医疗具有可靠性和统一性

在允许医疗从业者、设备研发者研究分析和参考大量科技信息去支撑内务开展的同时，也保证了这些庞大的个人资料的安全性。这依赖于严格的操作规范和行业标准，所有流程都要求高标准和高度统一。

（8）智能医疗具有根基性和成长性

发展智能医疗需要完善的数据库做基础，建设区域卫生信息平台和跨区域卫生信息平台，实施市民健康档案、健康卡，由医保和卫生管理部门实行就诊一卡通，建立可多方访问的市民健康档案数据库，完善社区卫生信息化网络基础设施。

6.1.2 硬件组成

从组成结构上，智能医疗系统包括硬件和软件两部分。智能医疗的硬件设备（如图 6.7 所示）主要包括：

- 数据中心：服务器、台式计算机、笔记本以及便携式存储终端。
- 识别系统：智能卡或其他便携式识别芯片。
- 传感设备：基于纳米技术与生物技术的医疗传感器，将生物、医学表征转换为易于读取的电学或光学信号。
- 常规诊室：身高、体重、血压、血氧等一般性检查；心电图检查。
- 医学诊室：血常规 18 项，肝功能 3 项，肾功能 3 项，乙肝两对半，血脂 4 项，血糖等分析检测；X 光，MRI，超声等影响检测。
- 交互系统：网络会议、在线会诊、急诊等所需的高清影像录入设备。
- 通讯平台：多区呼叫、远程调控、无线路由等设备。

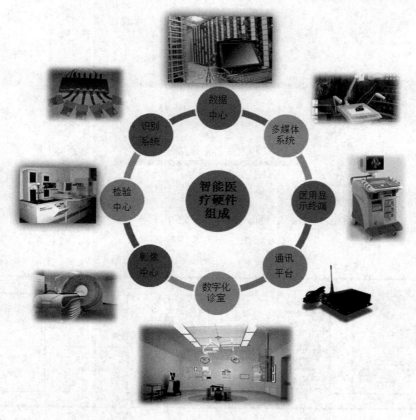

图 6.7   智能医疗系统的硬件组成

6.1.3   软件设计

物联网的全面发展必将要求硬件环境、数据信息格式和功能连接的统一，否则将使跨系统应用陷入困境。优秀的软件开发是达到上述要求的关键途径。

软件的设计需要建立在对众多医院信息化解决方案的功能分析和对基层医疗机构的需求仔细调研的基础之上。通过精选、融合已有软件功能，结合全新设计，构建出功能全面、结构精炼、操作简单、实用高效的整体化信息解决平台，是软件平台设计的法宝。

智能医疗的软件设计应符合以下基本要求：

（1）灵活的配置部署方案

根据医院的规模和应用情况提供合理的解决方案，可完全独立运行，也可与不同厂商的RIS（Radiology Information System，放射信息系统）、HIS（Hospital Information System，医院信息系统）集成应用，如图 6.8 所示。

（2）标准的外部接口设计

提供标准的医疗数位影像传输标准 DICOM、医疗环境电子信息交换标准 HL7、医疗与临床编码规范 LOINC 接口，能直接与支持标准接口的设备和系统进行通讯，方便互联和外部沟通。DICOM 和 HL7 之间的关系如图 6.9 所示。

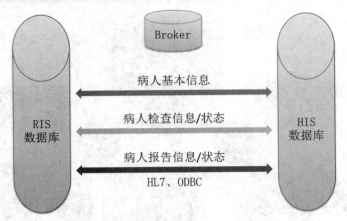

ODBC（Open Database Connectivity，开放数据库互连）

图 6.8　RIS 与 HIS 的整合方式

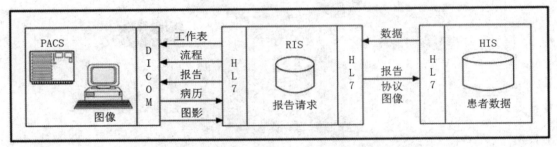

PACS（Picture Archiving and Communication Systems，影像归档和通信系统）

图 6.9　DICOM 和 HL7 之间的关系

（3）内部接口设计

内部数据通信应实现系统负担小，传输效率高；系统开销少，标准升级容易；全面融入医院信息系统。

（4）非标准接口支持

拥有非标准设备的接入和非标准系统的集成能力，保证用户现有的资源能最大程度被利用。

（5）提高工作效率

数字化应得以全面落实，使得在任何有网络的地方调阅影像成为可能，提高医生的工作效率。

（6）提高医疗水平

通过人性化、专业化的软件，将医诊过程智能化和数字化。先进的图像处理技术应重点设计，让用户更直观、更准确地获得诊疗结果。便捷的资料检索调阅也应考虑，最大限度简化工作流程，辅助医生更快、更准确地做出诊断。

（7）提供资源积累

对于一个医院而言，典型的病历图像和报告是非常宝贵的资源，而无失真的数字化存储和在专家系统下做出的规范的报告是医院宝贵的技术积累。

当前物联网的快速发展是在软件设计过程中最大限度地满足上述要求的保障，主要体现在以下方面：

1. 标准化的硬件驱动和管理软件

当前卫生信息化取得了很大的进展，实现了计算机和网络技术在医疗卫生系统的广泛使用，很多医疗机构（医院、社区卫生服务中心、疾控中心等）构建了基本的业务信息系统 POS（Point Of Service）。但由于卫生信息系统的业务内容繁多，标准和规范也纷繁复杂，各信息系统开发、采用的技术差别较大，同时涉及到不同的运行机构、监管部门等，造成了系统之间的相互独立和信息孤岛，特别是区域医疗卫生信息网络（Regional Healthcare Information Network，RHIN）内实现跨医疗机构的临床与医疗健康信息的共享和交换非常困难，这迫切需要构建统一完整的居民健康档案以及跨医疗机构的信息共享机制，协同不同医疗机构的业务信息系统，避免病人在不同医院间不必要的重复性检查，实现居民电子病历和健康档案信息的共享和交换，预防和监控重大疾病，为相关部门提供全面准确的决策支持，从而达到降低医疗成本、减少医疗事故、提高公共卫生服务、使病人享受到更好的医疗服务的目的。

解决上述问题和挑战的方案是在区域内统一构建以居民为核心的电子健康档案（Electronic Health Record，EHR）。电子健康档案是以人为核心、以生命周期为主线，涵盖个人全面健康信息的档案数据。数据涵盖从婴儿出生，到计划免疫、历次体检、门诊、住院、以及受过的健康教育等，记录人的生命周期中重大健康事件，从而形成一个完整的动态的个人终生健康档案。根据面向服务的架构（SOA）思想，结合区域医疗行业内的现状和需求，图 6.10 给出了以电子健康档案为核心的区域医疗参考解决方案架构图。

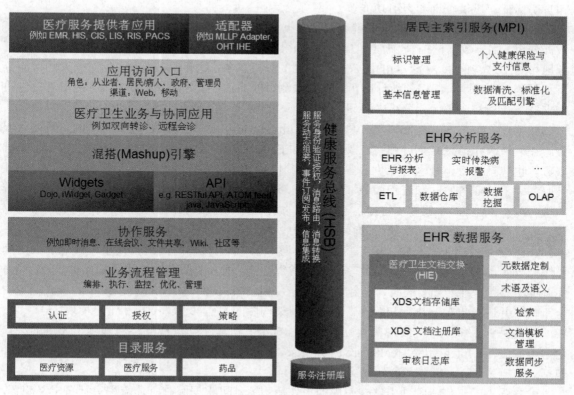

图 6.10　以电子健康档案为核心的区域医疗参考解决方案架构图[5]

图中左面部分包括：

（1）医疗服务提供者应用以及适配器：代表着医疗机构已构建好的基本业务信息系统，以及为了方便这些系统接入到区域医疗解决方案而提供的适配器。

（2）应用访问入口、协同应用、混搭引擎等：表示参与区域医疗的入口、跨医疗机构的协同和共享应用、Web 2.0 的一些基础服务等。

（3）协作服务：表示医疗结构的相关人员可以使用即时消息、Wiki 等手段实现沟通和协作。

（4）业务流程管理：表示区域医疗中对业务流程的编排、执行、监控和优化。

右面部分包括：

（1）EHR 数据服务：是存储、管理和交换居民电子健康档案的系统，它是构造区域医疗卫生信息平台的基础。其中，数据服务的核心是基于 IBM 现有资产 HIE（Healthcare Information Exchange）实现的。医疗文档的交换和共享是搭建电子健康档案系统的关键，而 HIE 作为 IBM 医疗行业的资产支持采用 IHE XDS 标准化方式交换医疗文档。

（2）居民主索引：居民主索引系统（Master Patient Index，MPI 也可以称为 EMPI，即 Enterprise Master Person Index）实现病人的主数据管理，提供病人基本信息、索引信息管理和查询的服务。区域医疗中病人在社区建有健康档案，在多家医院就诊，并与相关公卫机构有关系。而每个机构都有各自的身份标识，如何关联这些标识，为每个人建立完整的信息视图，这是搭建电子健康档案系统的基础。EMPI 采用 IHE PIX/PDQ 标准化方式，接收并管理人员信息和身份标识、提供查询和索引功能。

（3）EHR 分析服务：对电子健康档案数据建立面向临床与健康的数据模型，实现多维度数据分析、临床数据挖掘。当居民的健康信息得到统一标准的管理之后，需要考虑的是如何有效地再利用这些信息，给不同的用户提供不同的分析服务，这些服务包括：针对病人的健康分析和预测，针对政府部门的统计分析、疾病预测、预警、监控等，针对医疗服务提供者提供决策支持、流程和资源优化分析、科研分析等。

架构图的中间部分是健康服务总线（Health Service Bus，HSB），提供统一的总线接入服务。在区域医疗信息共享过程中，既包括诸如 EHR 数据服务、分析服务、居民主索引等基础服务，也包括医院、社区等卫生服务提供的基本业务信息系统 POS，以及基本业务系统和基础服务之上的业务协同和流程服务，例如双向转制、远程会诊、慢性病管理等，为了降低系统的耦合度，采用 SOA 架构，将提供不同功能的系统封装为服务，都连接到中间的健康服务总线，完成各种协议的接入、消息的转换、路由以及安全管理等。

在医疗卫生行业内，病人信息将会在不同系统、不同机构之间进行共享，针对病人的隐私以及安全保护在区域医疗信息共享中是非常重要的。病人的医疗文档应受到保护，在适当时间开放给指定医生查看。同时，安全处理散布在各机构的应用之中，需要以统一的方式配置安全策略，并进行集中的执行和管理，这对应着架构图的左面部分：授权和策略模块。

智能医疗系统架构的实现需要立足于医学标准和医院工作流程并参考国际上先进的医疗信息集成规范（Integrating Healthcare Enterprise，IHE），开发有针对性的驱动程序和管理软件，包括：

- 强大的工作流管理引擎（专用的工作流引擎，可根据医院具体流程进行自定义配置，最大程度适应医院现有工作方式，易于推广）。

- 贯穿始终的影像质量控制（从影像拍摄到影像显示的过程，都有完善的影像质量控制功能模块对影像质量进行控制，保证了高质量的影像输出，避免由于影像质量导致的误诊和漏诊）。
- 系统维稳模块（支持集群技术和备份技术，可以保证系统能不间断运行，满足医院 7×24×365 的应用要求）。
- 实时快速的数据处理（将监测信号进行转换和放大，同时在第一时间挖掘有效参数、整合批量数据。所涉及的软件需支持数据格式转换，对数据安全性亦应重点考虑）。
- 远程监控与备案（与责任评估和保险业务相关联，对硬件设备和诊疗操作等全程监控和记录，同时提供预警和报警参数）。
- 用户自定义模块（用户根据自己的特定需求、特殊需要有针对性地选择某些功能；或者对特殊用户群体单独设计的易用性软件）。

2. 基于"云"的数据存储模式

基于"云计算"的数据中心能够提供最可靠、最安全、最便捷的海量数据存储，其特点是将底层的硬件，包含服务器、储存与网络设备全面虚拟化，在上层的软件则是结合 SOA 架构，让数据中心可以随时满足运作环境。同时，严格的权限管理策略可以帮助用户放心地与指定的对象共享数据。这种模式能够节省大量的存储设备组建及维护工作，只需要少量的支出就可以享受到最好、最安全的存储服务，如图 6.11 所示。

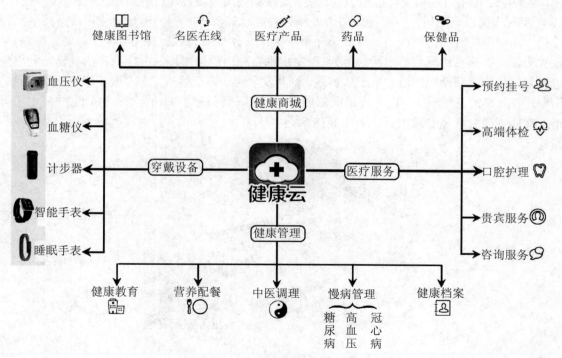

图 6.11　基于云数据的产品与服务

3. 专家数据库系统

利用人工智能、专家数据库等先进技术，建立专家数据库系统，提供诊断行业专家级的智能分析业务。基层医疗机构的医生可以将病情特征和检查设备的数据上传到该专家系统，系统通过智能诊断分析，能迅速给出分析结果，协助医生确诊。该手段的应用可有效提高基层医疗机构的诊断效率和准确度，如图 6.12 所示。

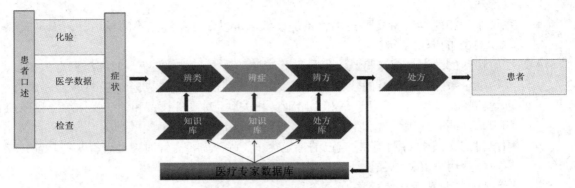

图 6.12　医疗专家系统数据处理方向

4.　手持终端专有软件

应用程序是移动健康的重要组成部分，针对手机、iPad 等移动设备的操作平台，设计出相对应的操作软件，让用户可以随时随地得到所需服务。根据 Research2Guidance，世界各地的应用商店中，移动健康应用数量已突破 10 万，每日免费下载量达 400 万次。预计到 2017 年，这些应用程序服务规模将达到 260 亿美元。移动健康应用程序可分为两大类：健康、医疗；其中 85%为健康类应用，主要面向消费者和患者；而其余 15%则为医疗类应用，主要供医师使用。面向消费者的健康应用又可分为几个子类：身体素质训练、量化自我（如妊娠跟踪）、自我测试（如热量检测或心率传感等）。医生们则将应用程序用作了医疗设备的补充，利用先进的移动传感器帮助挖掘潜在的健康问题。这些发现可以赋予地理定位信息、同步到病人的病例中，并分享给其他医生。医生通过医疗应用，记录、访问患者的信息。此外，这些应用还可用作疾病管理、药品管理工具，如图 6.13 所示。

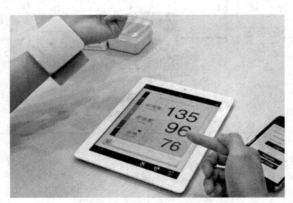

图 6.13　移动健康应用软件

6.1.4　发展现状

我国目前正处于医改的大背景下，智能医疗通过打造健康档案区域医疗信息平台，利用先进的物联网技术，实现患者与医务人员、医疗机构、医疗设备之间的互动，最方便地满足民众最基本的看病需求，这必将得到政策的扶持。由工信部牵头制定的《物联网"十二五"发展规划》，将重点支持智能工业、智能农业、智能物流、智能交通、智能电网、智能环保、智能安防、智能医疗与智能家居九大领域。智能医疗作为实用性强、贴近民生、市场需求较为旺盛的领域之一，随着高新科技融合的深入，物联网、云计算、移动互联网的迅猛发展，开始进入更加成熟的飞跃阶段。2011 年中国物联网领域市场结构如图 6.14 所示。

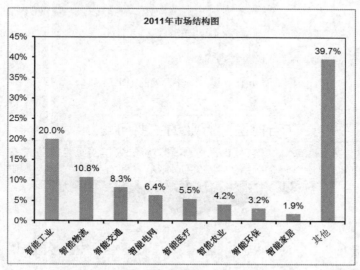

（数据来源：赛迪顾问物联网产业数据库）

图 6.14　2011 年中国物联网领域市场结构

总结国内外智能医疗的发展和后期规划，可将智能医疗分为七个层次（如图 6.15 所示），包括：

- 业务管理系统，包括医院收费和药品管理系统。
- 电子病历系统，包括病人信息、影像信息。
- 临床应用系统，包括计算机医生医嘱录入系统（CPOE，Computerized Physician Order Entry）等。
- 慢性疾病管理系统。
- 区域医疗信息交换系统。
- 临床支持决策系统。
- 公共健康卫生系统。

总体来说，中国处在第一、二阶段向第三阶段发展的阶段，还没有建立真正意义上的CPOE，主要是缺乏有效数据，数据标准不统一，加上供应商欠缺临床背景，在从标准转向实际应用方面也缺乏标准指引（如图 6.16 所示）。我国要想从第二阶段进入到第五阶段，涉及到许多行业标准和数据交换标准的形成，这也是未来需要改善的方面。国外智能医疗体系可以作为我国在本领域发展的参考，同时有很多方面值得借鉴，比如医疗保障方面，美国提供较高的医疗保险奖金；电子设备配置方面，美国免费提供数字手持设备供患者使用等，借助于传感器即可查看患者脉搏、心跳、体温等；智能电子医疗系统方面，患者输入身份证，即可查询到之前相关的病历。

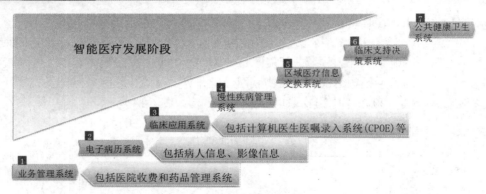

图 6.15　智能医疗发展的七个层次

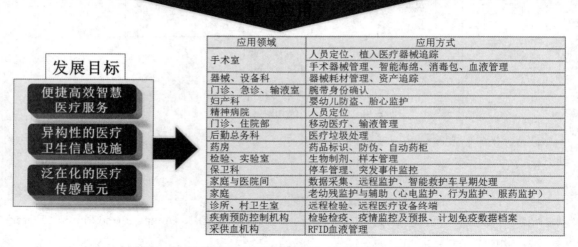

图 6.16　当前医疗行业的主要问题、发展目标和重点应用

　　无论是技术的发展、政策的支持，还是民众的需求，客观上都要求智能医疗行业快速发展起来。从目前的现状来看，虽然我国智能医疗行业起点较低，但行业发展速度较快，包括集成预约平台的建立、"先诊疗后结算"门诊预付费方式、智能商业平台等都具有很大发展空间。未来几年，中国智能医疗市场规模将超过一百亿元，并且涉及周边广泛产业，直接触动包括网络供应商、系统集成商、无线设备供应商、电信运营商在内的利益链条，从而影响通信产业的现有布局。

6.2　智能医疗技术与案例

　　如今，国内大中型医院网络数字化、新型医疗设备比比皆是，而患者就诊速度却没有得到有效的提高。多年来，挂号、候诊、缴费时间都相当漫长，看个病需要排队的时间远远大于看病的时间。而随着移动互联网的发展，未来医疗向个性化和移动化方向发展，医院的管理正逐步进入以患者满意度、信任度和医院高效性、可靠性为中心的经营时代，构建高水平的智能医疗应用体系成为医疗卫生信息化和医改成功的关键要素之一。在当前的物联网领域，智能医疗的涵义更多地侧重于通过物联网技术构建智能化、自主化的健康信息平台，即基于物联网技术构建与医疗服务相关的信息化系统，涉及智能技术、信息技术、数字影像、电子医疗、设备集成、临床护理、生物信息化、远程医学、辅助医疗等多个学科体系。随着生物医学领域的发展，智能医疗将实现智能诊断，进而实现智能治疗（靶向治疗），如图 6.17 所示。

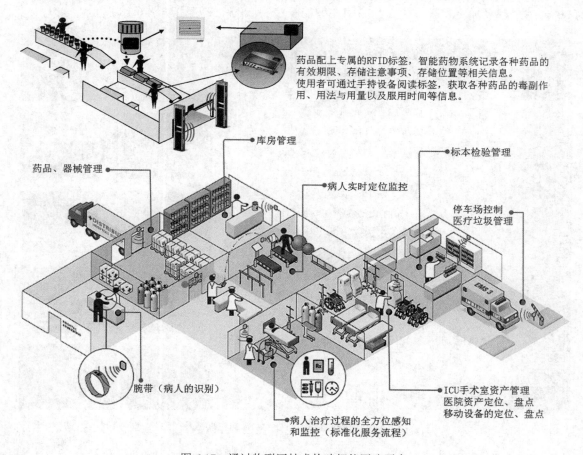

图 6.17　通过物联网技术构建智能医疗平台

医疗物联网的实质，是将各种信息传感设备（如 RFID 装置、红外感应器、全球定位系统、激光扫描器、医学传感器等）与互联网结合起来而形成的一个巨大网络，进而实现资源的智能化、信息共享与互联。这一智能网络使医生能够随时搜索、分析和引用大量科学证据来支持临床诊断。

从大的范围来看，通过搭建区域医疗数据中心，在不同医疗机构间，建起医疗信息整合平台，实现个人与医院之间、医院与医院之间、医院与卫生主管部门之间的数据融合、信息共享与资源的交换，从而大幅提升了医疗资源的合理化分配，真正做到以病人为中心。

从小的范围来看，通过物联网健康信息平台，医护人员在社区医院就能实时掌握签约居民在家的健康状况。简单地，一部小型的全自动上臂式电子血压仪、一台电脑、一部网关、一部路由器即可构成一个简单的系统平台。居民的个人信息和血压仪编码全部接入医院的健康平台，血压仪放在居民家中，接上网关和路由器。居民在家中可以随时测量血压，所得数据在经过确认发送后，自动录入平台上对应的居民账户，如有异常就会发出报警声，医护人员可以立即做出反应。这样的物联网平台还可以设置在掌上电脑、手机等移动通讯设备上，双向实时地监测签约居民血压、脉搏等异常。同时，这样的健康平台还可以加入慢病管理和电子病历等多项功能，或者与签约医院相关联实现更强大的智能医疗服务。随着物联网的发展，智能医疗信息平台越来越多样化和具体化。物联网在智能医疗领域的主要应用如图 6.18 所示。

序号	名称
1	全院物联网基础平台系统
2	移动护理信息系统
3	输液监护感应管理系统
4	婴儿安全管理信息系统
5	移动药品与质量管理系统
6	基于物联网技术的中心供应室质量追溯系统
7	基于物联网技术的医疗垃圾管理系统
8	基于物联网技术的ICU设备清点和跟踪系统
9	基于物联网技术的内镜质量追溯系统
10	基于物联网技术的移动库房资产管理系统
11	基于物联网技术的生命体征采集和监护系统
12	基于物联网技术的医疗对象查询、展示和监控管理系统
13	基于物联网技术的智能耗材柜系统
14	基于物联网技术的全院移动设备定位和监控系统
15	医疗物联网信息集成平台
16	基于"三网合一"的统一呼叫和通讯平台
17	临床数据中心

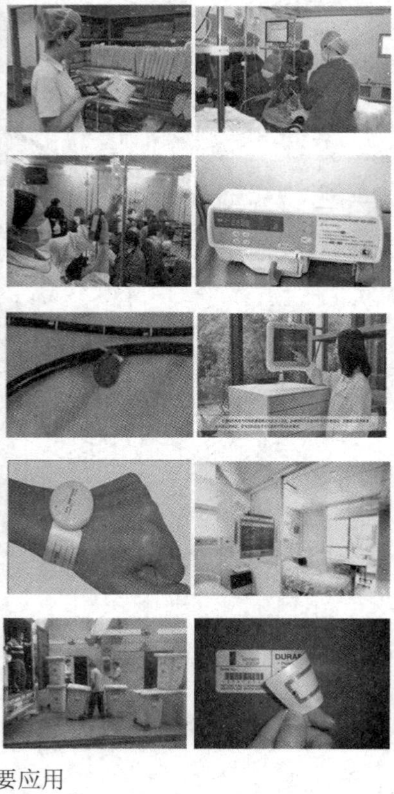

图 6.18　物联网在智能医疗领域的主要应用

6.2.1　信息处理系统

在许多医院，每天急诊病人数量很大，尤其在一些大型的急救中心，经常出现因集体事故导致大批伤员同时涌入的情况，此时每一分一秒都显得极为珍贵，容不得半点差错。但是每个伤员的病情非常类似，容易混淆。传统的人工登记不仅速度缓慢且错误率高，对于危重病人根本无法正常登记。而智能医疗的前端数据采集系统则可以对所有病人进行快速身份确认，完成入院登记，实时提供伤员身份和病情信息，并进行有步骤的后续急救，确保医院工作人员高效、准确和有序地进行抢救工作。

具体地，入院时院方为每个病患佩戴腕式标签，给每个病患单独的编号，录入文字、即时语音或图像等信息。当病人接收诊治时，医护人员只需用手持阅读器扫描标签信息，就可以了解病人的基本情况，知道需要进行的急救事项，比如是否需要输液、注射药物品名、规格、已经进行的处理事项、是否有不良反应等，所有数据不到一秒钟就会显示在医护人员面前，以利于他们核对医护程序和药物规格、数量等。病患标签内还可以进一步存储所有治疗过程和药物注射记录。这一系列过程通过医疗监护系统进行可靠、高效、经济的信息储存和更新，因此医院对急诊病人的抢救不会延误，更不会发生伤员错认而导致医疗事故。另外，在需要转院治疗的情况下，病人的数据，包括病史、受伤类型、提出的治疗方法、治疗场所、治疗状态等，都可以制成新的标签，传送给下一个治疗医院。由于所有这些信息的输入都可以通过读取标签一次完成，减少了不必要的手工录入，避免了人为造成的错误。前端数据采集如图 6.19 所示。

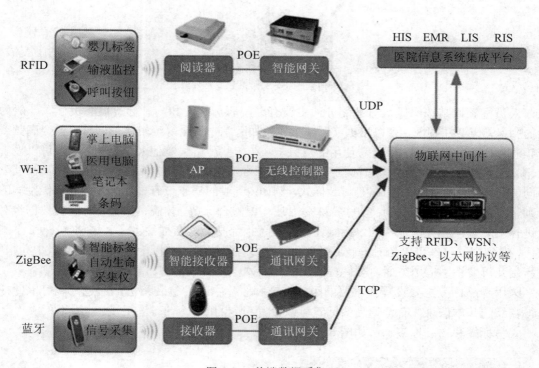

图 6.19　前端数据采集

在医疗行业，电子标签的应用对象包括：资产、人员、医用物品标识和监控。资产标签附着在医疗器械或者物品包装上，多数为条状标签，标签根据不同用途也会有所差异，例如：一些经常需要重复查找定位的物资，可以绑定带 LED 灯的具有闪光功能的标签来提供视觉协助。在一些对存储环境要求较高的医疗物品（比如疫苗、血浆等）需要整合具有传感功能的有源标签进行实时监控，持续采集环境的温度、湿度和剩余有效期限等特征。如果某一特征超过预先设定的范围，则该有源标签将启动特殊标识或者报警。

电子标签的实际结构会根据需求发生千变万化，但前端数据采集的实现方式大同小异：电子标签一般通过多种方式附着在应用对象上，作为其身份唯一性的标识，进而采集相关数据（比如血压、温度等）上传至阅读器，阅读器通过有线或者无线方式传输到后台主机系统，经过预先设定的软件的分析，解析出相关有用信息，激发应用系统后续控制机制。电子标签工作机制原理示意图如图 6.20 所示。

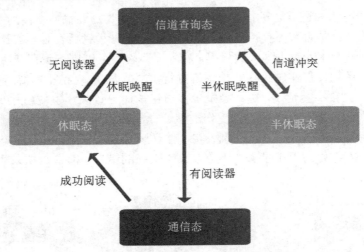

图 6.20　电子标签工作机制原理示意图

人员标签通常按照佩戴对象划分，主要有医院职员标签和病患标签。职员标签一般为常见的胸卡，佩戴在颈部，可以根据实际需要（例如医院中安全等级较高的区域）整合高频或者低频芯片作为门禁使用，即通常使用的双频卡；在一些严格限制他人进出的场合，可以设置指纹、虹膜等生物识别元件。病患标签一般采用腕带状，可以方便地佩戴在病患的手腕或脚腕上。不同的病患类别采用不同的标签封装样式，例如：一般的病患带有白色腕带，携带传染病的病患则带有黄色腕带进行识别；一些特殊病人还需要整合脉搏、体温传感器件，这些数据将对医院进行实时医疗服务提供帮助。标签还可以设置报警功能，在标签特定区域增加 1~2 个紧急按钮，遇到突发事件可以随时呼救。整个标签采用防撕技术，如果遭强行破坏，可以主动报警。在新生儿母婴识别应用方面，婴儿标签会采用特殊洁净封装措施。

医用物品标签主要设置在重要的医疗资产和医疗物品的包装箱上，通过标签可以便捷地获得物品的基本信息。有毒物品的标签可以设置相应的警示标识。

人员标签和物品标签示例如图 6.21 所示。

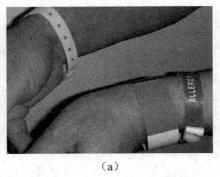

（a）　　　　　　　　　　　　　　　　　　　　　（b）

（a）美国芝加哥 Mercy Hospital 的急诊病人手腕标签（红色标签标有"过敏体质"字样）。

（b）eAgile 公司专为医药和保健产品开发的物品标签 MicroWing inlay，标签只有一个回形针那么大（8mm×22mm），采用 Impinj 的 Monza R6 芯片，具有 96 位的电子产品编码（EPC）内存。

图 6.21　人员标签和物品标签示例

　　前端数据采集系统手机的信息由信息阅读器进行处理，根据与后台数据库数据交互方式的不同，智能医疗的阅读器可以分为手持阅读器和基站式阅读器。手持式阅读器使用较为灵活，可由工作人员随身携带或者绑定在其他移动资产上作为数据转发站，如图 6.22 所示。手持式阅读器方便医护人员对所负责的片区内的病患进行巡检，确保病患处于正常护养状态中；也可方便后勤人员找寻医用物品，即时获取物品的基本信息等。基站式阅读器通常分布在一些特定区域，比如走廊、房门口和卫生间等，位置固定，作为后台数据解析时的地址信息的依据。基站式阅读器与天线连接，在目标区域内搜寻标签主动发送的各种数据并通过有线或者无线方式传输至后台服务器。阅读器与天线可以整合成一体，也可以根据实际情况将天线外置，以适应特定环境下的信号覆盖。

图 6.22　英国 Technology Solution 公司推出的可以与手持设备协同工作的手持式阅读器

6.2.2　医疗传感系统

　　医疗传感设备是智能医疗系统的核心组成部分，是根据特定的医疗要求而设计的医疗传感器，如图 6.23 所示。它利用生物化学、光学和电化学反应原理，将生理信号转换为光信号或电信号，通过对信号进行放大和模数转换，测量相应的生理指数。

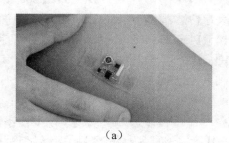
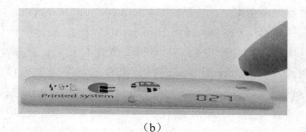

（a）　　　　　　　　　　　（b）

（a）美国伊利诺伊大学香槟分校和西北大学研发的粘贴式生物传感器，用于检测心率等生理指标并将数据无线传输至手机和电脑（图片：John Rogers）。（b）印刷式医疗传感器。

图 6.23　医疗传感器

　　医疗传感器由生物分子识别部分（敏感组件）和转换部分（换能器）构成。分子识别部分是医疗传感器选择性测定的基础，被测目标在该部分可以引起某种物理变化或化学变化。生物体中能够选择性地分辨特定物质的物质有酶、抗体、组织、细胞等。这些分子识别功能物质并通过识别过程与被测目标结合成复合物，如抗体和抗原的结合、酶与基质的结合。在设计医疗传感器时，选择适合于测定对象的识别功能物质是极为重要的前提，同时还要考虑到所产生的复合物的特性。根据分子识别功能物质制备的敏感元件所引起的化学变化或物理变化去选择换能器，是研制高质量医疗传感器的另一重要环节。敏感元件中光、热、化学物质的生成或消耗等会产生相应的变化量，以此反映被测物质信息。生物化学反应过程产生的信息是多元化的，微电子学和现代传感技术的成果已为检测这些信息提供了丰富的手段。医疗传感器构件示意图如图 6.24 所示。

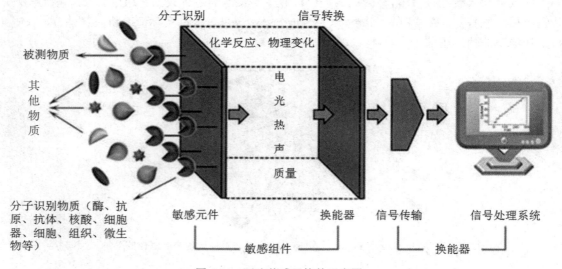

图 6.24　医疗传感器构件示意图

医疗传感器根据敏感元件的不同可分为五类：微医疗传感器（Microbial Sensor）、酶传感器（Enzyme Sensor）、细胞传感器（Organism Sensor）、组织传感器（Tissue Sensor）和免疫传感器（Immunol Sensor）。显而易见，所应用的敏感材料依次为微生物个体、酶、细胞器、动植物组织、抗原和抗体。医疗传感器根据换能器的不同可分为：生物电极（Bioelectrode）传感器、半导体医疗传感器（Semiconduct Biosensor）、光医疗传感器（Optical Biosensor）、热医疗传感器（Calorimetric Biosensor）、压电晶体医疗传感器（Piezoelectric Biosensor）等，换能器依次为电化学电极、半导体、光电转换器、热敏电阻、压电晶体等。根据被测目标与分子识别元件的相互作用方式进行分类有生物亲和型医疗传感器（Affinity Biosensor）和竞争型医疗传感器（Competitive Biosensor）。三种分类方法之间实际互相交叉使用。

近年来，已经实用化的医疗传感器主要有酶电极、微医疗传感器、免疫传感器、半导体医疗传感器。目前，市场上出售的医疗传感器大多是第二代产品，它含有生物工程分子，能直接感知并测定出指定的物质。第三代或第四代医疗传感器的典型代表是把硅片与生命材料相结合制成的生物硅片，这种有机与无机相结合的生物硅片比传统硅片的集成度要高几百万倍，且在工作时不发热或仅产生微热。今后，随着高科技的不断发展，还可以利用不同的生物元件的特殊功能与先进的电子技术相结合，研制出各种用途的新型医疗传感器。例如，采用微电子技术与特殊的生物元件可以研制出超微型的医疗传感器，它可以进入人体内，帮助医生和病人解决一些外科手术和药物无法解决的问题。此外，有机医疗传感器会融入电子系统。生物硅片与先进的电子系统的广泛结合，可以创造出更为复杂的仿生系统。纳米科技的兴起和发展赋予了医疗传感器新的生机，纳米工程技术将生物科学、信息科学和材料科学有机结合在一起，使新兴的医疗传感器兼具以下特点：

（1）功能多样化：医疗传感器将进一步涉及医疗保健、疾病诊断、食品检测、环境监测、发酵工业的各个领域。目前，医疗传感器研究中的重要内容之一就是研究能代替生物视觉、听觉和触觉等感觉器官的医疗传感器，即仿生传感器，如图 6.25 所示。

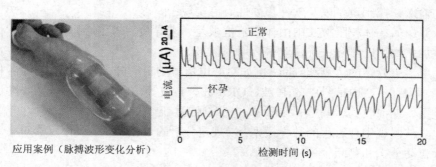

应用案例（脉搏波形变化分析）

人造仿生电子皮肤，通过对脉搏波形变化的分析，可实现对人体生理信号的实时快速检测。该传感器还可检测人体说话时喉部肌肉群运动产生的微弱压力变化，实现对语音的分析。

图 6.25　新型柔性可穿戴仿生触觉传感器

（2）微型化：随着微加工技术和纳米技术的进步，医疗传感器将不断地微型化，各种便携式医疗传感器的出现使人们在家中进行疾病诊断成为可能。

（3）智能化与集成化：医疗传感器必定与计算机紧密结合，自动采集并处理数据，更科学、更准确地提供结果，实现采样、进样、结果一条龙，形成检测的自动化系统。同时，芯片技术将越来越多地进入传感器领域，实现检测系统的集成化、一体化。

（4）低成本、高灵敏度、高稳定性和高寿命：医疗传感器技术的不断进步，必然要求不断降低产品成本，提高灵敏度、稳定性和延长寿命。这些特性的改善也会加速医疗传感器市场化、商品化的进程。

图 6.26　新型医疗传感器的发展方向

传感器中都包含信号模拟处理组件，该组件主要是将电极和传感器获得的信号加以放大，减少噪声和干扰信号以提高信噪比，同时对有用的信号中感兴趣的部分，实现采样、调制、解调、阻抗匹配等。"放大"在信号处理中是第一位的，根据所用传感器以及所测参数的不同，放大电路也不同，例如用于测量生物电位的放大器称为生物电放大器。

生物电放大器比一般放大器有更严格的要求，在监护仪中最常用的生物电放大器是心电放大器，其次是脑电放大器。经过处理的模拟量被量化为数字量供计算机处理。计算机部分是今后系统发展很重要的部分，它包括信号的运算、分析及诊断。简单的监护系统处理是实现上下限报警，例如血压低于某一规定的值、体温超过某一限度等；复杂的系统处理包括整台计算机和相应的输入、控制设备以及软件和硬件，可实现：

- 计算：如在体积阻抗法中由体积阻抗求差、求导最后求出心排出量。
- 叠加平均：以排除干扰，取得有用的信号。
- 做更多更复杂的运算和判断：例如对心电信号的自动分析和诊断，消除各种干扰和假想，识别出心电信号中的 P 波、QRS 波、T 波等，确定基线，区别心动过速、心动过缓、期前收缩、漏搏、二联脉、三联脉等。
- 建立被监视生理过程的数学模型：以规定分析的过程和指标，使仪器对患者的状态进行自动分析和判断。

6.2.3 物联智能医疗应用案例

1. 医疗监护

医疗监护系统是一种用以测量和控制患者生理参数、可与已知设定值进行比较、出现超差时可发出报警的装置或系统。患者监护（Care and Monitoring）的目的是测量与监视生理参数，监视和处理手术前后的状况，因此在医院内常设置各类监护病房，这些监护病房中使用各类医用监护仪分别对各种生理、生化参数进行测量、分析与控制。在早期由于受到技术的限制，对患者的生理和生化参数只能由人工间断地、不定时地进行测定，这样就不能及时发现在疾病急性发作时的病情变化，因此往往导致患者死亡。医疗监护系统则可以进行昼夜连续监视，减轻了医务人员的劳动，提高了护理工作的效率，使医生能随时准确地掌握患者的情况，以便医生及时抢救，使死亡率大幅度下降。监护仪的用途除测量和监视生理参数外，还包括监视和处理用药及手术前后的状况。

根据临床护理对象的不同，医疗监护系统可分为以下几类：手术中和手术后护理系统、重症监护系统、外伤护理系统、冠心病护理系统、儿科和新生儿监护系统、肾透析监控系统、高压氧舱监护系统和放射线治疗机的患者监护系统等。

目前在医院临床应用中，由模拟电路组成的监护系统已逐渐被采用微机技术的自动监护系统取代。图 6.27 为全自动监护系统的原理框图。该系统可分为三大部分：一是工业电视摄像与放像系统，用以监护患者的活动情况；二是必要的抢救设备，它是整个系统的执行结构，如输液泵、呼吸机、除颤器、起搏器和反搏器等；三是多生理参数智能监护仪。

智能监护仪包括各种传感器和电极，有些还包括遥测技术以获得各种生理参数。电极能提取人体的电生理信息，例如心电、脑电等，而传感器是整个监护系统的基础，有关患者生理状态的非电量信息都是通过传感器获得的。传感器有测电压、心率、心音、体温、呼吸、阵痛和血液 pH 等功能，每一类传感器都可以根据不同的要求进行自定义设计。监护系统中的传感器要求能长期稳定地检出被测参数，且不能给患者带来痛苦和不适等，因此比一般的医用传感器要求更高。除了对人体参数进行监视的传感器以外，还有监视环境的传感器，这些传感器和一般工业上用的传感器相似。输液检测器示意图如图 6.28 所示。

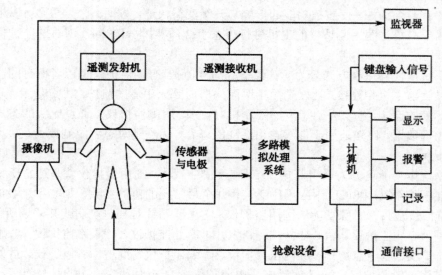

图 6.27 全自动监护系统的原理框图

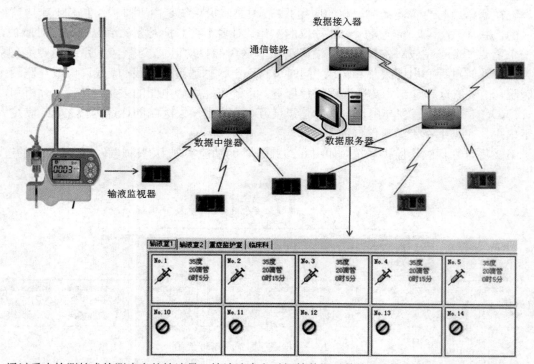

通过重力检测技术检测病人的输液量、输液速度和时间等数据，数据可以实时传输到护士站的电脑终端上。当输液时间剩余 1 分钟时，电脑终端会发出警报。

图 6.28 输液检测器示意图

　　医疗监护系统按仪器构造功能分为一体式和插件式。一体式监护系统具有专用的监护参数，通过连线或其他连接管接入每台医用监护仪之中，它所监护的参数是固定不可变的。有些医用监护系统也可通过无线遥测。插件式监护仪具有一个明显的特点，即每个监护参数或每组监护参数各有一个插件，使监护功能的扩展与升级变得快速、方便。这类插件可以根据临床实际的监测需要与每台医用监护仪的主机进行任意组合，同时也可在同一型号的监护仪之间相互调换使用。

监护系统按仪器接收方式分为有线监护和遥测监护。有线监护仪是患者所有的监测数据通过导线和导管与主机相连接，比较适用于医院病房内卧床患者的监护，优点是工作可靠，不易受到周围环境的影响，缺点是对患者的限制相对较多。遥测监护仪是通过无线的方式发射与接收患者的生理数据，比较适用于能够自由活动的患者，优点是对患者限制较少，缺点是易受外部环境的干扰。

监护系统按功能可分为通用监护系统和专用监护系统。通用监护仪就是通常所说的床边监护仪，它在医院 CCU 和 ICU 中应用广泛，有几个最常用的监测参数，如心率、心电、无创血压。专用监护仪是具有特殊功能的医用监护仪，它主要是针对某些疾病或某些场所使用，如手术监护仪、冠心病监护仪、胎心监护仪、新生儿早产儿监护仪、呼吸率监护仪、心脏除颤监护仪、麻醉监护仪、脑电监护仪、颅内压监护仪、睡眠监护仪、危重患者监护仪、放射线治疗室监护仪、高压氧舱监护仪、24 小时动态心电监护仪、24 小时动态血压监护仪等。

监护系统按使用范围分类可分为床边监护仪、中央监护仪和远程监护系统。床边监护系统是设置在病床边与患者连接在一起的应用系统。中央监护系统是由主监护仪和若干床边监护仪组成的，主监护仪可以控制各床边监护仪的工作，对多个被监护对象的情况进行同时监护，它的一个重要任务是完成对各种异常的生理参数和病历的自动记录。远程监护系统主要是在家中或工作中随时进行心电图采集和记录，同时可将心电数据通过电话线、无线通信或互联网传输给医院，由专家远程诊断，实现远程医疗服务。系统可完成心电图的采集、传输、分析和数字化管理，有效地实现医生与用户之间的信息交互，免去用户去医院的往返奔波之苦，满足人们足不出户、在家中享受医疗保健的愿望。

下文将以远程医疗监护系统（如图 6.29 所示）的功能实现为例讲解智能医疗监控的过程：

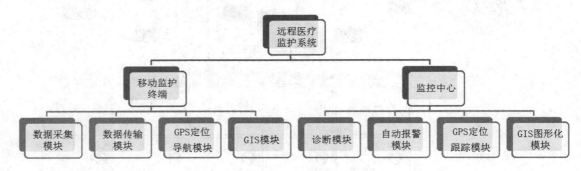

图 6.29　远程医疗监护系统框架图

（1）数据采集模块

该模块主要完成病人生理数据和 GPS 数据的采集功能。系统通过 PDA 或智能手机与其他各种医疗设备连接，自动获取病人的实时数据，并在 PDA 或智能手机端进行必要的数据转化和处理，然后再通过无线网络发送到监控中心数据库。

（2）数据传输模块

该模块可利用移动服务商的 GPRS 技术，采用点对点的方式实现对具有通信功能的移动终端的数据远程无线传输。模块自动完成对监控中心通过 Internet 发出的命令的接收和解码，以及对终端返回数据的编码和发送。

为了便于数据的解析和与统一标准的兼容，移动终端定时将采集到的生理参数和定位数据以 XML 格式封装成数据包，然后通过 GPRS 数据传输模块将数据包以无线的方式发送到监控中心的数据接收服务器。数据传输模块相关的实现函数如下：

```
Void set_speed(int fd, int speed); //设置串口的波特率
//设置串口的奇偶位、校验位、停止位
Int set_parity(int fd, int databits, int stopbits, int parity);
Int gprs_init(int serial);
//初始化 gprs 模块
Int gprs_tcp(char*ipaddr, char*port);
//初始化与服务器的 tcp 连接
Void gprs_send(char*data, int len);
//发送监测数据包
Void gprs_tcpclose();
//关闭 gprs 与数据接收服务器的 tcp 连接
Void gprs_close();
//关闭 gprs 模块
Void gprs_cmd(char*pt);
//向串口发送包含 at 命令的字符串
```

GPRS 数据传输模块在以无线的方式传送数据包时，首先通过 AT 命令与集成子系统中的数据接收服务器建立 TCP 连接，建立连接时使用的参数是通过系统运行参数配置模块设定的。若 TCP 连接建立失败，则图形界面窗口将会显示该信息；若连接建立成功，则等待用户的操作。无论用户是选择自动发送还是手动发送，都是通过 GPRS 的 AT 命令来发送数据包。在该模块中使用的 AT 命令集如下：

```
//建立 TCP 连接或注册 UDP 端口号
AT+CIPSTART=("TCP", "UDP"),("IPADDRESS", "DOMAIN NAME"), "PORT" AT+CIPSEND //发送数据
AT+CIPCLOSE //关闭 TCP 或 UDP 连接
```

在数据包的传输过程中，该模块能够实时地检测到远端数据接收服务器的接收状态，如果某个时刻接收服务器发生意外关闭，此时该模块会立即停止数据包的传输，并在图形界面窗口上显示与服务器断开连接。

（3）GPS 定位导航模块

该模块通过内置的 GPS 芯片，给出所处位置的定位信息。通过编写自动获取 GPS 经度、纬度和速度等各种信息的程序，在地图上标识出来，并将信息发送回监控中心，实现实时定位与导航。

目前用于导航的 GPS 数据大多采用 NEMA0183 格式，包括定位点的经度、纬度、高度、可用卫星数、当前的星历信息以及每颗卫星的状态等。NMEA0183 数据流共由 12 个段组成，每一部分由 6 个标识符开始，标识符的第一个字母为$。这其中只有一部分数据直接面向 GPS 信号接收器设备。GPRMC 推荐的最短数据格式如下：

```
$GPRMC, <1>, <2>, <3>, <4>, <5>, <6>, <7>, <8>, <9>, <10>, <11>, *hh
```

其中：<1>定位时 UT 时间，hhmmss 格式；<2>状态，A=有效　V=无效；<3>经度，ddmm.mmm

格式；<4>经度方向，N 或 S；<5>纬度，dddmm.mmmm 格式；<6>纬度方向，E 或 W；<7>速率；<8>方位角度；<9>当前 UTC 日期，ddmmyy 格式；<10>太阳方位；<11>太阳方向。

当监护终端同 GPS 信号接收器连接成功后，便可获得导航数据中的经度和纬度，在 PDA 电子地图中显示出来，并利用 GPRS 无线网络将该定位数据送至监控中心数据库，实现定位导航功能。在该模块的实现上，定义了两个结构体 date_time 和 GPS_INFO，用于保存当前的时间和地理位置，结构体内容如下：

```
Typedef struct {
int year; //年
int month; //月
int day; //日
int hour; //小时
int minute; //分钟
int second; //秒钟
}date_time; //时间结构体

Typedef struct {
date_time; //时间结构体变量
char status; //当前的状态是否有
double latitude; //经度
double longitude; //纬度
char NS; //北纬或南纬
char EW; //东经或西经
double speed; //速度
double high; //高程
}GPS_INFO; //GPS 本地信息结构体
```

（4）GIS 模块

在移动监控终端，为了实现 GPS 定位和导航的功能，系统集成了 GIS 技术，实现了基本的 GIS 操作功能，例如放大、缩小、漫游、查询和简单的空间分析等。

GIS 模块主要以地图的方式表达空间数据，供系统用户查看，主要包括地图浏览功能（如地图放大、缩小、漫游、全幅显示等）、查询功能、空间分析功能。GIS 模块中最主要的空间分析功能是路径分析，即计算连接出发地和目的地两点之间的最短路径。典型的最短路算法是 Dijkstra 算法，用于计算一个节点到其他所有节点的最短路径。主要特点是以起始点为中心向外层层扩展，直到扩展到终点为止。实现其功能的主要类和函数如下：

```
CSePathAnalyst m_PathAnalyst; //路径分析类
CPoint m_pntFrom; //出发地坐标点
CPoint m_pntTo; //目的地坐标点
void PathAnalyseInit(); //路径分析初始化，设置网络数据集
bool PathAnalysing(); //路径分析方法
```

（5）诊断模块

诊断模块的主要功能就是把由传感器采集来的体温、脉搏、血压等数据进行一个初步的分析，给出相应的诊断意见。核心算法如下：

```
for(i=0; i<AttributesArray.length; i++){//生成属性代码数组
    if(AttributesArray[i].attribute does not exist in attributes table){
        提醒系统管理员添加新发现的属性;
        为新属性分配编码，如果是新属性，则分配唯一编码;
        如果是原属性的同义属性则分配原属性编码; }
    else{
            AttributeCodeArray[i].attribute=AtributeArray[i].attribute;
            AttributeCodeArray[i].value=AttributeArray[i].value;
        }
    }
read rule table data to RuleTableArray     //读规则表数据到 RuleTableArray 结构数组
sort ascending RuleTableArray by RuleTableArray.ruleCode     //升序排序 RuleTableArray
for(i=0; i<AttributeCodeArray.length; i++)
RuleTableArray[i].isSatisfied=null;     //设置所有规则状态为未知
for(i=0; i<AttributeCodeArray.length; i++){
    for(j=0; j<RuleTableArray.length; j++){
        if（isSatisfied(AttributeCodeArray[i], RuleTableArray[j])){//判断是否满足规则
            RuleTableArray[j].isSatisfied=true;
        }else{
        RuleTableArray[j].isSatisfied=false;
        }
    }
}
//生成诊断报告
Vector unsured, sured;
for(i=0; i<RuleTableArray.length; i+=k){
    isUnsure=false;
    if(RuleTableArray[i].isSatisfied||RuleTableArray[i].keyrule){
        select count(*)into :k from RuleTable where rulecode=RuleTableArray[i].ruleCode;
            for(j=0; j<k; j++)     //不满足关键属性，则可排除该规则号对应的疾病
    if（RuleTableArray[i+j].keyrule&&!RuleTableArray[i+j].isSatisfied）
    goto nextRule;
        for（j=0; j<k; j++) {
            if（RuleTableArray[i+j].isSatisfied==null）{
                //记录尚进一步检查以确诊的项目
                unsured.addElement(RuleTableArray[i+j].AttributeCode);
                isUnsure=true;
            }
        }
        //记录确诊规则号
        if(!isUnsure)sured.addElement(RuleTableArray[i].ruleCode);
    }
        nextRule:
    }
        //检查是否是新病情
```

```
if(unsured.isEmpty()&&sured.isEmpty()){
        将该病例提交系统管理员手工处理;
        系统管理员添加该类疾病诊断规则到规则表;
        系统管理员添加该类疾病诊断信息到诊断决策表;
}
转换 unsured 的属性代码为属性名称;
转换 sured 规则代码为诊断信息;
if(!unsured.isEmpty())out.println("需要进一步确诊的项目:"+unsured.toString());
if(!sured.isEmpty())outprintln("你患有:"+sured.toString());
```

（6）自动报警模块

监护中心在记录和显示用户生理参数的同时,还要对其进行初步分析,当检测到有异常时,就通过自动报警模块警示用户。

（7）GPS 定位跟踪模块

通过获取各智能终端的 GPS 数据,嵌入于 GIS 中,完成 GPS 定位、导航、最短路径分析、用户跟踪等多项功能。例如当患者向监护中心请求急救时,监护中心可以根据移动终端发送的 GPS 数据从 GIS 电子地图上查看到患者的具体位置,并同时搜索最近的急救车辆,让最近的车辆前去接患者。

（8）图形化模块

该模块主要完成基本的 GIS 操作功能。服务器端监护中心的 GIS 应用是一个综合的应用,它紧密结合 GPS,结合空间数据库、基础数据库和医疗相关专题数据库,完成一系列操作,包括基础的多种放大、缩小、漫游操作、信息查询、距离量算、地物编辑、缓冲分析和最短路径分析等。例如对患者进行急救时,监护中心可以通过双向通话功能,指导救护车上的医生实施救护治疗,同时通过 GIS 的最优路径功能,给救护车指引道路,使其以最快的速度到达医院或急救中心。

智能监护系统中,监视仪与人交换信息的部分称为人机接口,包括键盘输入、信号的显示、记录、报警和通信接口等:

- 键盘输入实现了信息的录入,例如参数的上下限值;显示的模式切换等功能。
- 信号显示以液晶或 CRT 屏幕为主,以显示各参数值及其随时间变化的曲线,供医生分析。
- 记录仪将被监视参数记录下来作为档案保存,目前大多采用热阵打印机。
- 光报警和声报警,使医护人员及时发现情况并采取相应措施。
- 通信接口实现与中央台的联网,可实现监护信息的互传。

人机接口的功能化发展方向如图 6.30 所示。

2. 传染病人及传染物的监控

结合传染病疫情追踪管制系统和全球定位系统,各防疫和政府单位可以即时而且准确地掌握整个处理流程的动态信息。居家隔离和医疗院所产生的感染性废弃物,可在检疫单位发出通知的同一时刻进行定位,全程追踪和管制专用垃圾车载运,出现异常时可立即纠正,防止四处扩散,同时将动态追踪信息及时予以透明化,消除人们的疑虑,进而防止类似非典型肺炎疫情的院内感染管制问题和社会的恐慌。如图 6.31 所示为具有智能监控功能的医疗回收车。

1:1 动作：
产品的移动感测值，可成为模拟应用（virtual reality applications）的控制输入值，例如在平板电脑显示 3D 全景影像、在移动端显示实境仿真导航等。

手势：
手势人机界面可将产昆的移动感测值转换为输入指令，产品可以诠释使用者的动作，将之当作指令。

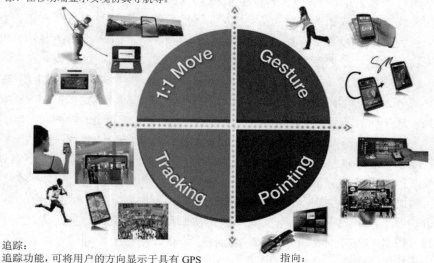

追踪：
追踪功能，可将用户的方向显示于具有 GPS 功能的产品中，当失去 GPS 信号时，也能使用精准的室内行人导航，协助使用者找到目的地。

指向：
指向功能，让用户不用再使用传统的上、下、左、右键来选择节目，可利用瞄准器件，指向、点选智能型电视屏幕的选单内容。

图 6.30　人机接口的功能化发展方向

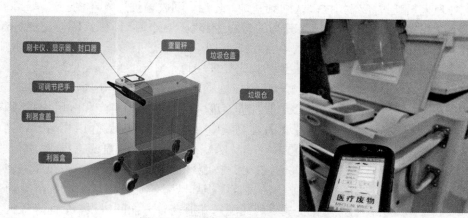

图 6.31　具有智能监控功能的医疗回收车

　　下文将以某医院呼吸科医疗废弃物的处理和智能监控为例说明该监控过程：呼吸科的医疗废弃物（如输液皮管、包装盒、金属针头等）在相关条例的规范下将垃圾丢入指定垃圾袋。专门负责医疗废弃物回收的工人从医疗废物中转站领取医疗回收车，领取时工人需要刷卡开启回收车，回收车开启后自动开始工作，回收车的编号、本次领用日期及时间、领用人等信息发送到管理平台。工人推着回收车到各科室进行医疗废物回收，此时回收车处于封锁状态。到达呼吸科后，工人将科室配置的射频卡（由护士长负责保管）放置到回收车读卡器上，解锁回收车，然后将包装满废弃物的各个垃圾袋装入废物储藏箱，并使用回收车的封口机对医废垃圾袋进行封口。在护士长的监督下，工人随后依据废物分类，通过回收车称重装置，逐袋或逐箱对医废进行称重。称重完成后回收车条形码打印机打印出了包含有对应废物相关信息（医院及科室信息、废物种类、废物产生的时间、废物重量、废物回收人员信息、废物投递人员信息等）的条形码。条形码打印结束的同时，回收车自动通过 GPRS 将对应废物信息上传到管理平台。条形码贴到对应医废垃圾袋或箱的合适位置，工人编好号后将医废分类投入回收车废物储藏箱中，例如，第一包为"RK00001"。随后，护士长收回射频卡，回收车废物储藏箱自动锁定，禁止投入新的废物或者将已投递废物拿出。回收箱废物放满后，工人通过回收车条形码打印机打印出包含有中转箱废物信息（中转箱隶属单位、中转箱编号、投入中转箱废物的人员、时间、重量、类别、来源等）的条形码；条形码打印结束的同时，回收车自动通过 GPRS 将对应中转箱信息上传到管理平台。随后，工人将条形码贴到对应医废中转箱上，将回收车运到医疗废物中转站。此时，中转站管理人员使用射频卡，放置到回收车读卡器上，解锁回收车废物储藏箱，并用回收车自带的条形码扫描枪逐一扫描废物中转箱条形码，将中转箱编号、隶属单位等信息录入到回收车控制系统，完成医废中转站的回收确认。完成全部回收废物中转站确认后，中转站管理人员收回射频卡，回收车废物储藏箱自动锁定，到此完成了中转站医废的确认过程。此时，回收车自动通过 GPRS 将回收车的编号、本次归还日期及时间、归还人等信息发送到管理平台，并通过内置 GPS 将本次回收车废物回收路线轨迹同时上传到管理平台。

之后，专用的医废运输车将当天产生的数千箱医疗废弃物搬运至医废处理基地。运输车司机备有"工作三件套"——手机、扫描枪、随身打印机。在将废物储藏箱装车之前，司机用扫描枪逐一扫描回收箱的条形码，这些箱子的信息自动录入手机系统并即时上传到监管系统中。例如，系统中可实时显示"RK00001"跟随车辆的移动位置。废物储藏箱被运送至医废处理基地后，处理人员通过条码扫描确认回到基地。随后，回收箱被送入环氧乙烷消毒库，这个过程将有毒有害的医疗废弃物，变成可处理的普通废弃物。数小时后，医疗废弃物被进行粉碎、压缩和焚烧。这些医疗废物在医院停留不会超过 24 小时，通过监管系统对医疗废弃物进行条码管理，坐在电脑前就可以监控从收集到无害化处理的每个环节，能方便地追根溯源。

通过物联网技术对医疗废弃物的管理和监控过程同样适用于对医用物资的入院管理和监控，如图 6.32 所示。一些大型医疗中心一般都拥有庞大的重要医用资产和医用物品存储基地，医院后勤人员每天需要根据订单从成千上万件物资中寻找合适的物品。医用物品的外包装通常比较相像，但内在物品的用途却差异巨大，因此，医院后勤部门通常需要花费巨大的人力物力查找、核对这些物品。况且，医用物品的存储必须按照严格的存储规范进行，在库房调整或者物品腾挪时经常会发生误置事件，导致物品大范围损坏或者流通到市场后产生严重的药品事故。在医药领域每年都会发生大量的处方、药品配送和服药等方面的错误，从而导致许多医疗事故，每年在这些方面造成的损失就高达 750 亿美元。物联网技术可以有效解决上述问题：在设置物资标签的基础上，医疗物资的追踪定位系统可以协助后勤人员妥善整理和放置各项医用物品，如果某些物品发生误置，系统可以通过不停闪烁的 LED 灯光提醒库房管理人员调整存储位置。在寻找相应的物品时，系统可以准确提示物品的位置，并且可以通过标签进行准确的信息核对，如果物品信息不正确，或有效期已过，则进行相应的提醒。此外，通过智能医疗的药品供应链管理系统，可以追踪药品的生产、运送与销售过程，并且能遏制假冒伪劣药品的泛滥（目前假冒伪劣药品在全球药品市场中占据了 10%的份额）。同时，药品的销售情况可以不断反馈给制药公司，及时调整药品的生产量。

■在生产线上安装传感器，跟踪药品生产过程
■药品包装时就植入传感器

■根据传感器发射的信号来跟踪药品的转运和销售
■防止失窃和假冒

利用药品包装上的传感器对医院内的药品库存和保质期进行控制

物联网技术（如RFID）为每袋血液提供各自唯一的身份，并为其存入相应的信息，这些信息与后台数据库互联，无论是在采血点，还是在调动点血库，或是在使用点医院，都能全程受到RFID系统的监控，血液在各调动点的信息可以随时被跟踪出来。

图 6.32　物联网技术对医用物资的管理和监控

　　智能化医疗物品管理的另一个发展方向是智能药物包装（IPP）。最近，瑞典包装专家 Cypak 设计出具有 RFID 包装的 Novartis 公司的高血压药物 Diovan。RFID 能够检测和追踪病人是否严格依照药品说明服药，监视病人遵守药物治疗处方的做法能帮助他们遵从药物治疗的预定时间表，因此提高服用药物的效果。IPP 的每个包装都储存了病人移走药丸的日期和时间，当病人归还空的包装给药房的时候，药剂师将它放在一个具有网络连接的 Cypak RFID 阅读器上，从而显示出药品被服用的具体时间细节。数据也被上传到一个中央数据库，使得授权人员，包括医师和病人自己能得到这些数据。IPP 系统除了向药剂师和医生提供一个方法检查药物是否被正确地服用外，还可以帮助他们决定是否需要对没有正确服用药物的病人进行协助和教育。从病人药物包装中收集的数据也可以协助调查药物服用依从度的情况。

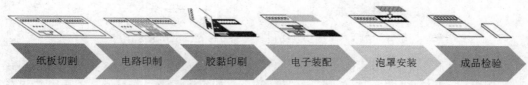

| 纸板切割 | 电路印制 | 胶黏印刷 | 电子装配 | 泡罩安装 | 成品检验 |

（a）IPP 包装的生产过程。设计者已经开始开发 13.56MHz 主动式标签 IC，直接嵌入到药品泡壳包装中。

| 病人服用药品 | PC采集数据 | 物联网 | 安全数据中心 | 服用数据分析 |

（b）IPP 系统的信息流过程。

图 6.33　IPP 包装的生产过程及系统信息流过程

3. 婴儿防盗识别系统

新生婴儿由于特征相似，而且理解和表达能力欠缺，如果不加以有效的标识往往会造成错误识别，结果给各方带来无可挽回的巨大影响。因此，对新生儿的标识除必须实现病人标识的功能之外，还要对新生婴儿及其母亲进行双方关联标识，用同一编码等手段将亲生母子联系起来，做到母亲与婴儿是一对匹配。单独对婴儿进行标识存在管理漏洞，无法杜绝恶意的人为调换。在医院工作人员和母亲之间进行婴儿看护，临时转院时，双方应该同时进行检查工作确保正确的母子配对。

婴儿出生后应立即在产房内进行母亲和婴儿的标识工作，产房必须同时准备两条不可转移的标签，分别用于母亲及新生儿。标识带上的信息应该是一样的，包括母亲全名和标识带编号、婴儿性别、出生的日期和时间以及其他医院认为能够清楚匹配亲生母子的内容。同时，产房可准备能够清楚采取婴儿足印和母亲手指印的设备，并用适当的表格记录相关信息和足印资料。标识之余，还能够充分保障标识对象的安全。当有人企图将新生儿偷出医院病房时，识别设备能够实时监测到而发出警报，并通知保安人员被盗婴儿的最新位置。母婴识别及婴儿防盗管理系统具有极大的灵活性、适用性、可靠性和完整性等优点，是物联网在智能医疗方面的典型案例。下文将详述智能医疗 RFID 母婴识别防盗管理系统的应用过程（如图 6.34 所示）。

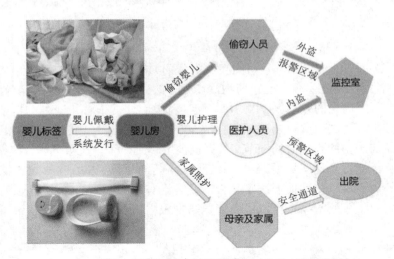

图 6.34　物联网母婴识别防盗系统腕带标签及工作流程图

具体地，婴儿和母亲佩戴腕带，婴儿腕带内含有有源远距离 RFID 标签，母亲腕带内含有源短距离 RFID 标签，并且保证婴儿腕带一旦被戴上，如果再取下，其有源标签就会经过系统发出报警信息。而且腕带具有防水防潮处理。婴儿的有源 RFID 用于系统识别其活动范围，婴儿及母亲的近距离检查可用手持读卡器直观地识别配对关系。

系统使用之前，将母婴配对使用的腕带都设置好配对关系，孩子出生就带上腕带，直至出院。在腕带数量上，可以根据母婴室房间数及床位数，制作若干对，每个房间可以设置多对，再设置一些额外临时配对卡，以满足房间不够、临时安排的情况。腕带可以重复回收使用，也可以在出院时卖给家属作为纪念。母婴配对的腕带可以设计成一致的形状及花色等，不同母婴的腕带在外观上能够很容易区分。

母婴识别防盗系统在活动空间内布置读卡器，用于采集婴儿的信息。婴儿所在的每个房间安装定位器（距离可调，3～8 米），过道走廊安装长距离读卡器（距离在 20 米）。每个婴儿腕带信息都会自动上传至应用软件管理子系统进行数据处理；在重要外围通道处，设计为只有授权人员才可以出入的方式，最大限度地杜绝无关人员随便进出。母亲和婴儿采取捆绑监控，婴儿不在母亲或者医护人员的带领下离开病房或者婴儿被误放到其他母亲的病房时，均会立即触发系统报警，最大限度减少抱错事件的发生。系统能够对部署设备的整个病房区域进行监控，同时能够实时监控佩戴防盗标签的病患所处的位置，并跟踪记录婴儿的移动情况，可以更加有效地实施监控和保护。在偷盗、设备被破坏、携带标签的婴儿未经许可进入监视区域等事件发生时，系统能够立即触发报警，并定位报警事件发生的位置，有效地提高报警的处理速度，及时遏止盗窃事件的发生。系统可以记录和导出所有的历史事件，详细显示每个房间有哪些婴儿、母亲或护士，并且记录婴儿、母亲或护士行动的路线。物联网母婴识别防盗系统如图 6.35 所示。

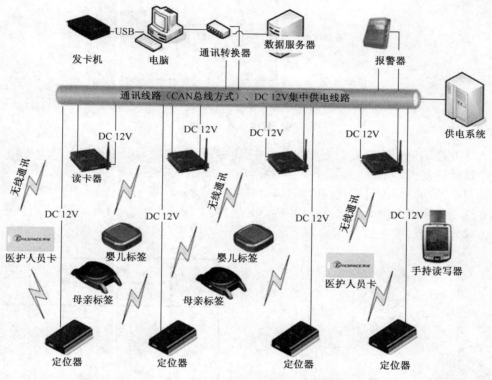

图 6.35　物联网母婴识别防盗系统示意图

6.3　智能诊断技术与案例

　　智能诊断是智能医疗的高级形式，人工智能技术在医疗诊断中的应用是在 20 世纪 50 年代后期才开始出现的，如用在一些常规的医学疾病诊断上。但由于研究任务的复杂性，从而缩小了医疗专家系统的研究范围。随着人工智能技术和诊断系统的飞速发展，智能医疗诊断中表现出越来越强大的生命力。智能诊断系统可以存储病理生理机构的描述模型和专家医生的医疗知识，并根据患者的病症，进行推理判断，给出诊断治疗意见。在诊断中，系统询问患者病症、解释病症、推断疾病发展、形成各种治疗计划、解释证明上述各项的合理性、复诊时重新评估患者状况。智能诊断系统流程如图 6.36 所示。

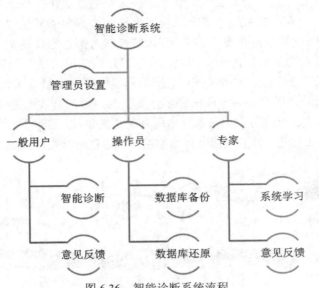

图 6.36　智能诊断系统流程

在人工智能的应用中，存在着一个最基本的问题就是建模的不确定性，这个问题一直困扰着智能诊断的发展。常用的经典概率和 DemPster-Shafer 的迹象理论被应用到这个领域，以及后来的贝叶斯网络成为最受欢迎的工具。到 20 世纪 80 年代中期，Pearl 的形式论使得贝叶斯网络在应用过程中变得更加容易使用。从那时起，人工智能才在临床诊断问题上得到了实施。贝叶斯推理示意图如图 6.37 所示。

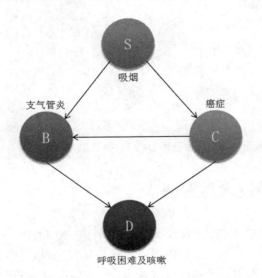

数据组序号	观测到的数据				网络联合概率
	S	C	B	D	
1	0	0	0	0	0.332
2	0	0	0	1	0.068
3	0	0	1	0	0.05
4	0	0	1	1	0.05
5	0	1	0	0	0
6	0	1	0	1	0
7	0	1	1	0	0
8	0	1	1	1	0
9	1	0	0	0	0.164
10	1	0	0	1	0.034
11	1	0	1	0	0.051
12	1	0	1	1	0.051
13	1	1	0	0	0
14	1	1	0	1	0
15	1	1	1	0	0
16	1	1	1	1	0.2

注：1 和 0 分别代表"是"和"否"

图 6.37　贝叶斯推理

当今 21 世纪，人工智能技术的医学虚拟应用不仅要对特定病人进行模拟，而且要对整个治疗过程中可能出现的反应和问题有一精确的预测并提出相应的对策，这是 21 世纪医学虚拟应用的核心目标。自动化技术能帮助提高诊断、解剖整形、功能图的再现性（重复能力）等，加之人们固有的视觉系统对信息的不准确性和不确定性处理的缺陷，从而有必要从多模式识别分类器中提取和融合数据。

6.3.1　智能诊断的结构模块

智能系统通过模拟人类的决定制定过程在电脑中构建一个包含知识的组件，知识工程师利用专门的技术提取知识（定义域），结合专业医师的意见，将知识移动到"知识系统"中，这样的系统被称为"专家系统"。专家系统从不同的专家那里获取知识、方法策略、经历、启发（试错法）、理智的和直觉的信息。医学专家系统（Medical Expert System，MES）是人工智能技术应用在医疗诊断领域中的一个重要分支。在功能上，它是一个在某个领域内具有专家水平解题能力的程序系统。医学诊断专家系统就是运用专家系统的设计原理与方法，模拟医学专家诊断疾病的思维过程，它可以帮助医生解决复杂的医学问题，可以作为医生诊断的辅助工具，可以继承和发扬医学专家的宝贵理论及丰富的临床经验。系统的结构主要有五大部件：知识获取子系统、知识库、动态数据库、推理机和人机接口，其核心部分是知识库和推理机。图 6.38 所示为疾病智能诊断系统的结构框架。

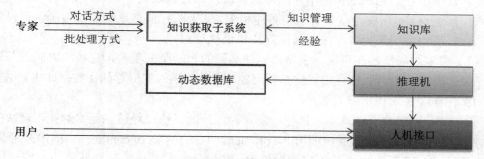

图 6.38　疾病智能诊断系统的结构框架图

1. 知识库

知识库包括两方面，一是对相关问题的搜集，二是对问题的解决方案。知识库必须包含足量的知识才能满足用户的查询，方便用户使用。知识库必须包含如下文档：具有技术性知识深度的技术文档；给不同用户提供知识系统使用指导的用户文档。知识库系统（Knowledge Base System，KBS）是人工智能领域的重要基础。知识管理系统（Knowledge Management System，KMS）促使知识从一个源流向另一个源，所有收集到的知识都需要必要的管理过程。在人工智能中，知识库和推理机是最主要的组分。

2. 知识获取子系统

知识获取子系统负责知识的收集并将这些信息转换成内部表示形式。

（1）知识收集是知识工程师从人类专家、专家组、文献资料、手册中收集信息，构建完整的、准确的和结构完善的知识系统的过程。收集的过程包括结合重要主题的采访（非正式的、正式的、事件回忆性的、漫想性的等）、观察、填写调查问卷（面向病人、家属、专家和执业者等），通过咨询"为什么这样"和"如何处理"这样的问题，反复收集和校正专家的知识，最终来形成完整的知识结构。一组专家所给出知识有可能会产生矛盾，因为他们采用不同的因果关系处理方式，因此，必须有一个对相关问题有更多经验的专业人员来收集信息并得出最终结论。

（2）知识的内部表示就是如何把领域专家的知识用适当的结构表示出来，以便于在计算机中存储、检索和修改，最终将这些知识形成知识库。知识的表示方式可以是陈述，也可以用流程图。陈述知识是通过事实描述性的句子来展示，而流程图是通过构建关系一步一步地将一组句子连接在一起。知识必须被编码才能成为专家系统的一部分，至少可以被专家系统识别。

3. 知识管理

知识管理（Knowledge Management）是管理、分享储存在知识库中的信息的过程，知识管理支持后续的决定制定（Decision Making）。目前发展的知识挖掘推理技术能够更加快速和准确地集成知识管理和决定制定系统。

4. 决定制定

解决医疗问题的决定制定过程通过一组工具来实现，这些工具辅助整理决定制定过程中的各种情形，提高结论产出率。医疗结论的形成基本上取决于医疗诊断数据集，这些数据集都各自存储着不同的信息，具有各向异性，比如：病人的病史、症状、实验报告、病因、疗程、医师诊断、护理人员信息等。为了能够使数据库便于今后的使用，医疗信息系统的维护变得非常必要。这个医疗信息系统包括不同的辅助版块：账号、账款、药剂、病人护理、急诊记录、病人进出院记录等，所有这些都记录在备注栏中。基于医疗信息系统的决策制定可以将一些问题模式化，有很多因果提取法来支持医疗决策的执行：

（1）事实因果法：在事实因果中，以往案例的记录至关重要，它按照时间的关联进行追溯，进而解决与以往事件具有相似性的新问题。不断收集的案例存储在数据库中，这样的数据库称为案例库，是知识重现的途径。

（2）规律因果法：在规律因果中，问题经过分配，通过经验法则来解决，解决的方式是前导性的。经验法则基于经验按照 IF <a problem> THEN <set of conditions>的形式形成，此处，AND、OR、ELSE 等都可以加入来增加处理程序并最终得到可以解决问题的流程和规则。

（3）概率因果法：在概率因果法中，不确定事件的概率通过条件概率的贝叶斯定理指导系统来自动得出结论。对应最大概率的结果最可能解决问题，这一结果可以进一步用统计和数学方法进行确定。

（4）经验因果法：在经验因果法中，特殊的具有操作性的经验被载入知识检索库中，来解决相应的问题；载入的内容还包括自我决定、客观判断、感知、智理和常识。不同的经验需要进一步的处理和管理。

5. 经验

没有经过实践的知识意义并不大，知识和经验需要经过有机结合，只有这样才能体现更加出色的智能化诊断功能。经验可以是之前已经被验证的知识，也可以是超级专业化的特定知识，例如，当你去一家医院进行常规检查，执业医生对你进行检查并告诉你没有问题，这个结论可以称为"经验"。只有基于问题得出的知识、并且这个知识能够解决该问题时，知识才能成为典型的"经验"。有时，经验（经过实践的知识）和医学检查测试相互混合，成为专家知识管理系统（Expert KMS）。

6. 经验管理

经验管理（Experience Management）是存储、处理经验和回应管理过程的工具。所存储的新经验包括可直接付诸实践的信息，它们被录入知识库以后，可以处理和管理新的经验。因此，经验和知识管理彼此相关联，对智能系统的建模以及人工智能的实现都非常重要。知识管理同样在商务管理、信息技术和人工智能中作用巨大。

7. 推理

推理即依据一定的原则从已有的事实出发推出结论的过程。推理机检测这些知识的展示流程，包括：规则、语义网络、框架和本体。有时，一些问题需要复合式的方式才能将知识予以展示。

（1）规则：之前提到的规律因果法在规律的指导下描述专家如何给某项结论做出可靠的解释，但是它无法描述为什么应用这些规律。这是因为在知识库系统中对应某项特定的主题存在不完善的知识。

（2）语义网络：语义网络是图形表示法中被标记的节点，通过前后链接、用形象的方式来展示知识。知识工程师会很容易理解这些网络结构，因为他们可以结合专家知识分层次地将对象予以展示。

（3）框架：框架本身也是分层次的，他们用表格的形式给存储的信息进行简化和展示，一个框架中的知识的属性可以传递给另一个框架中。

（4）本体：本体通过参考用以体现知识、知识库和专家系统的特定标准符号来对特殊的对象进行展示。

在智能诊断系统中，通常使用的是基于知识的推理。常用的推理方式有正向推理、反向推理和混合推理等。知识推理机原理示意图如图 6.39 所示。

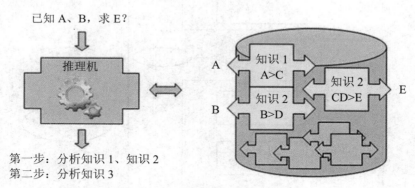

图 6.39　知识推理机原理示意图

（1）初步诊断推理机

初步诊断推理机的推理是基于数学模型和规则的正向不精确推理。所谓"正向"指的是从患者的症状推断出患者患疾病的过程。它主要是模拟医学专家对疾病进行初步诊断的思维过程，其基本思想就是将错综复杂的疾病从医学的角度进行分类，得到一些疾病类，如神经系统疾病类、内分泌系统疾病类、耳鼻喉疾病类等。每种疾病类中又包括与该疾病类相关的诸多疾病，从而建立相应的疾病类知识库和疾病知识库。在这些知识库中，除了含有疾病类和疾病的名称集外，还存有反映某一症状对某一疾病类或疾病重要性的权值表，当用户输入患者症状后，可获取症状对疾病类或疾病的权值，通过"加权求和"来求取疾病类及疾病的隶属度，从而进行诊断推理得到初诊结论。因此，初步诊断推理机可初步推断出患者可能患有哪几种疾病，但根据专家诊断思维，还不能就此下结论说患者患了什么疾病，需将初诊结果作为一种假设，即假设患者患了初诊结果所定的疾病，把它作为目标，提交给鉴别诊断推理机，进行鉴别诊断。

（2）鉴别诊断推理机

鉴别诊断推理机采用反向推理方式，即基于初诊结论（疾病）去寻找引发该疾病症状事实的过程。它的基本思想就是将初步诊断推理机推理出的疾病作为鉴别诊断推理的目标假设，建立假设表，并依次根据这些目标假设进行反向推理，从而进一步验证或修改初诊结论，最终得出正确结果。鉴别诊断推理程序的基本思想具体如下所示：

鉴别诊断推理机从原始目标出发，连续反向工作，直到碰到这样的一个子目标：不存在任何规则可用，且也不存在任何事实和相关事实与之匹配。这时，系统将询问用户有关信息，若用户未提供必需的信息，则当前应用的规则不能再使用（这条推理路径不可能达到目标），而应考虑其他的推理路径。如果用户提供的信息表明规则为真，那么可执行该规则的结论部分。这个过程一直持续到规则的真假性已确定或再也没有规则可用为止。鉴别诊断推理机流程图如图 6.40 所示。

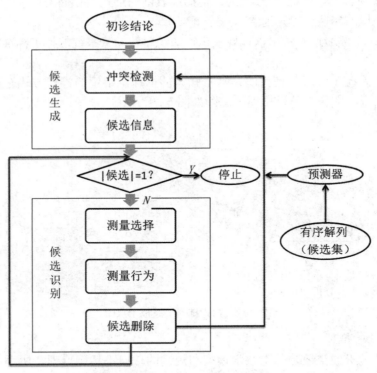

图 6.40　鉴别诊断推理机流程图

（3）临床实验结果及其分析

当病人输入自己的症状特征时，系统能够初步诊断出患者所患的疾病类型，然后根据反向推理，系统会提醒病人是否还有其他症状特征以便能够更多地了解患者，从而能正确地诊断出病人的疾病类型。

　　例如当病人含有"最低血压超过 90mmHg"症状，系统则能初步诊断病人的情况属于心血管内科，并且很有可能得的是高血压类型疾病。然后根据反向推理，病人输入的症状特征是不是与该疾病类型的症状完全相同，所以系统会提示病人是否还有其他症状，譬如"最高血压超过 140mmHg"。

　　算法分析过程为：

　　正向推理：输出患者有可能患的疾病类型为高血压。

　　反向推理：根据高血压疾病类型的特征，从规则库中查找发现还有"最高血压超过 140mmHg"这种症状，所以系统会发现并且输出提示用户是否有该症状，然后根据用户输入继续诊断。

　　同样，当病人输入"上火"这种症状后，系统首先检查规则库，找到和此症状相关的疾病类型为"植物神经功能失调症"，然后反向推理，检索出该疾病类型还有其他的一系列症状，如：眩晕、心慌等症状特征。具体算法分析同上面患者具有"最低血压超过 90mmHg"的症状诊断类似。

6.3.2　智能诊断案例分析

　　知识工程（Knowledge Engineering）在智能诊断的发展过程中起到了重要的作用，它推进了人工智能（AI）、人工神经网络系统（ANN）、专家系统、智能系统、数据挖掘技术和决策支持系统等的创新和发展。所有这些技术相互融合在一起，使技术的优点得以强化，缺点得以补充，形成集成化的基于混合知识（Hybrid Knowledge）的医学诊断系统。基于混合知识的医学诊断系统的发展离不开有用的医学数据，这些医学数据必须经过精细的筛选、调查并用适当的方式进行解读。本节将以智能诊断心房颤动的案例讲述基于混合知识的医学信息系统的设计和应用。

　　房颤是最常见的心律不齐的一种现象，它会增大中风、心脏疾病、猝死和早衰等的风险。心律不齐的表现是：心脏的跳动节奏时快时慢，没有固定的规律。年老、糖尿病、高血压、呼吸暂停性睡眠障碍、心肌梗塞、呼吸系统疾病等都会增加房颤的风险。在现代医学中，职业医生、护士、病理专家等已经积累了大量的医学数据。因为医学数据需要以医疗为目的进行存储，所以数据集在数量和种类上原本就会非常庞大。这些医疗数据的记录由医务人员以电子版的形式被存储和更新，形成用于信息检索的数据库。这为未来的医疗科学提供了有用的信息和有趣的工作模式，因为它可以构建存储在医疗系统中的信息记录，来预测和管理严重疾病的发生和发展。人工智能可以通过人类的经验、逻辑和因果推理给出复杂问题的解决途径，这些信息都存储在电脑中。人工智能技术和神经网络、专家系统可以共同设计智能机械装置，这一装置在监测心房颤动（房颤）方面甚至优于执业医师。

　　人工智能关注不同模型的发展，同时关注知识展示方式的设计方法，进而更好地处理复杂的应用，例如：语言处理技术利用用户自定义语言来使用户和机器更容易地互动，进而更好地解决问题。对构建智能系统来说，知识是最重要的。对心房颤动的知识系统来说，同样具有一定的步骤来完成知识收集、检索和最终的知识库规整。有关心房颤动的知识可以被不同的知识管理系统进行组织和管理。要解决房颤的问题，可以从单一的或复合的知识系统中提取得到不同的知识展示流程来定义问题，展示流程的不断更新和优化使专家系统的质量得以提升。

　　1.　KBS1：房颤的类型

　　根据心律不齐的持续情况，房颤主要分为三种类型，这需要专业医师的诊断和定性。心律不齐的现象在 7 天后自动好转的，归类为突发性房颤；长于 7 天，或者需要经过治疗才能好转的，归类为持续性房颤；长于 1 年的，归类于久发性房颤。在心电图中，P 波的消失意味着房颤，但也有另一种可能，即心房扑动。房颤和心房扑动（房扑）的不同之处在于，房颤的波动现象更加没有规律。

2. KBS2：房颤的诱发因素

房颤的诱发有很多因素，很多高风险诱因都存在于日常生活中。例如：一个有很长烟龄的具有家族性心血管病史的被诊断有糖尿病的 60 岁的老年男性，相比于另一个同样年龄但是生活习惯健康的男性，前者比后者会有更大的概率患有房颤。引起房颤的因素主要有心脏瓣膜病、中风、缺血性心肌病、胸痹、高血压、脉搏异常、眩晕、心悸、经历过心脏手术史等。

3. 混合智能诊断系统（HIMIS）构建

对房颤病人的诊断和治疗这两个过程可以通过混合智能诊断系统（HIMIS）实现智能结合。混合智能医学系统的结合流程包括从系统中获取信息、文档处理、信息修饰和信息系统的技术改进，这个流程需要多个构建框架和规则来实现知识展示。如图 6.41 所示为应用于房颤病人的混合智能医疗信息系统。

图 6.41 应用于房颤病人的混合智能医疗信息系统

经过结合的混合智能房颤病人医疗信息系统的主要组件包括：

（1）病人记录系统：包含病人的病历、性别、年龄、临床报告、会诊结果、过敏史、糖尿病史、血压、心率、用药史、专家会诊记录等。

（2）病人诊断和治疗系统：用于执业医师解决非平常的问题（疑难杂症）的知识库。因为诊断和治疗已经相互结合，所以信息的流通、分享和更新变得更加简单。

（3）智能会诊系统：将诊疗的优先级、急迫性、隐私性、特殊性等问题予以综合考虑和处理的系统。

混合智能房颤病人医疗信息系统将医疗信息系统和医疗知识系统进行有机结合，有很多方式可以实现两者的结合，最主要的是将医疗数据集进行有效的存储和优化，包括：药房、会计、挂号、会诊、保险等信息。混合系统的作用是利用更加有效的方式强化某个系统的优点、弥补某个系统中存在的缺点。混合智能也能够更加出色地完成医学决定的制定，将原有系统与知识系统相结合的概念协助了医学诊断的执行，这些知识系统包括专家系统、神经网络系统、概率因果系统、案例分析系统等。

神经网络系统有从案例中获取经验的能力，因此它能够实时改进（如图 6.42 所示）。系统与处理部件平行运转，能够高效执行决定，但是该系统无法解释每一步是如何进行的。专家系统则可以清晰地展示处理过程但是系统的处理速度较慢。我们可以将神经网络系统和专家系统结合在一起，如图 6.43 所示。

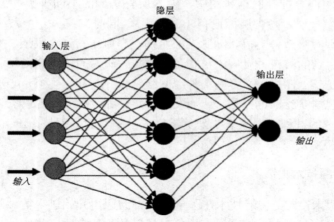

图 6.42　神经网络（ANN）示意图

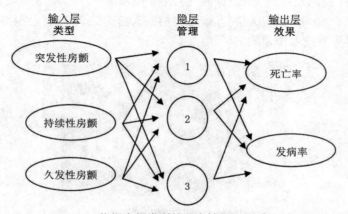

（a）依据房颤类型的混合神经网络系统

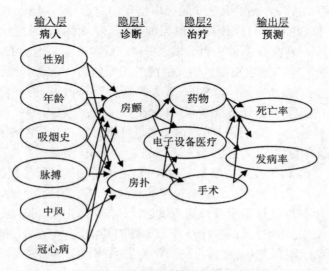

（b）依据疾病诱发因素的混合神经网络系统

图 6.43　神经网络系统与专家系统结合示意图

依据房颤类型的混合神经网络系统中，输入层有房颤的不同种类：突发性、持续性、久发性，输入层连向隐含层，隐含层标记有 1、2 和 3。同时，在另一个系统中，中风、年老、糖尿病、阻塞性睡眠呼吸暂停、冠状动脉性心脏病、高血压、过度吸烟、酗酒、压力过大、抑郁、高强度运动等房颤的潜在诱发因素被作为输入层，病人的信息连向隐含层，隐含层标记有不同的诊断和治疗方案。图中，又将两个神经网络结合在一起，一个是心房颤动，另一个是心房扑动。最后的输出层是诊断的结果，比如发病、死亡等。神经网络系统的输出端口是专家系统的输入端口。推理的过程由专家系统来负责完成，基本的流程是：IF 心房颤动，久发性，中风，高血压，THEN 发病。

6.3.3 智能诊断技术发展

20 世纪 70 年代末，人工智能技术在医学诊断中的应用开始进入黄金时代，但也遇到了几个难题：一是知识获取难；二是推理速度慢；三是自学习和自适应能力差。在神经生理和解剖学研究成果及 VLSI 技术发展的基础上，随着 Hopf 模型的产生，AI 工作者开始把目光从研究人脑思维转向沉默了 10 年的、以研究人脑连接机制为特点的人工神经网络。图 6.44 所示为人工智能的假肢运用传感技术传递肌肉活动信息。

图 6.44　人工智能的假肢运用传感技术传递肌肉活动信息

由于人工神经网络能够解决知识获取途径中出现的"瓶颈"现象、知识"组合爆炸"问题，以及提高知识的推理能力和自组织、自学习能力等，从而加速了神经网络在医学专家系统中的应用和发展。例如，在医学图像和声音识别方面，日本三菱机电的 LSI 研究所研制的"人工网膜基片"，能快速、准确地识别数量极大的医学图像信息，其速度比传统的图像和文字识别系统快数万倍；在医学诊断方面，由 Saito 等人研制的基于 PDP 网络的医疗诊治系统，在只有 300 例训练样本的情况下，其诊断准确率与传统的专家系统完全一致；Steven 等研制的基于 DP 网络肌电信号识别系统，准确性也明显优于实域分析方案；我国的王存冉等人研制的基于逆传播的 ANN 中医诊治系统、阎建国等人研制的基于 RBF 网络的新生儿血糖代谢系统等，在疾病的诊治过程中均取得了良好的结果。传统的 AI 是通过逻辑符号模拟人脑逻辑思维来实现其智能的，而 ANN 是通过学习或训练来实现其智能的。科学已经证明，人的大脑分左右两个半球，左半球主要串联地进行基于符号的逻辑思维；右半球主要并联地进行记忆联想的形象思维。AI 和 ANN 正好分别执行大脑左半球和右半球的功能，两者各施其责，不可替代。如果把 AI 和 ANN 结合起来进行研究，必将会使医学专家系统趋于更加完善和成熟[29]。

新型的基于神经网络的知识处理系统由神经网络、3/D 变换器、D/S 变换器和解释机构等组成。建造知识库时，首先根据应用来选择和确定神经网络结构，再选择学习算法，对于求解问题有关的样本进行学习，以调整系统的连接权值，完成知识自动获取和分布式的存储，构建系统的知识库。

基于大脑神经网络模型的专家系统的典型应用案例是中医专家诊断系统。传统的中医专家系统在问题求解时，输入的环境信息不十分明确会导致系统性能降低，这必然会降低诊断的准确性。而基于神经系统结构和功能模拟基础上的神经网络，可以通过对实例的不断学习，自动获取知识，并将知识分布存储于神经网络中，从而不断提高神经网络中所存储知识的数量和质量，并体现在神经网络中神经元之间连接权值的调整过程中。系统将根据神经网络当前所接收到的实例问题的相似性而确定输出值。当环境信息不十分完全时，仍然可以通过计算而得出一个比较令人满意的解答。因此，基于 ANN 的中医专家诊断系统不仅可以在一定程度上克服知识获取"瓶颈"的问题，而且可以提高系统的针对性和灵活性。

尽管人工智能技术已经应用到了临床领域中的各个方面（组织病理学、传染病学、内科学、精神病学等），但在医学影像领域中，仍然缺乏性能优良的专家系统进行智能诊断。制约影像专家系统发展的难点在于高级视觉系统本身的原因，如从医学扫描器上获得的数据可能是噪声或者是模糊的，而代表解剖结构上的或功能上的分区常常是复杂的和不确定的，这些被称作为证据的非精确信息大大增加了专家系统设计的复杂性。此外，虽然计算机视觉技术（如模板匹配、Hough 转换、区域增强等）具有一定的标准，但每一种成像模态和每一种病理学特征都需要进行初级的特征提取，加之扫描器的单一性与被检者的多样性之间的矛盾，也阻碍了基于自动影像专家系统的智能诊断的发展。现在的医学图像普遍是以数字互连的格式保存起来的，绝大部分的硬件和软件制造商在存储和传输所有的医学成像模态图像时已经被认可，网络设施和互联网也允许为全球的各种健康和保健机构提供相应的医学影像数据库共享和技术联合开发。目前，随着微电子技术和计算机技术的快速发展，过去很多制约医学专家系统发展的因素也相继解决了。因此，近来人们开始投入应用于智能医疗和诊断的计算机视觉技术的研发，并将这些技术应用到医学影像学方面，如中心骨组织异常性诊断的放射学影像解释系统（RIIS）、超声心动图诊断的 DIAVAL 系统、官能性语言障碍诊断"医生"（SDD）等[29]。近年来出现的新型医用成像技术和初级特征提取技术极大地推进了智能诊断的发展，如 X 射线照相术、超声扫描、微波激励热声 CT、核磁共振成像 MRI、正电子计算机断层扫描成像 PET 等，如图 6.45 所示。例如，在乳房 X 线照片中自动检测丛生的小钙化点的线性滤波和阈值匹配方法，已经被证实提高了放射学专家的诊断精确率。其他的应用还包括肺部肿瘤的计算机检测、心脏大小的计算分析、胸部放射片上腔隙性疾病的定性、血管角质瘤影像的自动跟踪、纹理分析等。

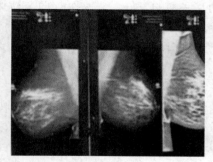

图 6.45　医用成像技术和初级特征提取技术

随着智能诊断技术的发展，未来的医学专家系统会以多种智能技术为基础，以并行处理方式、自学能力、记忆功能、预测事件发展能力为目的。目前发展起来的遗传算法、模糊算法、粗糙集理论等非线性数学方法，有可能会跟人工神经网络技术、人工智能技术综合起来构造成新的医学专家系统模型。未来的智能医学诊断和治疗专家系统将成为医生们最得力的助手，它将为各种疾病的预防、诊断和治疗作出更大的贡献。

6.4　智能医疗和诊断的发展趋势

将物联网技术用于医疗领域，借由数字化、可视化模式，可使有限的医疗资源让更多人共享。从目前医疗信息化的发展来看，随着医疗卫生社区化、保健化的发展趋势日益明显，通过射频仪器等相关终端设备在家庭中进行体征信息的实时跟踪与监控,通过有效的物联网技术实现医院对患者或者是亚健康病人的实时诊断与健康提醒,从而有效地减少和控制病患的发生与发展将逐渐变为现实。此外，物联网技术在药品管理和用药环节的应用过程也将发挥更加显著的作用。智能医疗与社会发展关系示意图如图 6.46 所示。

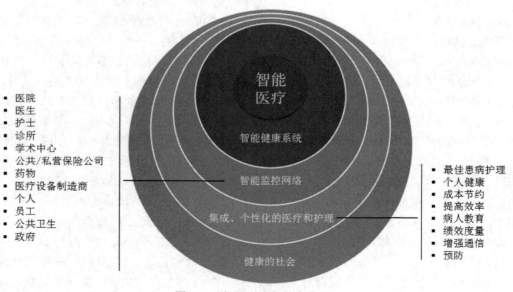

图 6.46　智能医疗与社会发展

随着移动互联网的发展，未来医疗向个性化、移动化方向发展，到 2015 年有超过 50% 的手机用户使用移动医疗的应用，借助智能手持终端和传感器，可有效地测量和传输健康数据。智能医疗还将衍生多种产品，如智能胶囊、智能护腕、智能健康检测产品等，如图 6.47 所示。

未来几年，中国智能医疗市场规模将超过一百亿元，并且涉及的周边产业范围很广，设备和产品种类繁多。这个市场的真正启动，不仅影响医疗服务行业本身，还将直接触动包括网络供应商、系统集成商、无线设备供应商、电信运营商等行业。同时，智能医疗领域通过快速发展和变革，将逐渐形成高度集约、深层次协作、高科技水平的，系统性的，社会化的，集开发、生产、应用、反馈、整合为一体的高标准市场，包括如下几个方面：

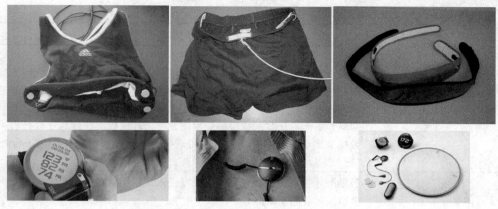

图 6.47　智能医疗的周边产品

（1）智能医疗技术将被广泛用于外科手术设备、加护病房、医院疗养和家庭护理中，智能医疗结合无线网技术、条码技术、物联网技术、移动计算技术、数据融合技术等，将进一步提升医疗诊疗流程的服务效率和服务质量，提升医院综合管理水平，实现监护工作无线化，全面改变和解决现代化数字医疗模式、健康管理、医院信息系统等的问题和困难，并实现医疗资源高度共享，降低公众医疗成本。

（2）依靠智能医疗技术，实现对医院资产、血液、医疗废弃物、医院消毒物品等的管理；在药品生产上，通过物联网技术实施对生产流程、市场的流动以及病人用药的全方位的监控。

（3）依靠智能医疗技术通信和应用平台，完成实时付费以及网上诊断、网上病理切片分析、设备的互通等；并将实行家庭安全监护，实时得到病人的各种各样的信息，实现自助服务和一条龙服务。

由此，智能医疗将使看病变得简单：患者到医院，只需在自助机上刷一下身份证，就能完成挂号；到任何一家医院看病，医生输入患者身份证号码，立即能看到之前所有的健康信息、检查数据；佩戴传感器在身上，医生就能随时掌握患者的心跳、脉搏、体温等生命体征，一旦出现异常，与之相连的智能医疗系统就会预警，提醒患者及时就医，还会传送救治办法等信息，以帮患者争取黄金救治时间。

中投顾问发布咨询报告《智能医疗行业未来发展大有可期》，报告指出，物联网技术的发展已经带动医疗行业快速成长，医疗行业的电子信息化和人工智能化将是大势所趋，未来医疗信息化行业的增长幅度至少将呈两位数增长。根据当前物联网技术革新的时代背景、我国新医改的社会环境、国家政策的扶持力度（见表 6.1）、医院及 VC/PE 投资的资本保障、公众对提升医疗保健条件的支持和诉求等，智能医疗领域将不断取得飞跃发展。

表 6.1　智能医疗领域国家相关政策和计划

国家相关政策和计划	内容概述
国务院：《中共中央国务院关于深化医药卫生体制改革的意见》和《2009—2011 年深化医药卫生体制改革实施方案》	建立实用共享的医药卫生信息系统，大力推进医药卫生信息化建设，以推进公共卫生、医疗、医保、药品、财务监管信息化建设为着力点，整合资源，加强信息标准化和公共服务信息平台建设，逐步实现统一高效、互联互通

续表

国家相关政策和计划	内容概述
国家数字卫生科技重大专项	突破新型医学传感器、低成本医用电子标签、短距离无线通信、组网和协同处理、系统集成、数据管理和挖掘、人工智能、云计算等物联网核心技术；推进电子健康档案、社区健康管理、区域协同医疗等应用示范工程，创新物联网技术在医疗服务市场商业模式；推进医学传感设备、医用专用网络设备产业化与医疗服务业协同发展，促进以医疗信息获取终端－医疗数据加密传输设备－医疗数据处理平台－信息医疗服务应用平台为模式"智慧医疗"产业链形成
自主创新和产业技术政策	鼓励医疗物联网相关企业加大研发投入，对经认定的医疗物联网企业的年度研发经费的新增部分，予以一定的补贴
财税政策	设立医疗物联网发展专项资金；经认定的医疗物联网相关企业自企业获利年度起，其所得税实行"五免五减半"政策，并减按15%征收企业所得税；自企业认定起10年内，其缴纳的各类税收实行地方全收全留；2020年前，其项目用房、用地免征房产税、土地使用税（费）
投融资政策	设立医疗物联网产业投资基金或股权投资基金
推动产学研用结合的政策	鼓励医疗物联网企业加大研发投入，对经认定的医疗物联网企业的年度研发经费的新增部分，予以一定的补贴。对具有国际水平的医疗物联网专业人才，对其个人所得税给予100%奖励；对其个人所得中来源于所在企业的股权、期权、知识产权成果所得部分给予50%补贴

参考文献

[1] 物联网在线[EB/OL]. http://www.iot168.org/.
[2] 远程健康监护系统[R/OL]. 香港科技大学霍英东研究院数字生活研究中心.
[3] 影像信息管理系统概述[R/OL]. 深圳市永泰中天软件股份有限公司.
[4] 张继武，张道兵，史舒娟，孙强，孙立昕，黄美玲. HL7 与 DICOM 关系初探[J]. 世界医疗器械，2003，5
[5] 尹瑞，闫哲，梁海奇. SOA and Web Services[R/OL]. IBM DeveloperWorks，2010，6.
[6] 刘龙强."穿戴式医疗电子与健康云"企业联合研发创新中心关于健康服务业方面所做的工作[EB/OL]. 江苏省发展和改革委员会，2014，09.
[7] 移动科技给医疗保健业带来的十大变革[EB/OL]. Bioonnews，2014，06.
[8] Dan Pelino，TechCrunch 著. 冷洁编译. 数字医疗两大症结：迷失用户中心，忽略移动设备手段[R/OL]. 猎云，2014，10.
[9] 物联网"十二五"发展规划[EB/OL]. 工业和信息化部，2011.
[10] 赛迪顾问物联网产业数据库[DB/OL]. 2012，2.
[11] 国内物联网创新示范应用与市场潜能深度研究[DB/OL]. 工业和信息化部电信研究院，2011，12.

[12] 物联网资讯[EB/OL]．http://www.5lian.cn/．

[13] Anthony Turner．Biosensors–A Personal Overview by Anthony Turner[J]，Chemical Society Reviews，2013：3184-3196．

[14] PGualtieri，TParshykova．Comparative Estimation of Sensor Organisms Sensitivity for Determination of Water Toxicity[J]．Algal Toxins，2008：221-234．

[15] 吴方琼．化学发光组织传感器研究[D]．重庆：西南师范大学，2005．

[16] 王珂，江德臣，刘宝红，张松，吕太平，孔继烈．无标记型免疫传感器的原理及其应用[J]．分析化学，2005：411-416．

[17] 邹志青，赵建龙．纳米技术和生物传感器[J]．传感器世界，2004，12．

[18] Rudolf MLequin．EnzymeImmunoassay(EIA)/Enzyme-Linked Immunosorbent Assay(ELISA)[J]．Clinical Chemistry，2005：2415-2418．

[19] 刘海生．微流动注射和微型生物传感器芯片[D]．陕西：陕西师范大学，2005．

[20] 董守愚．浅谈仿生传感器[N]．安徽电子信息职业技术学院学报，2004，3（5）．

[21] Xuewen Wang，Yang Gu，Zuoping Xiong，Zheng Cui，Ting Zhang．Silk-molded Flexible，Ultrasensitive and Highly Stable Electronic Skin for Monitoring Human Physiological Signals[J]．Advanced Materials，2014：1336-1342．

[22] 医用监护仪概述[R/OL]．3618 医疗器械网，2013，05．

[23] 基于 GPS_GPRS_GIS 的远程医疗监护系统的设计与实现[R/OL]．中国计量测控网．

[24] 龙硕柱，马光志，赵杰．智能医疗诊断系统的实现[J]．计算机辅助工程，2003：75-80．

[25] 一箱医疗废物的回收之旅[EB/OL]．Rockontrol，2014，11．

[26] Novartis 试验表明 RFID 能够改善病人服用药品的依从度[EB/OL]．RFID 世界网，2006，06．

[27] 新慧物联数字医疗整体解决方案[R/OL]，苏州新慧物联科技有限公司．

[28] 曾照芳，安琳．人工智能技术在临床医疗诊断中的应用及发展[J]．现代医学仪器与应用，2007，22-25．

[29] 周燕玲，王羡欠．浅议疾病智能诊断系统的研究[J/OL]．硅谷，2009，02．

[30] AN Ramesh，C Kambhampati，JRT Monson，PJ Drew．Artificial Intelligence in Medicine[J]．Ann R Coll Surg Engl，2004：334-338．

第 7 章　智慧旅游

本章导读

智慧旅游是基于互联网、物联网、云计算、大数据、GIS、虚拟现实、电子商务等信息化技术,在传统旅游业的基础上拓展和延伸的应用创新。它结合了现代公共服务和企业管理理念,以旅游活动为载体,提升旅游经营管理能力和服务水平,促进经济、社会、文化和生态综合发展,推动旅游产业的技术变革和可持续发展。本章在介绍智慧旅游产生背景和基本概念的基础上,结合物联网的特点,分析了智慧旅游的总体架构及技术特征,并选取了智慧旅游中的若干典型物联网应用方案进行介绍。

本章我们将学习以下内容:

● 智慧旅游的基本概念
● 智慧旅游的架构体系
● 物联网在智慧旅游中的应用
● 物联网与旅游信息化发展趋势

7.1　智慧旅游概述

近年来,随着全球信息化技术的快速发展,"智慧旅游"概念应运而生,成为旅游信息化水平发展到一定阶段的全新命题。智慧旅游以物联网、云计算、大数据等信息通信新技术在旅游体验、产业发展、行政管理等方面的综合应用,整合、开发旅游实体资源和信息资源,以ICT(Information and Communication Technology,信息通信技术)融合为基础,以游客互动体验为中心,以一体化的行业信息管理为保障,以激励产业创新、促进产业结构升级为特色,服务于公众、企业及政府等对象,构建面向未来的全新旅游形态。简单地说,智慧旅游就是通过高度发达的信息通信网络和数据计算资源,实现游客与景区、政府等旅游相关要素的信息共享与实时互动,让旅游进入数字化、网络化、信息化、智能化时代。

7.1.1　智慧旅游的产生背景

借助新兴的信息技术随时随地感知、捕获、传递和处理信息,人类进入了智慧时代。信息不仅可以实现对人类自身生产、生活环境的精益化管理,完善城市功能,完善公共服务设施和保障能力,创造安全、便捷、高效、环保的环境,而且有助于提高民众的生活质量和幸福感。对于现代旅游业而言,智慧旅游的提出是信息技术发展到一定阶段的产物,也是促进旅游业转型升级的客观要求。利用信息通信新技术对传统旅游产业转型升级,对于促进旅游资源优化,满足消费者个性化和多样化的服务要求,提高旅游服务效率都有重要作用,成为旅游创新发展的新动力。

在建设智慧城市和发展现代旅游业的要求和趋势下，2010 年江苏镇江在全国率先提出智慧旅游概念，提出建设"智慧旅游"产业谷。2011 年国家旅游局同意在镇江建设国家智慧旅游服务中心，旨在实现旅游管理数字化、服务智能化和体验个性化。

南京、苏州等著名旅游地区也较早开展了智慧旅游项目建设。南京旅游局面对游客访问量的持续增加和旅游产品的不断丰富，依靠信息科技力量，采用低成本、高效率的联合服务模式，通过建立高度发达的信息通信网络，把涉及旅游的各种要素联系起来，为游客提供智慧旅游服务，为管理部门提供智能管理手段，为旅游企业提供高效营销平台。苏州旅游局面向游客打造以智能导游为核心的智慧旅游服务，通过与企业合作，引入"手机智能导游"，提升对游客的服务品质。

2012 年 5 月，国家旅游局确定了北京、成都、南京等 18 个城市为国家智慧旅游试点城市，并积极引导和推动全国智慧旅游的发展。

7.1.2　智慧旅游的基本概念

1．智慧旅游的定义

智慧旅游涵盖的内容广泛，对其定义的理解也各有差异。综合来说，智慧旅游是指通过现代信息技术与旅游服务、旅游管理的融合，使旅游资源和旅游信息得到系统化整合和深度开发应用，并服务于公众、企业和政府的旅游信息化。其中主要有以下几层含义：

（1）智慧旅游并非简单引用新技术，而是把新技术和旅游行业发展需求紧密结合，以技术进步促进服务转型，以服务需求引领技术应用，实现技术应用与行业需求的双向驱动、协调发展。

（2）智慧旅游以服务游客为核心，注重与游客的互动，在满足传统应用群体的基础上，兼顾年轻一代的新技术应用群体。

（3）智慧旅游建立在旅游信息化的基础上，随着技术的不断发展进步，智慧旅游是一个动态的建设过程，也是全民参与、全民受益的过程。

智慧旅游六大元素，如图 7.1 所示。

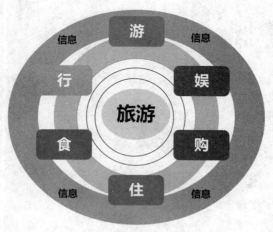

图 7.1　智慧旅游六大元素

2．智慧旅游的内涵

智慧旅游是一项复杂的系统工程，涉及到方方面面的参与要素及其相互之间的协同，其内涵主要有以下几个方面：

（1）基础设施现代化。从信息处理的角度，基础设施包括传感和数据采集装置、传感网络、通信网络、数据处理中心等。采用传感网、RFID、GIS 等技术，实现动态采集旅游基础数据，保证数据准确、完整和及时；通过移动互联网、无线宽带网络等设施，构建信息高速公路，实现旅游信息互联互通与信息共享；借助虚拟化、SOA 等技术，为各种应用和服务提供基础保障。

（2）信息服务泛在化。主动感知游客需求，为游客提供消费导引、远程资源预定、自导航、移动支付、社交网络等多种信息服务；整合资讯信息资源，为游客提供 4A（Anytime、Anywhere、Anyone、Anything）泛在化服务，提升每个环节的消费附加值，满足多样化、个性化需求，提供超出预期的旅游体验。

（3）业务管理智能化。通过数据统计和智能分析，实现对旅游行业的智能化、精细化管理；通过对游客信用的评估、对服务企业的评价，加强行业监管水平；通过旅游信息共享，优化配置资源，提高快速响应与应急管理能力；通过专家系统和数据挖掘，提高旅游资源保护、产品定价或旅游行业政策制定中的科学决策能力。

（4）产业发展集约化。通过信息化整合旅游资源和产业链，为旅游企业和其他旅游服务业者提供电子商务服务，完善网上支付、移动支付及信用体系；改善旅游企业间的信息共享和业务协同，提高旅游产业链效率，促进旅游产业结构向资源节约型、环境友好型方向转变。

智慧旅游平台如图 7.2 所示。

图 7.2　智慧旅游平台

智慧旅游具有以下四个特点：

（1）全面物联。智能传感设备和移动终端，将旅游景点、文物古迹、城市公共设施、游客、旅游管理部门等旅游相关要素物联成网，对旅游产业链上下游的核心系统实时监测。

（2）充分整合：实现景区、酒店、交通、游客终端等设施的物联网与互联网系统连接和融合，将数据整合为旅游资源核心数据库，提供智慧的旅游服务基础设施，如图 7.3 所示。

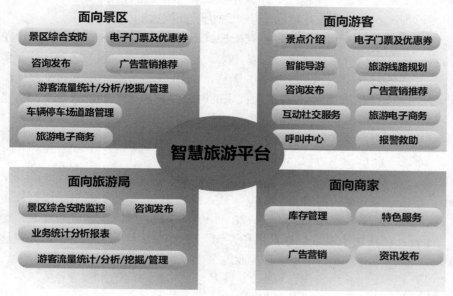

图 7.3　智慧旅游应用

（3）协同运作：基于智慧旅游服务基础设施，实现旅游产业链上下游各个关键系统的高效联动，协同管理，如图 7.4 所示。

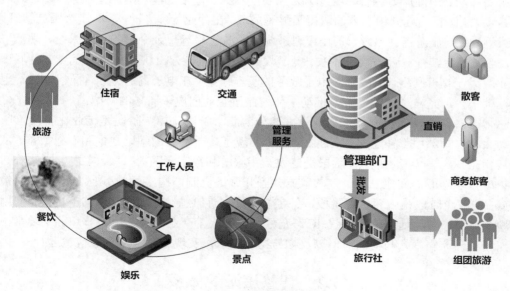

图 7.4　智慧旅游产业

（4）激励创新：鼓励政府、旅游企业和游客在智慧旅游服务基础设施之上进行科技、业务和商业模式的创新应用，为智慧城市提供源源不断的发展动力。

7.1.3 智慧旅游的发展历程

1. 国外智慧旅游的发展历程

信息通信技术飞速发展，新概念、新技术层出不穷，信息化浪潮对传统旅游业带来深刻影响。从世界范围来看，旅游业在近几十年来经历了几次大的变革。

20世纪90年代以来，全球分销系统（Global Distribution System，GDS）快速发展，该系统为旅游消费者提供旅行中包括交通、住宿、娱乐、支付以及其他相关服务。目前全球知名的GDS有Galileo、Worldspan、Travelport等。随后，GDS营销手段逐步被各地旅行社使用。

随着Internet广泛应用，以电子商务为代表的网络经济极大扩展了旅游产品消费需求，改变了旅游业运作方式，催生了在线旅游代理商、旅游垂直搜索、网络旅行社等新兴旅游业态。社交网络的兴起又给旅游业带来大量商机，不仅促进了旅游营销，还能够及时处理紧急事件或投诉，提高了景区、旅游企业、政府等与游客的互动水平。

2. 国内智慧旅游的发展历程

在我国，旅游信息化起步于20世纪80年代，经历了30年的发展已经取得长足进步，但仍落后于发达国家，处于发展的初级阶段。20世纪90年代，国际互联网的发展带动了旅游网站的兴起，Internet广泛用于旅游信息查询和咨询。进入21世纪，旅游电子商务快速发展，替代了传统旅游企业的部分功能，成为旅游行业的主力军，虚拟旅游、电子地图等产品不断涌现，部分城市建立了三维城市旅游地图，Web 2.0技术也被广泛应用于旅游信息的"生产、组织、交换和呈现"，丰富旅游服务的内容和形式。

政府层面，国家旅游局从1990年开始筹建旅游信息中心，为旅游行业信息化提供服务和管理技术。2000年起，国家旅游局主持实施的以"三网一库"（电子政务网、中国旅游网、中国旅游商务网、中国旅游综合数据库）为主要内容的"金旅工程"在管理业务应用、政府门户网站建设、旅游目的地营销等方面取得了显著成效。在行业管理方面，建成星级饭店管理系统、旅游投诉系统、旅游统计系统、景点管理系统和导游管理等十余个业务管理系统，规范了行业管理，形成了全国行业管理数据体系。电子政务方面，初步建立国家－省－重点旅游城市－旅游企业四级计算机网络，形成旅游电子政务的基本框架。在电子商务方面，探索了旅游电子商务的标准平台，建立了行业标准，推动了传统旅游企业向电子商务的转型。

总体来看，中国的旅游信息化建设大体分为三个阶段。第一阶段是专业化阶段，所有的景区和旅游主管部门都在建网站、建数据库，实现了统一管理的基础数据和专题数据，从单一功能转变到专题综合应用；第二阶段是建设数字旅游和数字景区的阶段，实现了一些分布式的数据集成管理功能，并建立了一定的数据共享和服务机制，构建了城市/区域性的空间信息基础设施；第三个阶段是智慧旅游阶段，在这个阶段旅游信息化建设更加面向应用、面向用户和面向整个旅游产业，通过将新一代ICT充分运用到旅游产业链的各个环节和各个要素，全面实现人与人的通信，人与物的通信以及物与物的通信，实现旅游全过程的智慧运行。

7.2 智慧旅游的体系

智慧旅游是旅游信息化发展到一定阶段的产物，内容涉及到旅游业务的方方面面，包括技术、管理、服务、安全保障等领域。如果把智慧旅游看作一个完整的系统，如何对其进行层次划分? 各层相互之间如何协同运行? 本章从物联网的视角, 对智慧旅游的总体框架进行研究, 分析其层次架构, 梳理各层的核心内容以及相互之间的关系。

7.2.1 智慧旅游总体架构

智慧旅游借助了物联网、云计算、移动互联网等新兴信息技术带来的重大机遇, 通过建设新一代信息技术基础设施和智能化应用, 为游客提供便捷的信息服务, 提高旅游管理和运营能力, 创建优质旅游生态环境, 推动旅游产业转型升级和结构调整, 是旅游业发展的新模式、新形态。

智慧旅游总体架构是在旅游信息化建设的角度, 以旅游行业的整体需求为目标, 以物联网系统结构为理论依据, 以物联网关键技术为技术基础, 以应用解决方案为核心, 以感(传感感知)、传(传输通信)、智(智能运算处理)、用(平台服务)为关键环节, 整合旅游产业链, 服务旅游市场主体的各项旅游活动, 其体系涵盖感知层、网络层、数据层、应用服务层, 以及标准规范、安全保障、运营管理及相关产业体系, 如图 7.5 所示。

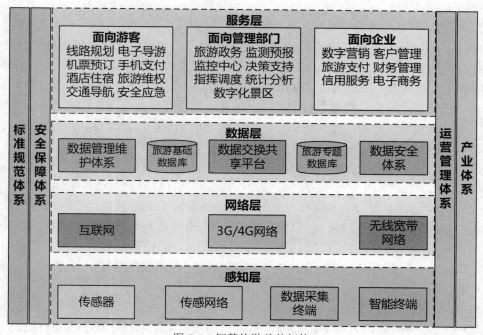

图 7.5 智慧旅游总体架构

感知层是智慧旅游的神经末梢, 通过条码、二维码、RFID、传感器、智能终端等标识、识别、感知技术对旅游基础设施、资源、环境、安全等信息进行识别、采集、监测、预警和控制。

网络层是智慧旅游的信息高速公路, 由大容量、高带宽、高可靠的光网络和全时空覆盖的无线宽带网络组成, 构建可靠、稳定、低成本的通信信道, 提供无所不在的网络服务。

数据层是智慧旅游的战略性资源。通过数据融合和信息共享, 整合分散的旅游资源信息、旅游企业信息、旅游者信息、服务渠道信息以及 GIS 数据等相关信息及增值服务信息, 形成综合性的旅游信息资源库。

应用和服务层指在感知层、网络层、数据层基础上构建的各种应用和服务，是智慧旅游生态圈的具体体现。根据具体业务需求，对各类信息进行综合加工、智能分析、辅助决策，为游客、旅游企业和政府部门提供个性化、智能化的服务。

标准规范体系、安全保障体系和运营管理体系贯穿于智慧旅游建设的各个层面，为智慧旅游建设提供保障和支撑条件，确保智慧旅游体系的安全、可靠运转和可持续发展。

7.2.2　智慧旅游的感知层

1. 感知方式

感知层要实现第一手的信息采集，回答"你是谁？你在哪里？你怎么样？"的问题。根据感知类型不同，可以将感知方式分为多种类型，如身份感知，通过条形码、RFID、智能终端等对感知对象身份及属性进行标识；位置感知，利用定位系统或无线定位技术对感知对象的绝对位置和相对位置进行感知；多媒体感知，通过录音、摄像等多媒体感知设备，对感知对象的表征及运动情况进行感知；状态感知，利用各种状态传感器，对感知对象的状态进行感知。

2. 感知技术

（1）条形码

条形码（barcode）是将宽度不等的多个黑条和空白，按照一定的编码规则排列，用以表达一组信息的图形标识符。常见的条形码是由反射率相差很大的黑条（简称条）和白条（简称空）排成的平行线图案。条形码可以标出物品的生产国、制造厂家、商品名称、生产日期、图书分类号、邮件起止地点、类别、日期等许多信息，因而在商品流通、图书管理、邮政管理、银行系统等许多领域都得到广泛的应用。条码广泛应用于景区门票管理。

（2）二维码

二维码（2-dimensional barcode）是用某种特定的几何图形按一定规律在平面（二维方向上）分布的黑白相间的图形记录数据符号信息；利用构成计算机内部逻辑基础的"0""1"比特流的概念，使用若干个与二进制相对应的几何形体来表示文字数值信息，通过图像输入设备或光电扫描设备自动识读以实现信息自动处理。二维码具有条码技术的特征，每种码制都有其特定的字符集；每个字符占有一定的宽度；具有一定的校验功能等，还具有对不同行的信息自动识别功能及处理图形旋转变化点。二维码广泛应用在旅游营销，通过二维码发布推广信息。

（3）射频识别（RFID）

RFID（Radio Frequency Identification，射频识别技术）是一种非接触式的自动识别技术，通过射频信号自动识别目标对象，可快速地进行物品追踪和数据交换。识别工作无须人工干预，可工作于各种恶劣环境。RFID 技术可识别高速运动的物体并可同时识别多个标签，操作快捷。RFID 广泛应用在智能卡管理，如旅游年卡、景管通等。

（4）多媒体感知

多媒体感知指利用录音设备和各种摄像设备，对音频、视频信息进行同步采集，并将其存储的各类技术。多媒体感知广泛应用在景点的信息采集、视频监控、人流监控等。

（5）传感器

传感器是智慧旅游感知层获取信息的主要设备之一，实时采集环境、设备的运行信息，对景区现场设施进行远程监控。传感器主要类型有：温度传感器、湿度传感器、气象传感器、压力传感器、微机电传感器（MEMS）等。传感器广泛应用在景区安全防护、环境预报等。

（6）定位技术（GPS、北斗）

基于 GPS、北斗等卫星系统的定位技术用以提供位置定位和导航服务，在智慧旅游中广泛用于定位、导航、授时等基础服务，主要应用在物流配送导航、重要设施定位、游客导引等业务。

3. 传输方式

（1）ZigBee

ZigBee 是无线传感网的一种技术。无线传感网由部署在监测区域内的大量微型传感器节点组成多跳自组织网络，实现协作感知、采集和处理网络覆盖区域中被感知对象的信息。无线传感网是在传感器基础上的组网技术，解决了传感器布线成本高、可靠性差和维护困难等问题，具有配置简单、组织灵活的优势。

无线传感网应用并不需要较高的传输带宽，却要求有较低的传输延时和功率消耗，以及较长的电池寿命。IEEE802.15.4/ZigBee 标准把低功耗、低成本作为主要目标，面向分布式、独立工作的传感信息采集需求，为传感器网络提供了互连互通的平台。

（2）NFC

近场通信（Near Field Communication，NFC）是一种短距高频的无线电技术，在 13.56MHz 频率运行于 20cm 距离内。其传输速度有 106 Kbit/秒、212 Kbit/秒或者 424 Kbit/秒三种。

NFC 与 RFID 类似，也是通过频谱中无线频率部分的电磁感应耦合方式传递信息，但两者之间还是存在很大的区别。首先，NFC 提供轻松、安全、迅速通信的无线连接，其传输范围比 RFID 小，是一种近距离无线协议。其次，NFC 与现有非接触智能卡技术兼容，已经得到越来越多厂商的支持。再次，与大多数其他无线连接方式相比，NFC 是一种私密通信方式。

（3）蓝牙

蓝牙是一种支持设备短距离通信（一般 10m 内）的无线电技术，能在包括移动电话、PDA、无线耳机、笔记本电脑、相关外设等之间进行无线信息交换。利用蓝牙技术，能够有效简化移动通信终端设备之间的通信，简化设备与因特网之间的通信，从而使数据传输变得更加迅速高效。蓝牙采用分散式网络结构以及快跳频和短包技术，支持点对点及点对多点通信，工作在全球通用的 2.4GHz ISM（即工业、科学、医学）频段，采用时分双工传输方案实现全双工传输，数据速率为 1Mbps。

7.2.3　智慧旅游的网络层

1. 有线接入网络

IP 网络是高速宽带网络的主体。从网络技术的发展趋势来看，多网融合是未来网络发展的趋势。IP 作为网络承载技术，成为各种通信应用统一的基础。智慧旅游的信息交互与互联网紧密结合，IP 宽带城域网、广域网是重要的基础设施之一。

2. 无线接入网络

无线接入网络包括 3G/4G 移动通信系统、卫星移动通信网络、短波通信网络、专用无线通信等。利用宽带移动通信和无线局域网等技术，实现在公共场所、景区、道路的无线网络覆盖，为游客提供全方位的无线移动应用和信息服务。

3．三网融合

三网融合是指电信网、广播电视网、互联网在向宽带通信网、数字电视网、下一代互联网的演进过程中，三大网络通过技术改造，其技术功能趋于一致，业务范围趋于协同，网络互联互通、信息资源共享，能为用户提供语音、数据和广播电视等多种服务。三网融合应用广泛，遍及智能交通、智慧旅游、环境保护、公共安全、智能家居等多个领域，也将为智慧旅游带来新的提升。

4．泛在网络

通信网络作为信息通信技术的重要基础分支，已经从人与人的通信发展到人与物以及机器与机器之间（M2M），并向着无所不在的网络方向演进。泛在网基于个人和社会的需求，实现人与人、人与物、物与物之间按需进行的信息获取、传递、存储、认知、决策、使用等服务，网络具有环境感知和内容感知能力，为个人和社会提供泛在的、无所不含的信息服务。在泛在网络中，智慧旅游的相关主体将能够自主交互，实现高度网络化、智能化的业务应用。

7.2.4 智慧旅游的数据层

1．基础数据库与业务数据库

智慧旅游的各项应用都需要基础数据的支撑，有必要整合现有信息资源，建设基础数据库，将分散在各部门及各行业的数据按照"以对象为中心"的原则进行整合、组织和利用，发挥数据资源的整体优势。同时，以基础库对象为主线，采用"逻辑集中、物理分散"的方式，利用数据共享交换平台，统一数据标准，建设信息资源目录，实现各部门和各行业数据的互联互通，建设智慧旅游各类业务库，为各种行业应用提供一致性和权威性的数据来源，提供面向政府、企业和游客的全方位、实时更新的基础信息服务。

2．数据共享交换平台

数据共享交换平台不仅是一个技术层的交换机制，更应该考虑作为基础的、重要的应用支撑平台和体系。通过跨层级、跨部门的数据交换和业务协同，解决面向内部、外部的信息系统业务数据采集交换问题。鉴于其复杂性，应借助成熟的数据交换平台对部门的业务数据进行整合。通过数据交换平台，将来自不同格式的数据以统一格式和规范来存入各类数据库，并制定信息资源共享与交换的标准规范。

3．数据安全体系

数据安全体系提供从信息管理方面保证数据访问、使用、交换、传输的安全性、机密性、完整性、不可否认性和可用性，避免各种潜在的威胁。数据安全体系主要包括身份认证、授权管理、数据交换过程安全保障和数据交换接口安全等方面的内容。

4．数据管理与维护体系

数据管理和维护机制是数据库建设的关键之一。智慧旅游建设形成的旅游信息资源是公共资源，应明确归属政府或授权相关部门进行管理和运营，并对数据采集、更新和整合进行统一管理，制定信息资源管理维护和技术平台管理维护制度。

7.2.5 智慧旅游的应用服务层

1．面向游客

智慧旅游以游客为核心，游客是旅游活动的主体。智慧旅游为游客有针对性地提出综合信息查询与在线订购服务，为游客出行之前的准备提供充分的咨询参考，解决"食、住、行、游、购、娱"的问题，比如提供住宿、餐饮、购物和娱乐场所的资讯信息查询与订购服务，列车时刻及车票、机票的查询订购，公交换乘、路线查询、医疗安防等配套保障信息服务等。

根据旅游形式的不同，如跟团游、自助游、自驾游、背包客、商务游等不同需求，有针对性地提供规划服务。针对有跟团意向的游客，提供各个旅行社的旅游项目、路线、内容、价格等信息，并对旅行社进行价格、服务质量、用户评价方面的比较，帮助用户筛选。

在旅游过程中，为游客提供智能导览服务。借助精确的定位技术，并结合游客喜好，通过文字、图片、声音、视频等多种形式，生动展示风景区秀丽风光和人文景观，完善旅游服务设施。借助旅游网站、微博、微信等互动平台，可以实现游客之间、游客与旅游企业、政府部门之间的互动沟通，以及对旅游投诉的及时处理。

2. 面向旅游企业

旅游企业为游客提供旅游信息服务，同时也接受政府部门的监督管理。智慧旅游建设借助云计算平台聚合 IT 资源与计算、存储能力，形成区域范围内的虚拟资源池，实现旅游企业信息化的集约建设、按需服务。

智慧旅游帮助企业开展网上营销，以广播电视、网络媒体、互联网门户网站、博客、位置服务、SNS 社区等网络渠道资源为旅游营销载体，有针对性地开展营销活动，并对客户进行细分，提供量身定制的个性化旅游产品与服务，改变旅游服务的增值化方向。

3. 面向管理部门

旅游管理部门具有经济调节、市场监督、公共服务和社会管理的职能。电子政务是智慧旅游的重要建设内容，提高各级旅游管理部门的办公自动化、智能化水平，提高行政效率，降低成本，为公众提供畅通的旅游投诉和评价反馈渠道，强化对旅游市场的运行监测，提升对旅游市场主体的服务和管理能力；实现对自然资源、文物资源的监控保护和智能化管理，提高旅游宏观决策的有效性和科学性，是智慧旅游面向管理部门提供的服务目标。

智慧旅游将加强旅游监测与应急响应能力，通过建立准确、及时的旅游监测预报体系，加强动态信息发布，提高节假日等旅游高峰期的客流引导能力。建设重点旅游景区视频监控和旅游专业气象、地质灾害、生态环境等领域的实时监测、预报预警系统，实现与各级应急指挥中心信息平台的信息共享、协同联动，提高旅游景区的安全监控和应急调度能力。

7.2.6　智慧旅游支撑保障体系

智慧旅游的支撑保障体系包括标准规范体系、安全保障体系、运营管理体系、产业体系等，是智慧旅游建设的基础支撑和重要保障。

1. 标准规范体系

智慧旅游标准规范体系是智慧旅游建设和发展的基础，是确保系统互联互通互操作的技术支撑，是智慧旅游工程项目规划设计、建设管理、运行维护、绩效评估的管理规范。智慧旅游标准化体系包括技术标准、业务标准、应用标准、应用支撑标准、信息安全标准、网络基础标准等，围绕信息资源开发利用及基础设施、应用系统、信息安全的建设管理需要，开展标准研究和应用。

2. 安全保障体系

智慧旅游的安全体系建设应按照国家安全等级保护的要求，从技术、管理与运行维护等方面对智慧旅游的信息网络采用"主动防御、积极防范"的安全防护策略，建立计算机安全、网络通信安全、计算机边界安全等防御体系，并在感知层、网络层、数据层和应用层通过建设安全的传感网络、安全的通信网络、安全的数据中心和应用平台，实现对智慧旅游的层层防护。

对于传感层，安全防护的重点是实现用户和终端的可信接入，保证数据的机密性、完整性、可用性、不可抵赖性和可审计，技术措施包括安全标签、安全读写器、安全网关、安全芯片等；对于网络层，安全防护的重点是实现传输过程的完整性、机密性、可用性，主要采用防火墙、IDS/IPS、抗 DDOS 攻击系统、网络密码机、VPN 设备、安全接入网关等；对于数据层和应用层，可通过采用安全应用支撑平台、身份认证及访问控制系统、漏洞扫描系统、安全扫描工具、防病毒产品、监控与审计系统、安全存储系统、入侵检测及防护系统等。

3. 运营管理体系

智慧旅游应采用多元化投资机制，坚持政府引导与市场运作相结合，建立"谁投资，谁受益；谁使用，谁付费"的运营机制，设立灵活的投资机制，吸引社会资本进入，鼓励和引导创新应用。运营管理的多元化，对各个经营实体的监控提出了现实要求，在智慧旅游的监测系统中需要考虑对运营管理实体的统一管控。

4. 产业体系

智慧旅游建设将通过旅游产业链各个环节的智慧化改造，提升旅游产业的发展规模和水平，改善游客体验，开发旅游消费需求，促进旅游产业的可持续发展。粗放式的旅游开发方式已经不能适应经济发展的需要。智慧旅游通过信息化技术在旅游产业中的应用，增加了旅游产业的科技含量，促进了传统旅游业从资源密集型的粗放式发展向技术密集型的集约化发展方式转变。

7.3 物联网在智慧旅游中的应用

物联网作为先进的技术手段，智慧旅游丰富的内涵为物联网技术提供了广阔的应用场景，物联网与旅游业务结合，形成了智慧旅游应用。物联网的目标就是要形成万物互联，信息互通的局面。一方面，在具体的业务层，通过物联网实现更加精细的信息采集和管理，推动信息化水平；另一方面，在系统层，打破系统间的信息壁垒，促进系统间的信息融合和数据交互，提高整体协同能力。本章详细介绍物联网在智慧旅游中的应用，并选取典型例子进行说明。

7.3.1 基于物联网的旅游管理平台

1. 旅游管理平台概述

旅游行业管理是国家对社会、政治、经济、文化进行综合管理的重要组成部分，主要包括对旅游活动的引导管理以及对旅游服务企业进行间接调控和管理。随着市场经济的逐步建立，旅游行政管理正在由"管理型"向"服务型"方式转变，旅游业面临新的发展阶段，对旅游信息采集监测和管理提出了新要求。物联网、大数据、云计算等技术对旅游管理提供了有力的技术支撑。

2. 旅游云计算中心

智慧旅游云计算中心是旅游管理平台的核心，建设基于旅游信息标准的智慧旅游信息云存储中心，实现旅游信息数据的集中部署，需要做到以下五个方面的统一：

- 统一数据标准（数据系统架构、数据库结构、数据表）。
- 统一基础信息（资讯信息、图片库、视频库、虚拟旅游素材等）。
- 统一地理信息（位置信息、GPS 数据、电子地图）。
- 统一交换接口（内部数据交换接口规范、开放数据接口规范）。
- 统一技术平台（硬件、软件、网络、安全）。

智慧旅游云计算中心采用"少数集中，多数分布"的系统架构。地市级旅游局负责旅游信息数据标准的建立，并搭建旅游信息云中心。各市县区可以通过旅游信息云中心集中上传数据，也可以通过地市级旅游局提供的数据交换标准和接口，与各自现有系统实现数据同步和交换。智慧旅游云平台架构如图 7.6 所示。

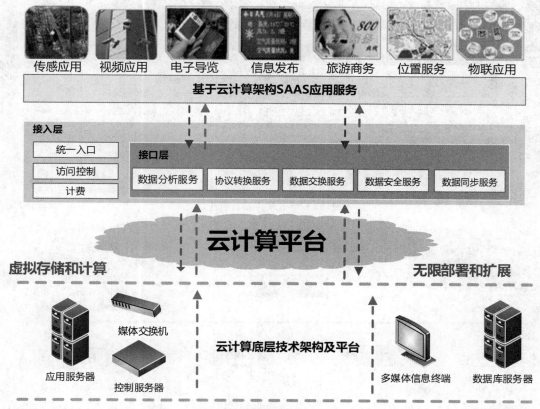

图 7.6 智慧旅游云平台架构

基于统一的旅游信息云存储中心和旅游数据云交换中心，实现智慧旅游和智慧城市对接，建成庞大的数字化、智能化系统，对所有旅游信息进行汇聚、计算和应用，方便各级政府以及景区商家和游客的使用。智慧旅游云计算中心如图 7.7 所示。

3. 旅游公共服务平台

政府旅游公共信息服务平台是旅游主管部门承担旅游服务职能的重要基础。公共服务平台集权威性、便民性、功能性、公益性于一体，不仅要发挥类似于旅游资讯网、旅游局政务网等信息传播和品牌宣传的作用，更要承担旅游资源的信息共享、商务交流、游客互动、行情监测、数据管理等服务职能。图 7.8 所示为厦门智慧旅游公共信息服务平台。

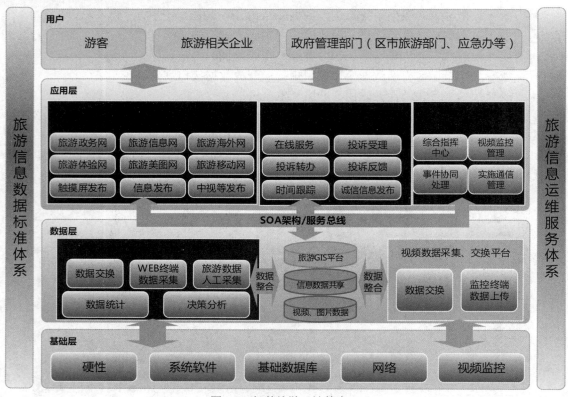

图 7.7　智慧旅游云计算中心

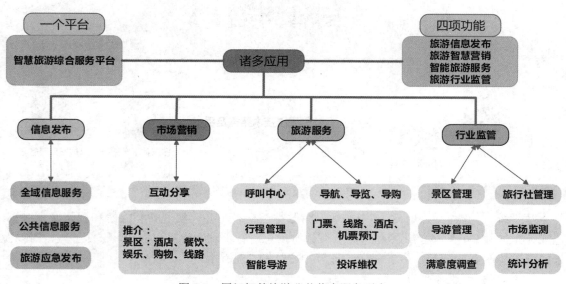

图 7.8　厦门智慧旅游公共信息服务平台

　　智慧旅游公共信息服务平台，通过各种信息传播媒介和服务咨询通道，向游客提供全面立体的旅游信息和旅游咨询服务，发展以信息推动为代表的服务模式，如图 7.9、图 7.10 所示。

图 7.9　服务对象应用

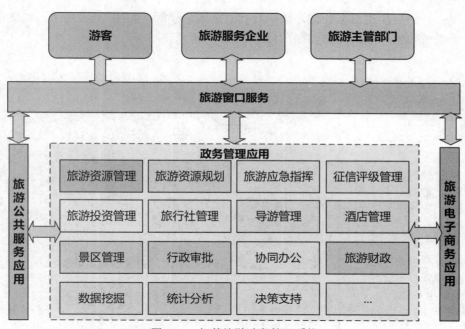

图 7.10　智慧旅游政务管理系统

4. 旅游监测预报

　　旅游数据统计一直是旅游行业管理的重要工作。传统的数据统计存在统计手段落后、数据采集滞后等问题。智慧旅游建设将充分利用传感器、监控设备和无线通信技术，实现对旅游数据的自动监测和实时数据统计，如景区游客统计、交通监测等，为管理部门提供决策支持，也为游客提供应用支持。

　　景区游客流量统计数据主要来源于景区门禁、运营商基站定位和视频监控设备。其中景区门禁数据用于反映景区内当前总游客量；运营商基站定位可以反映游客在景区中的分布情况；视频监控设备可以反映某个监控点具体的游客情况。景区旅游监测系统和智慧交通指挥系统对接，实时获取交通流量、路况、拥塞、事故、安全等各种交通信息和旅客需要知道的各种服务信息，为准确地对旅游交通进行协调提供有力的信息支持保障。

在监测数据汇总和发布的基础上，游客可以通过网站和手机应用，结合电子地图查看城市和景区的交通情况，从而更好地安排行车线路。对于大型景区内部停车位进行实时数据发布，并整合景区周边停车场信息，不仅为旅游大巴和自驾游客提供类似景区车位已满的提示，还能引导他们就近找到理想的停车位置。

重点景区、城市和地区的游客流量监测是旅游行业应用大数据的重要领域。该系统主要是采用手机移动通信信令来对到访景区、城市和地区的游客数量进行实时监测。手机具有定位功能，对应于移动通信等手机基本功能而言，被发现、记录的使用者位置数据信息可以自动生成和使用。由于手机越来越普及，利用手机定位功能对一定区域的游客流量进行实时监测具有可行性，在我国基本是成人和青少年人手一部，外出旅游更是如此。

景区客流量监测，通过实时数据采集、实时分析技术，实时统计分析各个旅游景点的在园人数，可以通过 30 分钟描点，反映景点的人流趋势。通过归属省份的统计，可分析旅游用户的来源地特征。基于监测数据实时发布旅游点流量热点图，例如以不同颜色标注景区各景点的游客情况；并结合历史数据和预订数据进行游客流量预测，如图 7.11 所示。以厦门景区游客采样分析系统为例，系统界面如图 7.12 和图 7.13 所示。

- 各个旅游景区当前在园人数统计（仅为网内用户）

其他的相关分析角度：
- 省\用户数
- 省-地市\用户数
- 套餐\用户数
- 省-套餐\用户数
- 省-地市-套餐\用户数

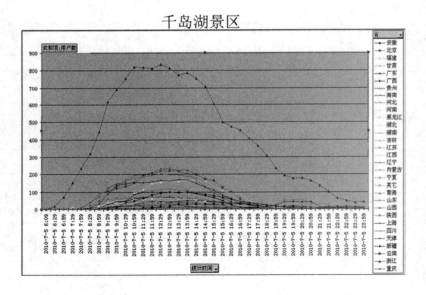

图 7.11　景区客流量监测

5. 旅游团队服务管理

全国旅游团队服务管理系统（简称"团队系统"）是一套覆盖全国大陆 31 个省市的旅游局动态信息监管与统计的系统和平台。团队系统以 B/S 结构为基础进行旅游团队信息的动态监管及数据统计，主要涉及出境游、国内游、入境游三大旅游市场，涵盖组团、接待等旅游全业务，通过对旅游目的地、旅行社、旅游团队及导游、领队等数据的采集与管理，加强了旅游主管部门对旅游市场的应急与监管力度，同时为增强旅行社和游客之间的信息透明度提供了帮助，如图 7.14 所示。

游客采样分析系统

- 所有景区接待统计
- 各个景区接待统计
- 平均逗留时间统计
- 游客旅游天数统计
- 外来游客来源统计
- 景区游客排行统计
- 景区游客来源统计
- 景区新增游客统计
- 景区实时流量分析

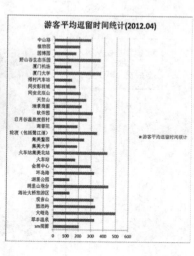

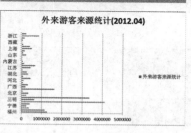

图 7.12　厦门景区游客采样分析系统

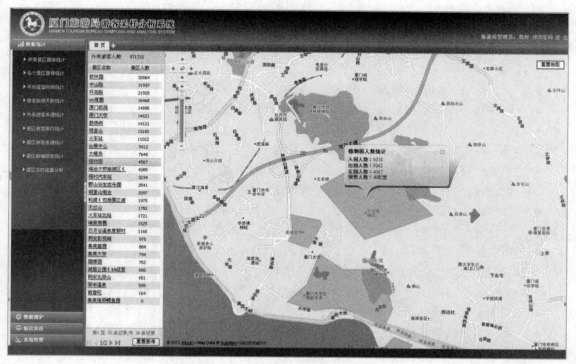

图 7.13　厦门景区游客采样分析系统界面

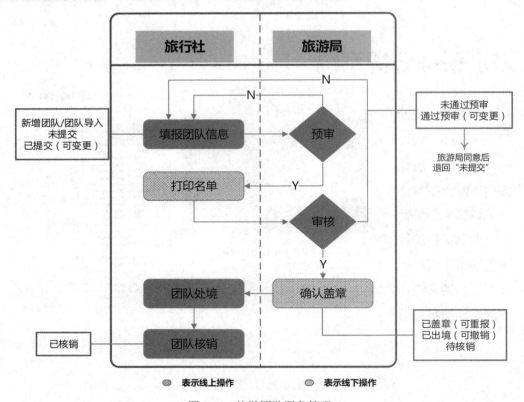

图 7.14 旅游团队服务管理

全国旅游团队服务管理系统作为大型数据采集与管理服务系统，实现了在全国各级旅游局及其下属的旅游管理部门、数万家旅行社以及数十亿游客之间的资源共享。系统特色包括：

（1）整体应用：三大市场、两种业务、六层结构

● 三大市场：涵盖出境游、国内游、入境游三大市场的数据。

● 两种业务：包括旅行社的组团、接待两种业务的信息。

● 六层结构：服务对象包括游客、旅行社、区县、地州市、省市、国家六层级。

（2）四项功能：预警预报、行程定位、统计分析、诚信规范

● 预报预警：预报、预订、预约、预审、预警、预测、预案。如对旅游目的地的游客人数进行预报或预测、为旅行社预订资源提供参考依据、旅游局线上预审出境名单表等。

● 行程定位：类似于 GPS，可定位到每个团队、游客、日期、景点等。

● 统计分析：对旅行社组接团经营状况、旅游目的地、景区接待等信息进行统计、排名。

● 诚信规范：对领队、导游、团队等信息进行上报，游客可自己查询。

（3）数据库构架：类云计算，构建 31（省/市）+1（国家）框架

（4）多渠道上报：页面录入、Excel 表格导入、历史团队导入、接口导入

● 页面录入：最简单直观的录入方式，按照最传统的填表方式进行填写。

● 运用固定的表格样张进行填写并导入系统，不易出错，且能够作为模板继续使用。

● 历史团队导入：当有了一定量的团队积累，能够快速查询并导入行程类似的团队。

● 接口导入：将团队数据直接从旅行社业务系统中直接导出，避免重复录入的工作。

全国旅游团队服务管理上报流程如图 7.15 所示。

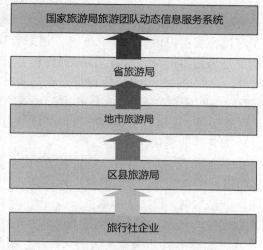

图 7.15　全国旅游团队服务管理上报流程

6. 旅游安全保障

旅游安全是旅游业持续健康发展的基本保障。近年来发生的一系列旅游安全问题对旅游业产生了深刻的影响,严重威胁了旅游者的基本安全,对旅游业的发展产生了一定的负面影响。旅游安全监测是旅游管理部门对可能发生的显性和隐性的风险和危机进行预测和防范的一种管理手段,主要有两种:一是过程监视,对监测对象的活动过程进行全过程动态监视,对监测对象各个环节进行监视;二是对大量的监测信息进行整理、分类、存储和传输。

从旅游业运行的环节和活动特点看,旅游安全贯穿于旅游活动的六个环节:饮食安全、住宿安全、交通安全、游览安全、购物安全、娱乐安全。信息技术的应用为解决旅游安全问题提供了技术手段,尤其在控制和处理旅游安全的过程中发挥支撑作用。物联网、定位技术已经广泛应用于对各种安全问题的监测,卫星电视、光纤技术、无线通信等现代化的信息传递手段能够及时发布旅游安全隐患的预警预报信息,以物联网技术为核心建立旅游安全保障服务体系,将各种控制和处理旅游安全问题的方法更加现代化。

旅游安全监测将越来越依靠物联网、大数据等信息通信技术的支撑,如建立人—机智能互动的旅游环境安全监测预警系统、红外光学远距离探测器监测火灾、基于 3S 技术的自然灾害监测系统与旅游交通事故监测系统等。另外,通过自动在线监测、遥感监测、GPS 动态跟踪监测等手段,获取各类旅游安全信息。旅游饭店或旅游景区通过闭路电视监控系统、防盗报警系统、周界防范系统、门禁管理系统、电子巡更系统、停车场管理系统、楼宇对讲系统、卫星通信系统、人员跟踪系统、室内定位系统、火灾自动报警系统、防盗报警系统等智能化信息系统,保障旅游活动的安全开展。

旅游突发事件的应急处置,需要跨部门、跨区域的合作,对旅游应急通信和协调处理提出了迫切需求。通过旅游电子政务网络平台,利用社会公共通信资源及应急通信保障系统,实现无线与有线、公网与专网相结合的应急保障通信。应急通信系统上连国务院应急平台,下连各地市,并连同其他省级、部级应急瓶盖,保障重大旅游事件的信息汇集、集中决策和应急处理,提高信息报送和应急处置效率。

7. 旅游决策支持

旅游出行决策，其目标是确定旅游出行的主题、旅游资源类型、旅游目的地等信息。旅游目的地的决策和选择是消费者对旅游服务的消费和购买行为，在这个过程中，价格、促销、服务质量、个人偏好、购买环境、服务提供商的知名度等，都影响着最终的消费者购买决定。旅游出行决策支持系统的功能是为旅游出行者服务，满足旅游出行者的旅游需求，主要包括如下内容：旅游出行信息的查询、分析和输出功能，提供信息查询服务，例如提供旅游目的地和景点的信息，加深对旅游景点的空间认知；提供多媒体和虚拟场景等作为旅游出行决策的辅助工具；提供交通和旅游电子商务服务，旅游者可以实时查询交通信息并灵活选择出行方式；对旅游出行决策进行反馈，并提出具体的建议。

旅游管理决策，是动态监控旅游资源利用情况，为各类旅游规划、开发和优化提供数据支持和参考，为旅游管理部门进行整体规划，为旅游业者提供高效管理和决策支持，包括旅游基础信息存储和处理，如地理信息数据、自然环境数据、经济人口数据、基础设施数据、商业数据、旅游资源与市场统计数据等，在此基础上分类汇总并进行统一管理。

旅游突发事件决策，是在计算机系统和决策人员的支持下，根据决策任务，输入包括自然灾害、事故灾难、公共卫生、社会安全等参数及实时旅游状态参数，完成政府部门对旅游宏观危机程度的研判，对危机进行分析和预警，并在此基础上制定合理的对应策略。事件发生之后，对事件进行监测和跟踪，对紧急情况立即响应，并对灾害事件可能造成的损失和人员伤亡进行评估。

旅游资源可持续发展决策，是考虑整个区域的经济效益和社会效益，集专家经验、人工智能于一体，对多个旅游监测指标数据进行计算分析，对旅游监测方案及时做出定量评估，为旅游监测人员及上级主管部门的决策提供数据依据。

7.3.2 基于物联网的数字化景区

1. 数字化景区概述

数字化景区是指利用 IT、自动识别、通信等技术，建立以综合数据中心为核心的景区管理系统，通过景区网络平台，协同各业务应用系统，对景区森林防火、病虫害防治、大气、水质及游客游览状况进行无缝隙监测，从而实现景区资源的有效保护和旅游秩序的科学管理。数字化景区其核心也就是要利用信息技术和信息产业的发展，提高景区服务、游客游览和景区环境的质量。

数字化景区系统通过智能网络对景区地理事物、自然灾害、旅游者行为、社区居民、景区工作人员、景区基础设施和服务设施进行全面感知；对游客、社区居民、景区工作人员进行可视化管理；优化景区管理业务流程；同旅游产业上下游企业形成战略联盟，运用众人的智慧力量来管理景区；从而实现有效保护遗产资源的真实性和完整性，提高旅游者服务质量，实现景区环境、社会和经济全面、协调、可持续发展的目的。

2002 年起，在国家重点风景名胜区范围内启动了"国家重点风景名胜区监管信息系统"的建设工作，着手推动风景名胜区工作的信息化建设。几年来，在各景区、省级主管部门和部监管项目组的共同努力下，国家重点风景名胜区监管信息系统和数字化景区建设取得了阶段性成果。

风景名胜区数字化建设是信息化技术发展与风景名胜区管理模式创新结合的产物，推动了"资源保护数字化、经营管理智能化、产业整合网络化"目标的实现。

2．数字化景区总体设计

（1）总体框架

数字化景区通过旅游资源的整合，加强对景区旅游资源的管理和监督，为游客提供一站式平台体验以及更加规范、安全的旅游服务。旅游景点充分利用信息科技手段，提高景点的文化与历史内涵的呈现水平，更好地服务景区、服务游客、服务商户，从而提高景区旅游业务的综合管理和运营能力，创建优质的旅游生态环境，提升旅游的服务品质。数字化景区的总体架构如图 7.16 所示。

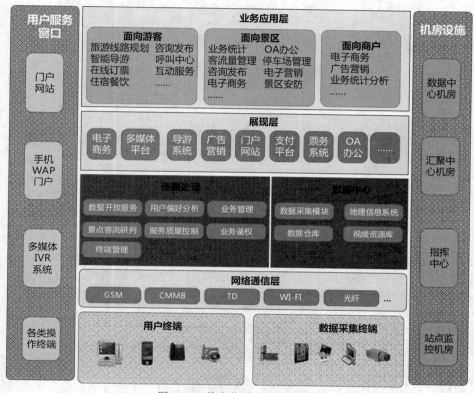

图 7.16　数字化景区总体架构

从框架结构上看，数字化景区建设分五个层面：

- 数据采集层，主要由用户操作终端、物联网设备及旅游信息输入设备组成，为综合研判和处理提供数据来源。
- 网络通信层，负责前端设备与系统服务端的传输与通信。
- 数据分析处理层，作为综合数据库存储信息数据，同时对各类综合数据进行分析处理，形成有价值的参考信息。
- 信息展现层，作为信息数据的表现形式和管理形式，为用户提供使用平台。
- 业务应用层，为不同使用对象提供业务功能。

（2）业务架构

数字化景区管理系统由主管单位办公网、业务管理网、电子商务网和游客服务系统四部分组成，围绕这四部分，构成了旅游电子政务网、电子商务网（以资讯和产品为核心）、旅游体验网（以景区为核心）三大主网以及衍生出来的招商引资网、旅游诚信网、节庆活动网、教育培训网和旅游人才网等，各网之间通过后台运营管理中心进行统一维护与管理。

数字化景区服务如图 7.17 所示，其业务架构如图 7.18 所示。

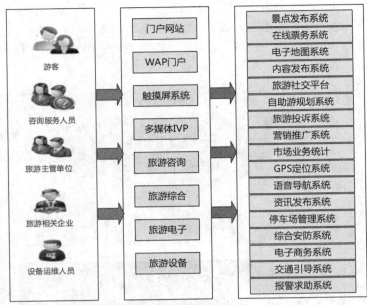

图 7.17　数字化景区服务

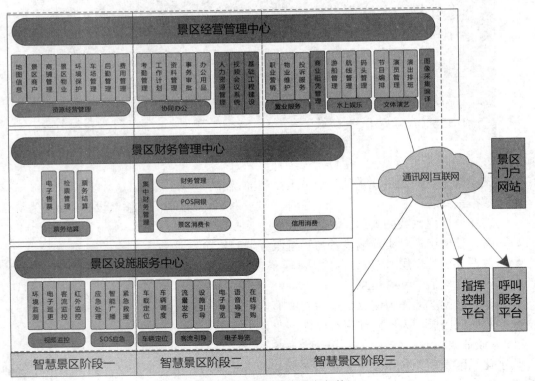

图 7.18　数字化景区业务架构

（3）功能架构

数字化景区管理系统通过政务内网、政务外网、管理业务网、交互/展示平台、综合资源数据库以及配套的支撑设施，为游客、旅游企业、投资者、主管单位提供配套的业务支撑，促进地区旅游经济的发展。数字化景区功能架构如图 7.19 所示。

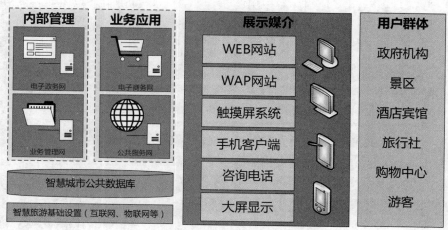

图 7.19　数字化景区功能架构

（4）技术架构

整体系统分为：基础设施层（系统所需的基础设备、系统、中间件等）、数据资源层（实现具体功能的各种数据与信息库）、应用支撑层（对所有应用系统提供各种数据访问功能的中心服务系统）、应用系统层（实现具体功能的各种应用系统）。数字化景区技术架构如图 7.20 所示。

资源层提供集中的数据访问，包括数据连接池控制、数据库安全控制和数据库系统。集中的数据访问能够在大量用户同时并发访问时共享有关连接等信息，从而提高效率，集中的数据库安全控制，使任何来自互联网的数据库访问都必须经过强制的安全管理，不允许直接访问数据库的行为，杜绝安全隐患。

应用层通过提供统一的数据服务接口，为各个应用系统提供服务。任何一个应用服务器都可以同时启动多个服务，而通过目录与负载均衡服务来进行负载均衡，从而为大量用户并发访问时提供高性能服务。智慧旅游系统应用服务器提供核心智慧旅游系统服务，包括数据服务、管理服务、基本安全服务、其他业务服务等；数据同步服务器将数据有条不紊地同步到各个数据库；系统更新与版本升级服务器提供各个系统的版本升级管理，使任何一个系统都保持最新版本；Web 日志分析服务提供用户访问分析，提高网站后期修改、维护、更新的针对性。

（5）网络架构

数字化景区管理系统网络设计采用应用数据、内部服务与外部服务分离的原则，严格设计访问规则，并配备入侵检测系统，以确保系统安全。系统是集有关旅游信息的收集、加工、发布、交流和实现旅游的网上交易、拍卖和服务全程网络化为一体的综合性、多功能网络系统。参与各方为：政府主管部门、旅游企业（宾馆、酒店、旅行社、餐馆酒楼、娱乐场所、景点公司、票务公司、租车公司等）、游客（网站会员、访客、旅游客户）、银行等。

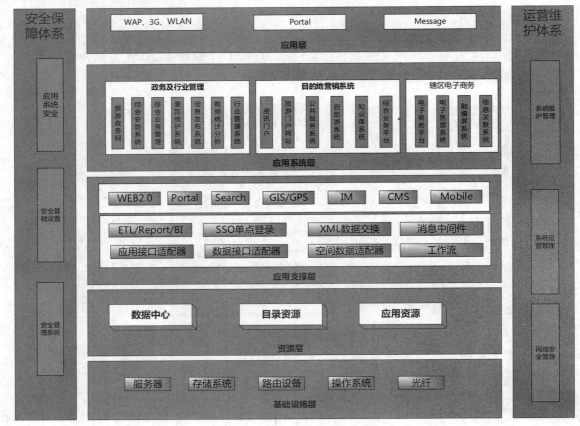

图 7.20　数字化景区技术架构

数字化景区管理系统采用 B/S 模式，以数据中心为信息交换平台，通过有线、无线接入手段，以 Internet 为数据传输通道，政府各有关部门、旅游企业、游客、银行通过专线或 Internet 与系统中心互联，实现网上数据查询、预订、购物、交易、结算、消费等活动。网络中心配备若干台高性能服务器，应用和数据分离，实现系统运行的稳定性和安全性。服务器上运行电子商务套件以支持电子交易，安装 Web 服务软件，向用户提供信息浏览、查询等服务。数字化景区网络架构如图 7.21 所示。

3. 景区环境监测

根据景区的环境特点及景区总体方案设计需求，环境监控模块分为森林防火子模块、气象发布子模块、水温监测子模块等，对景区内自然环境和安全隐患进行监控，并通过指挥中心对环境数据进行信息发布，支撑应急指挥等管理调度工作，为游客提供环境信息参考。

森林火灾是世界性的林业重要灾害之一，每年都有一定数量的灾情发生，造成森林资源的重大损失和全球性的环境污染，其中景区森林火灾对景区的破坏尤为严重。森林火灾具有突发性、灾害发生的随机性、短时间内能造成巨大损失的特点。

森林防火系统是在景区内的林业区域安装专业透雾摄像机对林业资源进行 24 小时持续监控，并通过专业的视频分析软件进行烟火识别、监测和蔓延分析，如图 7.22 所示。对森林火灾的预防控制，可以实现如下管理功能：

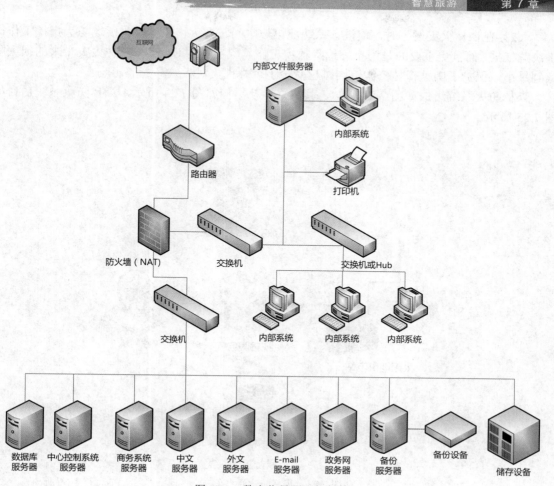

图 7.21　数字化景区网络架构

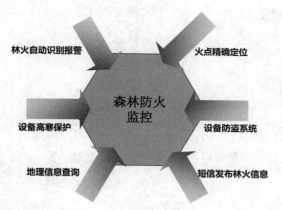

图 7.22　森林防火系统功能

（1）监控中心指挥人员可通过监视器看到林区现场的实时连续画面，不仅减少了护林工作人员的巡山次数，为林区的防火工作提供有力的保障，还可对森林砍伐、造林情况、湿地保护、病虫害防治、野生动物等森林资源进行监测管理。

（2）在森林火灾发生时，通过该系统能第一时间掌握火情，不仅为现场防火指挥工作提供决策依据，而且更重要的是为指挥抢险救灾工作争取宝贵的时间，将森林火灾带来的损失降低到最小，保护了国家森林资源，同时也减少了森林火灾对大气环境的影响。

森林防火系统组成如图 7.23 所示，其网络拓扑结构如图 7.24 所示，森林防火系统后台如图 7.25 所示。

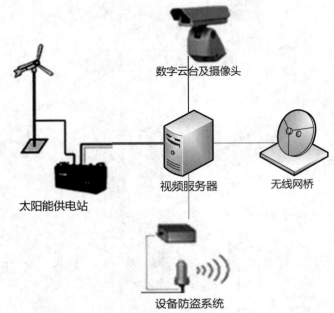

图 7.23　森林防火系统组成

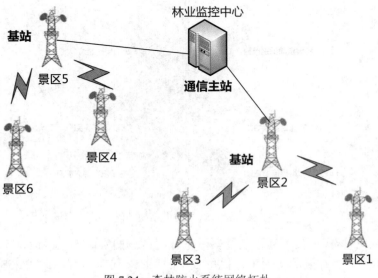

图 7.24　森林防火系统网络拓扑

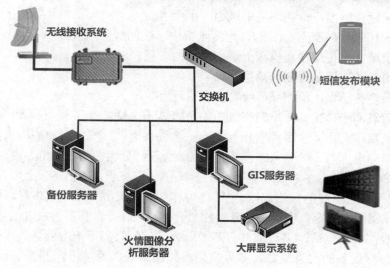

图 7.25　森林防火系统后台

　　通过烟火自动检测、烟火自动识别和报警软件的连动控制，自动跟踪和锁定火点位置，并能实时接入、自动跟踪和动态显示在 GIS 软件平台，由运维人员及时处理。

　　景区环境气象监控系统主要为景区管理部门对整个景区环境体系的综合管理，主要采用水文水质、烟感、风速、噪音、粉尘、温湿度、负氧离子等传感器获取实时数据，然后通过视频分析、传感数据分析发现景区环境问题，并及时进行处理。景区环境监测如图 7.26 所示。

图 7.26　景区环境监测

景区环境监测的主要内容包括：

- 通过温湿度传感器检测空气环境温度、湿度值，了解测量环境的温度、湿度状态。
- 通过粉尘传感器，检测空气环境中粉尘的污染程度。
- 通过一氧化碳传感器，检测环境中大气中一氧化碳的浓度。
- 通过光照传感器，检测环境中光照的强度。

- 通过风速传感器，检测环境中风力大小/等级状态。
- 通过 pH 检测传感器（水质），检测水塘中水质的酸碱强度。
- 通过土壤含水传感器，检测土壤中水分的含量。
- 通过雨量传感器，检测降雨量。
- 通过噪声传感器，检测环境噪音的污染程度。
- 通过负氧离子传感器，检测空气中的负氧离子含量。

空气中负氧离子含量受多种因素相互影响，主要有地理、气象、植被、水体、人类活动、大气污染物、局部小生态、微生态等。一般来说，公园、郊区田野、海滨、湖泊、瀑布附近和森林中含量较多。理论上讲，存在于自然界的负离子与正离子是等量的。由于人类无视自然生态的平衡，忽视可持续发展的自然规律，短期行为和功利主义等导致人类生存环境的严重破坏，使正、负离子比例严重失调。空气中的有害物质、有害气体、含有多种成分的尘埃及病毒、细菌等，它们一般都带正电荷，易与空气负离子聚合，使负氧离子浓度降低。

通过多类传感设备的实时监测，多方位采集监测景区气象环境，并在后台进行基础数据分析，对景区环境进行智能预警预报，辅助管理决策，并支持多种移动终端应用，为游客提供服务，如图 7.27 和图 7.28 所示。

图 7.27　微气象传感器和固定式负氧离子检测仪

图 7.28　环境信息发布

4. 电子巡更考勤

针对景区面积大、景点多、人员多的特点，需要建设一套在线式考勤巡更管理系统，实现景区人工门禁及巡视的电子化管理,也是景区内部从业人员量化管理、动态管理的重要工具。

考勤管理模块主要使用电锁、门禁读卡器等出入控制设备,以 IC 卡作为员工的进出凭证,由系统自动控制其进出权限,并记录出入信息,实现自动化的门禁及巡更管理。巡更管理模块主要实现景区人工巡视的电子化管理,也是景区实行内部巡视人员量化、动态管理的重要工具。

按照采用的技术方法不同,景区电子巡更管理系统可分为在线式和离线式两种,主要由巡更系统软件、信息钮、人员卡、巡检器、通讯器等部分组成。其中,巡更系统软件以景区日常巡逻管理为主线,根据巡检器中记录的数据对景区巡视人员的完成情况进行考核,实现日常管理的信息化,加强景区巡视管理的科学化、制度化,提高景区巡视管理的整体水平。

电子巡更可以采用离线式电子巡更和在线式电子巡更两种方式。离线式电子巡更采用的是传统的电子巡更棒,该方法原理简单,成本低,但存在巡更数据不能在线实时传递到后台的缺陷,在线式电子巡更系统,实现单位内部在线式电子巡更的基本管理。实现巡更人在单位内部巡更时,可以灵活地设置巡更路线、巡更信息点以及巡更人员的名单,把每次巡更记录清楚地记录在库,方便查找和归档,生成多种报表满足正常巡更工作需要。

考勤巡更的主要功能包括:

- 通过数据接口接入旅游管理信息平台,对门禁系统进行门禁授权及门禁记录的查询和图形化显示。
- 通过数据接口接入旅游管理信息平台,快速定位最近的打卡巡更人员,对报警游客进行救助,对游客的不当行为进行制止。
- 针对景区内的工作人员、导游、景区安全巡察人员、景区环卫工人等工作人员给予相应的门禁权限,制定相应的巡更路线,并实现在线监测门禁及巡更状态,从而实现对景区内工作人员及旅游从业人员的远程管理监督,提高工作效率。

考勤管理子系统主要针对景区,通过在监管区域的办公管理出入口、景区出入口、景点、道路等设置巡检点或考勤点,对整个监管区域进行全面覆盖,再对工作人员配备相应门禁卡,作为使用者的唯一标识,实现景区整体区域内众多人员的综合管理,如人员门禁授权、定位、人员统计、重点位置巡更、活动路线管理、工作人员考勤管理等。

景区电子巡更考勤系统如图 7.29 所示。

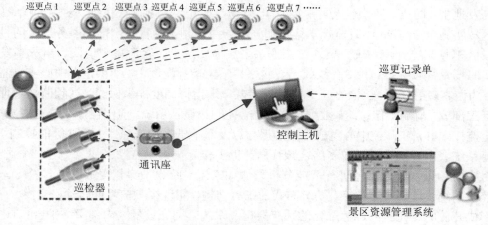

图 7.29 景区电子巡更考勤系统

5. "三台合一"接警处理

对于风景区的地理位置来说是地质灾害、森林大火等易发地区，作为高智能化风景区指挥中心应该具备应对突发事件的应急处理能力。"呼叫中心"接处警系统是指专号联网建立的统一报警服务系统，目标是具备类似110、119、122的三台合一功能，实现接处警的集中接警、统一指挥、快速反应和信息共享的指挥及综合管理系统。"三台合一"系统组成示意图如图7.30所示。

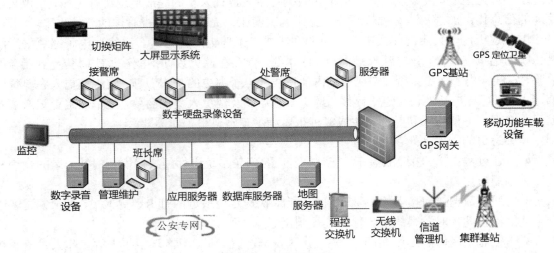

图 7.30　呼叫接警中心

系统以计算机网络系统为基础，以有线和无线通信系统为纽带，以景区接处警系统为核心，有效集成警用地理信息系统、GPS全球定位系统、数字录音/录像系统、监控系统、LED显示系统等，将各信息系统高度集成，有效地提高了系统快速反应、协同行动和决策指挥的能力。

报警发生时，系统可以以有线电话、无线寻呼、SMS短信等方式，及时集结有关的执勤力量进行快速处警，从而真正实现快速反应的要求。

6. 视频监控

在景区游人集散中心、风景区主要交通要道、风景区出入口、自然遗产重点保护区域、事故高发地带（防火、防洪、人员密集）、停车场等地建设数字监控系统，对主要风景区要道、重点区域实施全方位24小时监控。达到加强现场监督和安全管理，提高服务质量的目的。

景区视频监控管理系统主要通过摄像头采集重要景点、客流集中地段、事故多发地段等地的实时场景视频数据，利用有线或无线网络传输至指挥调度中心，供指挥中心实时监视各类现场，为游客疏导、灾害预防、应急预案制定实施、指挥调度提供保障。视频监控管理系统主要包括三部分：前端摄像系统、数据传输系统、控制和显示系统。前端摄像系统完成数据采集，传输至监控中心，在监控中心完成数据的保存以及对前端摄像机焦距、景深等的控制，并通过大屏幕系统或电视墙实时播放多路视频画面，供工作人员集中监控。

对实时场景视频数据可进行智能分析，例如人流量统计，穿越警戒区域告警等。智能视频监控子系统设计上采用数字化、分布式的部署结构，实现视频信号的传输、交换、存储、处理，形成开放的、完整的、标准化的系统架构。系统之间通过景区内部网络平台（TCP/IP协议）相互连接，建立起各子系统之间的联动链路，使得本系统的授权用户能通过统一的操作界面掌握各子系统的资源，同时，通过子系统之间的联动控制提升系统整体性能和功能，以提高技术防范工作的自动化程度和处理效率。

系统总体结构如图 7.31 和图 7.32 所示。

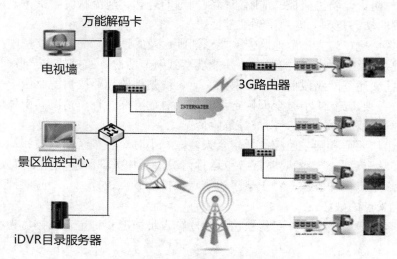

图 7.31 景区视频监控系统 1

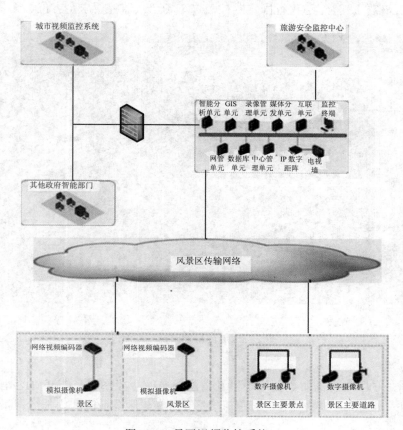

图 7.32 景区视频监控系统 2

视频监控的应用场景包括：

（1）景观监控：要求清晰监控到重要景观。能够适应低照度或夜间的监控要求，摄像机应具有高清晰的画面和宽阔的动态范围，能够全天候、全方位、无盲区地监控景点情况。

（2）森林防火、防洪监控：清晰监控到周围的森林、河流状况。摄像机应具有高清晰的画面和较宽阔的动态范围，能观察到细部情况。

（3）查票情况、游人集散地监控：要求清晰、及时地将画面返回监控中心。实时掌握游客或查票情况，防止意外事件的发生，并能观察到细节情况，监控要求全方位、无盲区。

（4）景区交通危险路段监控：要求能实时、清楚地监控路段情况。由于是用于危险路段的监控，所有必须实施 24 小时全天候定点监控。对危险路段行车情况和山体情况实时掌握，及时发现交通事故和山体塌方、滑坡等危险情况。

（5）进出口要道和门禁监控：要求全天候 24 小时对各景区出入口和检票口的车辆、人员出入情况实行定点监控。随时掌握各点运行情况，为相关部门管理提供有效支持。

（6）重点景点保护监控：对于景区内重点保护的景点进行 24 小时监控，防止自然灾害和人为原因对景点的破坏。

（7）游客集散中心监控：对售票情况和候车人员情况实行定点监控，为相关部门管理提供决策支持。

（8）停车场监控：要求全天候 24 小时对停车场停放和出入车辆情况实行监控，保证在低照度或夜间的监控。停车道进行固定监控，停车场全景监控要求全方位、无盲区。

图 7.33　厦门植物园视频监控

7. 智能广播

景区广播是景区必备的用于营造环境及信息发布的智能系统，能够协助处理景区内的突发事件，比如人员走失、失物招领、紧急疏散等，并在景区营业时间内播放背景音乐，营造出轻松愉快的气氛。

景点都可以播放不同的背景音乐节目，多个景区互不影响。同时设立中心广播站点，可对所有景区内广播站进行统一广播或单点广播。各个旅游景区可自办广播节目，系统可随时终止自动播放状态，切换到手动控制，进行通知、找人、寻物等事务性广播；景区的 IP 网络广播的每个网络适配器都具有独立的 IP 地址，可以单独接收服务器的个性化定时播放节目，定时播放的操作，也可以通过电脑在网上设置上传节目等，旅游景区利用此功能可以实现一些固定的音乐播放。

经过授权的管理员，只要在电脑安装广播专用分控软件，经计算机的麦克风可实现远程讲话，可以对全区、分区、分组讲话，实现定时定区域的播放操作及无人职守功能，如按时间作息表制作好程序后，系统将自动执行定时程序。在广播控制中心可以监听到任意点实现单点选择监听功能，监听其播放内容和音量大小，以判断终端和功放是否正常。

广播扬声器的选择需适应不同环境的需求，且音量和音质都比较讲究。广播扬声器原则上以均匀、分散的原则配置于广播服务区。其分散的程度应保证服务区内的信噪比不小于15dB。广播扬声器的供电采用就近供电的原则，可与景区内的监控立杆合并安装，由于是采用基于 IP 的数字信号，广播的线路及管网也能共用视频监控系统的管网。智能广播系统如图7.34 所示。

图 7.34　智能广播系统

8. LED 大屏幕信息发布

LED 彩色户外大屏显示系统主要由中心控制计算机及应用软件、显示板、控制器、支架、光传输设备、通信控制系统、配电箱、供电系统、避雷、接地系统等构成，如图 7.35 所示。

图 7.35　LED 户外大屏

LED 彩色户外大屏显示系统部署在景区入口或景区途经重要路口处。LED 大屏显示系统由数字化指挥中心控制，可自主显示数字化风景区的相关信息。主要功能包括：

- 综合信息：公路的交通信息、停车场、酒店信息、运营指令、路面情况、气象资料等。
- 景区旅游服务资讯：介绍景区各旅游景点，发布天气预报、交通信息、医疗救助等服务信息。在黄金周等客流量高峰时期可实时播放重要景点的视频、客流统计数据等，为游客合理调整旅游路线提供参考。
- 公益宣传：播放景区生态资源保护知识、精神文明建设公益宣传片等，提高游客的资源保护意识，树立良好道德风尚。
- 景区推介宣传联播：提供与建设部的信息共享接口，实现景区之间的信息共享。
- 景区商户消费广告：景区内各类消费商户的促销广告信息和优惠活动。

9. 旅游自助查询系统

旅游咨询系统通过文字、图片、声音、视频等多种形式，向游人展示风景区秀丽的自然风光、人文景观，丰富的动植物资源，完善的旅游服务设施、项目以及多姿多彩的民俗民风，方便快捷地向游人提供旅游实时信息及吃、住、行、游、购、玩等六方面信息的即时查询服务，同时具备投诉申告、旅游调查等旅游信息反馈功能，如图 7.36 所示。

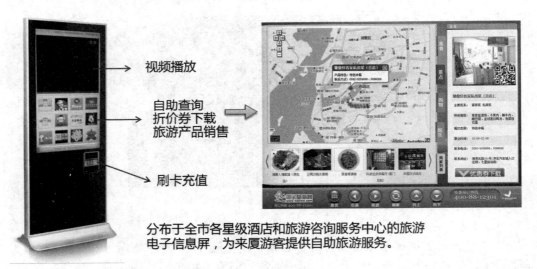

图 7.36 厦门旅游电子信息屏

旅游咨询系统采用多种技术手段，把分布在不同地点的服务终端、触摸屏设备等接入到数据中心，为游客提供双向资讯信息、消费和各种娱乐服务，成为游客了解风景区各种旅游信息的好助手。同时提供便携式电子导游，游客可在旅游咨询服务中心借用各景区的电子导游工具，当游客进入特定区域，系统将自动进行播报。

旅游咨询系统和旅游咨询服务中心设在旅游集散中心，以及风景区内的各大售票大厅、宾馆、酒店大厅等，如图 7.37 所示。

旅游咨询系统具有以下功能：

- 适应游客使用触摸屏进行浏览的方式，实现旅游咨询的互动反馈。
- 采用网络化的发布方式，支持远程浏览及远程控制、自动更新。

图 7.37　自助咨询终端

- 建立统一规范的后台数据库，对系统所使用到的各种资源按类别、功能等通过数据库进行使用及管理。
- 建立系统后台管理程序，系统各部分内容的更新、添加、发布等操作均通过后台管理程序完成，并支持远程管理。
- 支持不同角色、不同权限用户的使用和管理（游客、旅游咨询服务人员、公司管理层、系统管理员）。

10. 电子门票

景区电子门票系统是智慧景区的重要组成部分，把景区票务管理由过去的粗放式人工售票变成了精细化动态管理。采用了通道检票设备，杜绝了漏洞，同时使得游客数量统计更加及时准确，减轻了财务人员手工统计的强度，解决了票务管理漏洞，减少了管理成本。

电子门票系统使整个景区实现了售票电脑化、验票自动化、数据网络化、管理信息化的高科技管理体制，主要由数据中心、票务管理子系统、售票终端和入口检票终端系统、控制网络等组成。数据中心对所有景区的统计数据及门票的交易数据汇总处理。系统的业务流程环节可以分为：中心统一授权管理、景点分点售票、门禁系统验票、营业数据上传、中心汇总统计分析等。电子门票闸机如图 7.38 所示，在线购票系统如图 7.39 所示，电子门票管理系统如图 7.40 所示。

图 7.38　景区电子门票闸机

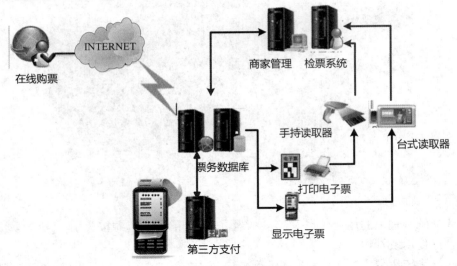

图 7.39 在线购票系统

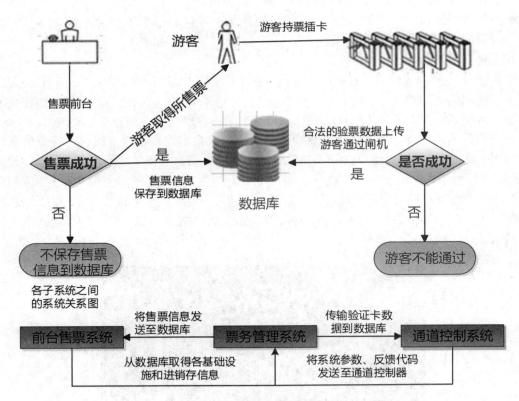

图 7.40 电子门票管理系统

景区电子票单系统作为票务联网智能化工具,将所有签约旅行社、非签约旅行社、网络售票代理、手机售票代理、门店售票代理等,都统一纳入到景区的管理和服务范围内,在提高景区服务质量和效率的同时,增强了景区与社会化渠道的及时沟通和景区政策的发布时效;为游客带来了更方便快捷的订票购票服务和验票服务,如图 7.41 和图 7.42 所示。

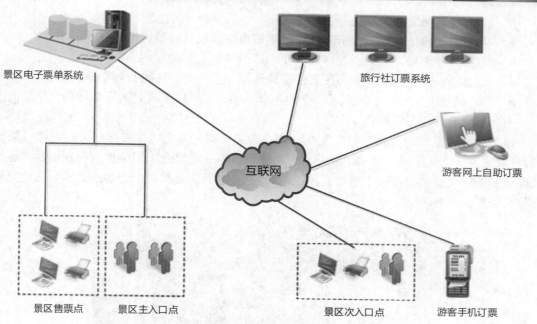

景区电子票单系统

旅行社订票系统

游客网上自助订票

景区售票点　景区主入口点　景区次入口点　游客手机订票

图 7.41　电子票单系统

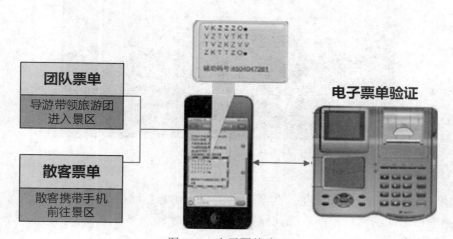

团队票单

导游带领旅游团
进入景区

散客票单

散客携带手机
前往景区

电子票单验证

图 7.42　电子票单验证

11. 停车场智能管理

景区停车场智能管理除了传统的停车管理收费的基础功能外，还需要在游客，尤其是自驾游的游客到景区周围路段时就开始提供交通信息、停车场空余车位的信息，为游客出行和停车给予诱导，在室内停车场中还需要提供游客基于车位的诱导停车服务，提供给游客完整的停车服务，让游客在景区进得来、停得快、出得去。

景区停车场智能管理通过一整套完善的设备对驾驶者进行停车引导，一般由交通引导大屏对环景区交通信息进行播报，由车位探测器对车位状况进行检测，由 LED 车位引导屏显示实时的剩余空车位信息，再由每个车位设置的车位指示灯指示实时的车位空满状态，由停车场管理软件联网实现停车场资源统一管理调度。

停车场交通诱导管理系统主要功能包括：

- 每日的车位信息，路况信息通过信息播报屏或在线网站向游客进行展示。
- 对游客停车进行有效引导，实时显示停车场剩余车位数。
- 信息播报屏上的展示框可配备停车场地图，方便对游客进行停车路线指引。
- 预留数据接口，可与上级停车信息共享平台对接，按需将景区停车场车位信息向上级单位的管理平台推送。

停车场管理系统还应具有信息发布功能，通过与第三方交通信息部门进行对接（如交管局），取得景区周边道路的交通信息，将道路信息，停车场空余车位信息转换到根据景区实际情况定制的交通信息发布屏上进行实时或定时发布,给游客尤其是自驾游的游客有效的交通引导信息，如图 7.43 所示。

图 7.43　停车场泊位提示

12. 电子导游

景区电子导览系统主要帮助景区为游客提供智能化的自助服务，通过电子导览设备和后台中央数据库所形成的网络控制系统,以语音播放和视频播放等方式将旅游景区的服务和景点内容传递或展现给游客。

景区电子导览系统主要提供客流引导和旅游向导两大应用体验：一方面旅游景区借助电子导览实现对各分景点人流是否拥挤、车辆游船及索道等运转信息通过多媒体视频技术传递给游客；另外一方面，旅游景区根据景区游览资源的地理分布提供线路向导服务，同时，借助语音系统对线路上的各游览点提供相关一对一的导游介绍服务。

景区电子导览系统主要由导游机、无线感应网络、语音播放系统和中央数据库等组成，如图 7.44 所示。

13. 资源调度和应急指挥

景区内的各项资源调度和协调一直是景区管理中的难点，特别是随着景区的发展，景区游客量激增，景区交通工具激增的情况下，充分提升景区接待能力成为智慧景区发展的重点，需要为景区管理人员提供精确的车、船等资源的调度管理，同时为游客提供直观便捷的服务。

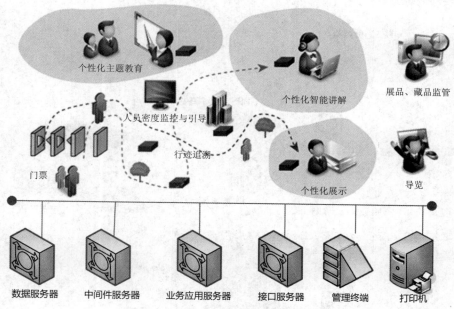

个性化主题教育　个性化智能讲解　展品、藏品监管

人员密度监控与引导

行迹追溯

个性化展示　导览

门票

数据服务器　中间件服务器　业务应用服务器　接口服务器　管理终端　打印机

图 7.44　电子导游示意图

　　资源调度及应急指挥子模块的主要功能是快速定位工作人员车船的地理位置信息，对报警游客进行救助，或对游客不当行为进行制止；向车船发布调度信息；向全体员工及车船发布景区管理通知、应急指挥等。

　　针对景区内导游、景区安全巡察人员、景区环卫工人、载客车辆、游览船只等分别制定相应的路线，可要求其在规定时间内到达相应的位置，并实时在 GIS 地图上展现景区管理人员的位置信息，在必要时可在指挥中心向员工手机下发推送指令和短信指令，从而实现对景区内工作人员的远程管理监督，提高工作效率。

　　车船调度系统是智能指挥调度系统的重要组成部分，它由指挥中心、通信网络、智能车载、船载终端设备组成，是集车辆、船只调度管理、GPS 定位跟踪于一体的综合监视调度网络，如图 7.45 所示。GPS 系统通过 3 个模块来满足数字化风景区的调度需求，即定位监控、指挥调度（可包括有无线通信调度、网络调度）、综合查询管理。

　　景区管理人员可通过手机 APP 上传所在车船 GPS 数据，由景区综合管理系统在 GIS 地图上进行统一展示和交互，实现了高效的指挥调度。在游览车、船上安装车载多媒体终端，设置 3G 网络，连接至综合管理平台，即可向游客实时播报景点介绍，同时上报至 GIS 地图显示。设在指挥中心后台的程序收集上报 GPS 信息，在 GIS 地图上显示浏览车位置，及下一站点预计到达的时间，最终将预计时间通过景区传输网络传至对应的站点大屏上进行显示。户外 LED 屏上可显示下一班游览车的信息和广告类信息，下屏可安装在线式触控屏，供游客查询景区信息。

　　管理人员通过基于 Android 系统的手机管理客户端，上传 GPS 数据到后台，实现了工作人员位置信息的实时上报，并能接收指挥中心下发的指挥调度信息，对游客进行救助，或制止游客的不当行为，达到了可视化的应急指挥调度，高效处理景区突发事件。客户端自带报警功能，紧急情况通过手机客户端迅速报警通知指挥中心，指挥中心可快速调度增援。

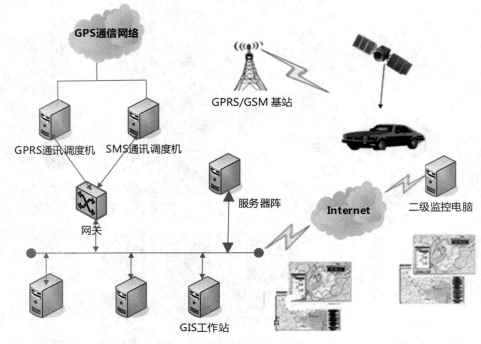

图 7.45　GPS 车船调度系统

结合视频监控子系统、智能广播子系统、环境监控子系统等，景区管理人员可以在指挥中心调看各个危险易发地段、事件多发地段的实时监控视频，当发现有游客不当行为如非法生火、破坏自然环境、破坏景点及公共设施时，能通过景区资源管理子系统查找到最近的工作人员，并通过短信或景区资源管理子系统手机客户端通知工作人员到相应地点阻止游客的不当行为，同时通过视频监控系统在工作人员和游客沟通时进行取证。

14. 无线"景管通"系统

无线景管通系统是智慧旅游的重要组成部分，它内置了风景区各景点景区、电子地图、信息发送系统、景区管理平台终端等功能，依托信息化手段和移动通信技术手段来处理、分析和管理整个风景区的所有部件和事件信息，促进风景区的人流、物流、资金流、信息流、交通流的通畅、协调。景区管理人员、管理层等可以利用景管通获取信息服务和对景区进行管理。

风景区管理人员携带"景管通"无线设备，前往事件现场详细记录情况，将取证的信息通过无线网络发送到指挥中心或分指挥中心，指挥中心或分指挥中心将根据事件的性质调度相应的职能部门进行处理。

景管通是风景区实现智慧旅游管理的重要基础。通过信息化技术应用，实现了现场信息实时传递，减少了中间环节和管理层级，实现了管理的扁平化，提高了办事效率。

无线景管通以手机为原型，是管理人员对现场信息进行快速采集与传送的专用工具，具备接打电话、短信群呼、信息提示、图片采集、表单填写、位置定位、录音上报、地图浏览、单键拨号、数据同步、邮件收发等功能，可以在第一时间、第一现场将景区管理问题的各类信息，实时发送到指挥中心，实现对各景区问题的快速反应；同时指挥中心可以利用 GPS 技术和手机定位技术，实现对景区管理人员的科学管理。

　　无线景管通所使用的智能终端可以采用通用终端，不需要专门定制，只需开发手机专用的景管通程序，连同基于 GIS 平台的风景区电子地图，一并植入到通用终端中，结合景管通服务器端程序和移动 GSM 网络，就建立起了无线景管通平台。

　　无线景管通的主要功能包括：

　　考勤管理：景区管理人员上班时，在景管通上注册后方可使用，交班时注销退出，以便指挥中心随时了解管理人员的工作动态。

　　景区管理：景区管理人员对事件现场进行拍照，根据事件的性质填写相应的表单，然后通过 GPRS 将图像和表单发送给指挥中心或分指挥中心，在指挥中心大屏的电子地图上显示事件发生的位置，同时显示现场照片及情况说明。各景区管理部门可根据需要配置景管通，实现对突发事件（如山体滑坡、交通事故）、日常管理事件（如河道监测、垃圾处理、游人中心等）的信息采集和上报。

　　移动办公：管理人员可通过系统直接接入指挥中心，查看有关情况，下达管理指令。同时可以登录内部管理系统，获取相关资料，处理邮件、报告等普通公文；系统内置风景区 GIS 电子地图、景点引导系统、旅游指南手册、信息咨询等数据库，能够处理图像、音乐、视频等多媒体形式，提供包括网页浏览、电话会议等多种信息服务。

　　15．智能集成管理系统

　　集成管理平台是智慧旅游的集成指挥调度和管理平台。集成管理平台实现对智慧旅游各应用系统的集成，利用景管通和有线/无线调度系统对景区管理事件的接入和指挥调度，对事件各环节人员进行监督和评价，在 GIS 统一界面下实现对各应用系统如监控、门禁、网络、LED、车辆识别、车辆调度、旅游咨询等的信息获取、操作控制、信息发布、统计分析等，同时提供对集成统一平台的管理功能，包括平台配置、权限管理、日志安全等。主要功能包括：

- 为数字化风景区提供有线/无线集成的指挥调度手段。
- 对事件处理各环节进行全面记录，并依据这些记录对相关人员进行监督和评价。
- 与智慧旅游各应用系统互联，获取景区图像、车辆定位、LED、设备设施、报警等信息，并在 GIS 界面上展示。
- 与智慧旅游各应用系统联动控制，实现对景区监控摄像机、GPS 车辆、LED、触摸屏、无线景管通设备等远程操纵、控制和管理。
- 基于 GIS 的显示和管理，实现包括漫游、查询、导航、路径分析、定位等功能，在 GIS 界面上对景区信息的直接操作。
- 对景区各类数据的综合查询统计，包括客流量数据、经营数据、设施数据等，并以图表方式进行展示。
- 实现基于智慧旅游数据仓库的 OLAP 和数据挖掘，为景区的经营管理提供决策支持，对景区异常情况（如游客拥堵、自然灾害等）进行分析与报警。
- 为智慧旅游各应用系统（如 LED、游客咨询系统等）提供统一的信息发布手段，并提供个性化的信息定制功能，满足各应用系统的需要。

7.3.3　基于物联网的信息服务终端

1．移动信息服务概述

移动互联网是以移动网络作为接入网络的互联网及服务，包括 3 个要素：移动终端、移动网络和应用服务，它体现了"无处不在的网络、无所不能的业务"的思想。国际电信联盟（ITU）2013 年初的调研显示，全球移动互联网用户已超过固定互联网用户，达到 15 亿人。移动互联网发展速度已经远超桌面互联网发展速度，作为一个新的技术产业，其发展潜力无限。

移动互联网的"SoLoMo"模式为传统行业创造了丰富的应用服务，改善了人们的日常生活。旅游业也正不断寻找与移动互联网的最佳融合点，利用智能移动终端，开创更广阔的旅游信息服务平台，提高旅行社服务水平及管理水平。

So 模式：社交网络服务（Social Networking Services，SNS）是建立人与人之间社会关系的网络平台。很多互联网应用利用 SNS 社交平台来增强用户粘性，智慧旅游应用也整合了 SNS 社交平台，通过互联网/移动互联网，游客可以直接链接到人人、微博、微信等其他 SNS 平台，发布即时状态、图片、视频、推荐信息等，分享给朋友或拥有相同兴趣的网友；游客还可以在系统自身的 SNS 平台上发布旅游攻略、游览体验、旅游日志等，分享给固定的亲友。

Lo 模式：移动互联时代下智慧旅游的"Lo"模式，即基于位置的服务（Location Based Service，LBS）是指通过移动运营商的网络或外部定位方式，获取移动终端用户的位置信息，在 GIS 平台的支持下，为用户提供相应服务的增值业务。将 LBS 应用到智慧旅游中，可以实现实时定位、反馈周边信息、智能路线计算、搜索服务等功能。（来源：基于移动互联技术的智慧旅游应用研发）

互联网的普及，加速了移动互联网的快速发展，给旅游业的发展带来了无限生机与商机。各种旅游资源与信息技术紧密结合，尤其是与移动互联网技术结合，创造出了新的产品形态、新的生产方式和新的消费模式，成为带动科技创新和旅游创意的动力，加速了产业融合的进程，创造出巨大的经济社会价值。日益增多的旅游者青睐于使用智能手机、智能终端等设备来获取航班、景点、酒店等旅游信息，并对相应满意的旅游产品直接采取在线支付的方式进行预订与选购。在旅游的过程中随时、随地、随心地通过手机微博、微信等方式分享个人的旅游经历与感受。如今，"虚拟旅游""电子旅游""数字旅游""智慧旅游"等新的旅游形式已逐步发展起来，无线旅游业必将成为未来的发展趋势。（来源：移动互联网时代旅游业发展趋势分析与思考）

信息服务应用示意图如图 7.46 所示。

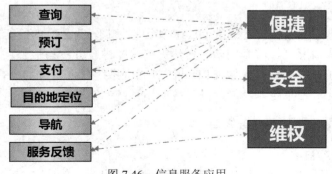

图 7.46　信息服务应用

2. 旅游线路规划

旅游信息的研究和形成的计划对于旅行者的最终购买决策起着决定性的作用。面对浩如烟海的旅行信息、攻略、指南等，经常让旅行者不知所措，难以选择，从侧面反映出旅游行程规划的市场空间之大，因为移动互联网能够让旅行者随时随地上传和分享旅程信息，所以**旅游规划应用具有很强的实用价值**。

游客可以通过移动终端进入手机应用，自主挑选合适的出行方式（如徒步、公交车、驾车等）和想要游览的景点、想要住宿的酒店，旅游行程设计平台会自动计算出行车、游览景点以及前往下一个景点所需的大致时间，为游客合理安排旅游线路提供参考。最后，系统会给出行程单，还可以根据出行人数、景区的票价、酒店住宿费、路程距离及车费等信息，综合估算所需费用。根据系统的提示，选择量身定做的旅行线路，选择旅行目的地，自动生成旅行线路和方式、住宿餐饮查询、预订和预支付、报旅行团等。通过移动终端，对突发状况或改变行程可以灵活调整。在景区提供的移动旅游信息服务，游客可以根据移动终端随时根据自己的需要进行重新选择以达到更好的旅游体验。

"行程管家"是出行人士行程管理的一款手机 APP，类似于"航班管家""航旅纵横"等，如图 7.47 所示。经常出行的人士是否经常存在一种困惑：每次出行前后，通过各种旅游平台订购的机票、火车票、酒店、餐厅等各种短信提醒，狂轰乱炸般"袭击"手机屏幕。比如，快到酒店前，得在几十条甚至上百条短信中，查找几天前的预订信息，过程繁琐又消耗时间。

图 7.47　行程管家 APP 应用

"行程管家"支持"手动收入"和"自动导入"两种功能，能将手机短信或邮箱内的行程信息一键导入到 APP 内，自动生成行程。航班、酒店、租车等详细安排按照时间线排列，查看起来一目了然。在"管理行程"模块，差旅人士可以将一段旅行中的信息通过时间和名字管理起来，方便事后查看旅程的时间、地点等详情。

总体来说，目前的在线旅游市场过于分散，包含旅游线路、酒店、机票、租车、门票等预订的多个细分领域，各自领域均出现一两家公司独占鳌头。就未来的格局来判断，也很难形成携程或其他 OTA 公司一家独大的局面。因此，人们在出行前，需要到携程、去哪儿、途牛、同程、12306 等各个公司的 APP 或网站订阅各种票务，最终导致各种信息被发送到手机或邮箱。

在有些旅游规划 APP 中，还提供了商务会展、医疗急救、货币兑换、节庆活动等板块，为游客提供了更丰富的选择空间，如图 7.48 至图 7.50 所示。

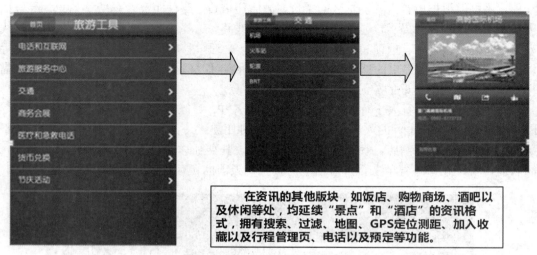

图 7.48　使用 APP 规划出行路线

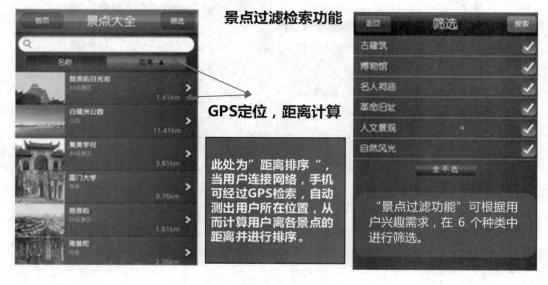

图 7.49　使用 APP 检索景点

图 7.50　使用 APP 实现景点信息互动

3. 机车票务服务

出行中需要频繁乘坐交通工具，如汽车、火车、飞机等，移动互联网也是交通运营商的营销平台，可以更直接地为游客提供订票服务。

从航空公司来看，在国际航空电讯集团（SITA）2012 年发布的一份调查报告预测中，2015 年移动终端设备将成为与互联网同等重要的销售渠道，在 50 家参与调查的航空公司中，90% 以上计划在 2015 年以前通过手机来直销机票，手机渠道占主导地位。

国内的国航、东航、南航、海航、深航等航空公司也纷纷推出了移动终端应用，将手机作为重要的预定渠道，提供手机预订服务。携程、艺龙、去哪儿网、航班管家、航旅纵横等网站不仅提供票务服务，有的还提供价格趋势图功能，如去哪儿网推出了航班状态手机查询功能，航班管家推出了机舱座位参考图，使用户预定前就能预览座位的分布，甚至能提供航站楼与登机口导航、天气预报等帮助信息。

4. 酒店预订

酒店预订是移动终端的重要应用领域。调查显示，75% 的酒店把手机作为新的预定渠道的首选，无论是国外连锁星级酒店，还是国内经济型酒店，都推出了手机预订服务，如图 7.51 所示。

由于地理位置对酒店业具有重要影响，智能手机上基于位置的移动应用具有巨大潜力，能够为游客带来十分便捷的预定体验。调查显示，72% 的受访人希望在手机地图上查找酒店。国内的各类手机应用中，有多种酒店相关的新型应用 APP，为游客提供个性化的服务。

针对移动互联网的巨大市场，酒店、在线旅行服务提供商在提高传统客房产品销售量之余，努力开创新的酒店产品和模式，满足用户的差异化需求。移动设备在酒店服务业也大有潜力。国外有些酒店对礼宾服务进行了改进，利用 iPad 为即将入住的客人提供信息查询服务，为在房间的客人提供点餐、购物、预定会议等服务。在未来，有望通过智能手机实现办理入住手续，打开房间门锁，甚至使用手机实现信用卡买单，简化离店手续。

5. 手机租车

在外出行，租车是常用的需求，手机租车就是典型的 P2P 应用。随着越来越多的主流用户使用手机设备，租车成为手机的一大热门应用。随着即时打车软件的兴起，提供了出租车与顾客之间的信息匹配，解决了打车难的问题。

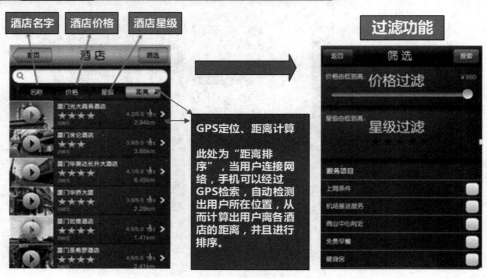

图 7.51　使用 APP 预定酒店

　　Zipcar 是北美的一家新兴汽车租赁公司，也是美国最大的网上租车公司，它颠覆了传统的租车模式，简化租车环节，强调用户无论在哪，步行 7 分钟就能开上想要的车。在网上输入时间、地点及租期，网站自动匹配可租车辆与用户的距离，由用户选择。

　　国内的快的打车、滴滴打车等公司也是典型的手机租车服务，能为用户提供周边区域的出租车信息，并实现交通信息的收集、发布和分享，如图 7.52 所示。

图 7.52　滴滴打车 APP 应用

7.3.4　基于位置的服务应用

LBS，全称 Location Based Services，也就是基于位置的服务，结合了移动通信网络和卫星定位技术。1994 年，美国学者 Schilit 率先提出了位置服务的三大目标：你在哪里（空间信息）、你和谁在一起（社会信息）、附近有什么资源（信息查询）。2002 年问世的 Benefon Esc 手机是第一款支持辅助型 GPS 功能的手机。该手机带有一个 GPS 接收器，可以实现高精度定位、个人导航、移动地图、找朋友以及下载地图。此外，这款手机还首次设置了一个急救按钮，只要按下，就可以将持有者的位置信息用短信发送到一个预先设定的电话号码并自动呼叫该电话。

LBS 已有几百种应用，但其功能的基础仍是移动搜索，好在搜索技术非常发达，让智能旅游变得不再遥远。近日，一份针对旅游市场用户行为的调研报告（《2013LBS 旅游市场用户行为研究报告》）新鲜出炉，通过报告，可以发现各类用户在旅游市场所占的比例，以及社交分享类 APP、酒店预订 APP、机票预订类 APP、租车类 APP 等 APP 的使用排名，如图 7-35 所示。（来源：http://www.dotour.cn/article/tag/lbs）

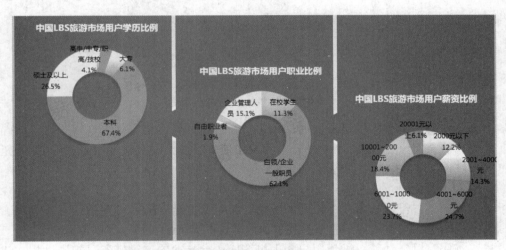

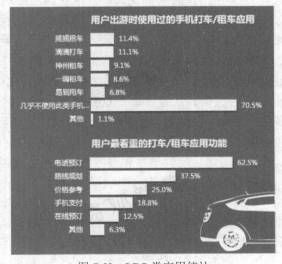

图 7.53　LBS 类应用统计

智慧旅游 LBS 应用示意图如图 7.54 所示。

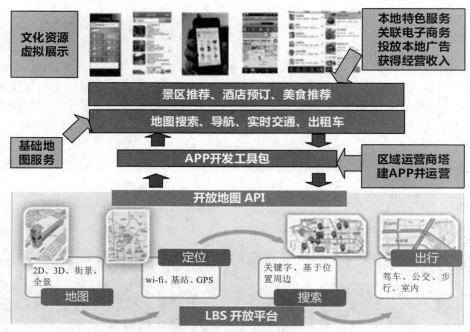

图 7.54　智慧旅游 LBS 应用

随着全球信息通讯技术的迅猛发展，以手机为终端的新应用不断涌现，手机二维码技术成为业界关注的一大焦点。智能手机的普及和应用催生了二维码应用。二维码应用已经走进了大众消费领域，在日常生活中的应用范围越来越广，二维码成为移动互联网的入口。随着智慧旅游的提出，各大企业、技术服务商纷纷进入旅游行业，更加促进了二维码的发展。

手机二维码是二维码技术在手机上的应用。将手机需要访问、使用的信息编码到二维码中，利用手机的摄像头识读（一般指安装了识读软件的智能手机）。

手机二维码有以下功能：①让用户的手机变成一台专业的二维码条码扫描设备，随时随地体验快速、高效的条码识别服务，融入一维码扫码比价的功能。②提供二维码账户管理功能，可将用户获取的各类二维码电子凭证，随时云同步到客户端中进行使用和管理。③提供拍码即在线实时播放视频功能。对移动专属的视频二维码解码后可实现客户端内进行视频的在线播放。④提供团购、积分兑换、田园彩汇、广东地税发票查询等多元化信息服务内容。

二维码信息在旅游业的应用在国外比较普遍，在我国才刚刚兴起，并呈逐步上升趋势。旅游酒店餐饮行业可以使用二维码，游客可以在任何时候通过二维码网上比价、比质，进行食品追溯，订购酒店餐饮和购物等。各旅游酒店可以使用手机二维码客户端，用户只需使用微信或其他软件扫描二维码，就能获得酒店定位信息和服务信息，并能实现预定等功能。越来越多的酒店使用手机二维码，该市场前景广阔。旅行中"行"是游客安全关注的焦点，目前航空出行的二维码应用已经十分广泛。旅游交通通过二维码可以让顾客自由选择放心安全的交通方式，同时促进车辆运行公司对交通安全的重视。景区可以运用二维码语音自助导游图，发展导游图的功能，使其信息详细，能为游客旅游提供一站式服务。游客使用智能手机在地图上扫描二维码相关的导游信息。游客通过二维码可以随时随地消费，线上线下互动交融，轻松满足个

性化需求。（来源：手机二维码——国内全新旅游方式的助推器）

二维码电子门票，就是在出票时用条码打印机在门票上打印二维码，或者结合手机彩信实现手机二维码电子门票。二维码电子门票在验票时，只需在验票机感应区一扫就可以验证通过，无需人工手撕副券。

二维码电子门票是移动自主知识产权 GM 二维码技术，结合手机彩信实现门票电子化。游客持二维码电子门票时，只要将条码对准扫码器处的"电子眼"，即可出票，平均 2 秒钟便可验一张门票，方便快捷，初步实现了景区门票业务管理的自动化和现代化，方便管理人员实时掌握景区游客的情况，可以及时调配人员，做好景区服务。同时，二维码门票在发送时也同步伴随景区的介绍，对景区也起到了一定的广告宣传作用，如图 7.55 所示。

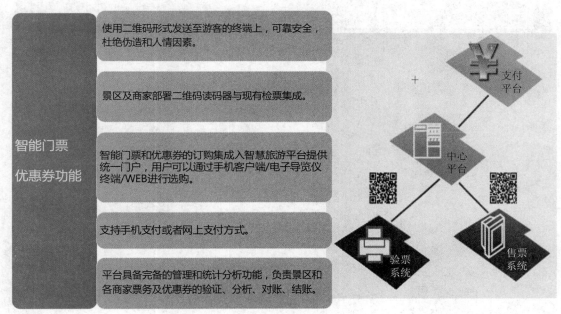

图 7.55　景区电子门票

对于园林景区的检票人员来说，假门票事件屡见不鲜，有了二维码电子门票，制假者便无机可乘。由税务部门统一监制的电子门票具有强大的加密防伪功能，一票一码，使用过后就作废了，仿制无用。最重要的，景点当天出售的所有门票都要先激活，即只有从售票处售出的门票才能"通关"入园。而且激活是有时效的，例如，如果当天激活的电子门票一共有1000 张，卖掉 800 张，剩余 200 张的条码就会被冻结，第二天需要重新激活才能使用，否则便是废票。

电子门票促进了信息化管理，实时入园游客有多少数量都可在操作平台上一目了然，尤其在游客高峰期间，可以方便管理人员控制流量，适时调配服务人员。而且，电子门票还可以同时统计许多附加信息，例如关于客源市场的统计，可以精确到游客来源于哪个国家、哪个城市，主要集中在什么时间段来参观，一年来了多少人，这样，景点在市场营销上便可有的放矢。

今后二维条码电子门票还可以扩展出第三个功能，即网上订票，游客在网上支付之后，便可下载相应的二维条码到手机上，到时可以持手机直接扫描入园，无需再排队购票。

旅游一卡通示例如图 7.56 和图 7.57 所示。

图 7.56　旅游一卡通

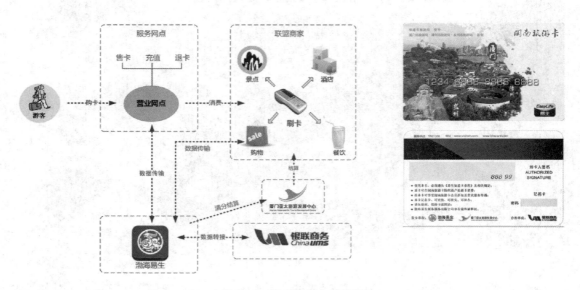

图 7.57　闽南服务卡的使用

7.4　物联网与旅游信息化发展趋势

　　随着物联网概念的兴起，物联网在旅游行业中获得了广泛的关注和应用，学者和旅游从业者从不同角度对物联网在智慧旅游的应用场景、应用目标、应用方式等方面进行探讨和实践，并基于物联网、云计算等新兴技术的旅游总体架构进行了研究。总体来看，旅游行业面临以下发展机遇：

　　（1）旅游消费进入大众化时代

　　（2）国家重大战略的有力支撑

　　（3）扩大内需政策的强劲拉动

　　（4）新兴技术发展的有力推动

政策方面，国家中长期科技发展规划纲要提出："重点研究开发金融、物流、网络教育、传媒、医疗、旅游、电子政务和电子商务等现代服务业领域发展所需的高科技网络软件平台及大型应用支撑软件、中间件、嵌入式软件、网格计算平台与基础设施，软件系统集成等关键技术，提供整体解决方案。"，从政策层面上把旅游和云计算（网格计算）结合起来，作为信息产业优先发展的主题，也说明了基于云计算技术的旅游信息平台是智慧旅游的基础。2009 年，国务院出台了《关于加快发展旅游业的意见》，第五条提出"建立健全旅游信息服务平台，促进旅游信息资源共享。"第十条提出"以信息化为主要途径，提高旅游服务效率。积极开展旅游在线服务、网络营销、网络预订和网上支付，充分利用社会资源构建旅游数据中心、呼叫中心，全面提升旅游企业、景区和重点旅游城市的旅游信息化服务水平。"，说明旅游信息服务政策已经提上议事日程，尤其是要建立一个能共享旅游信息的大型平台。

技术方面，智能手机和平板电脑的发展和普及，为智慧旅游提供了强劲的硬件支撑。国内不少地方正在或准备建设云计算中心。2009 年，温家宝总理在无锡提出"感知中国"，拉开了我国物联网建设的新局面。3G 的推出，极大地推动了移动互联网的发展，使人们随时随地可以上网，不受场地和时间的限制，推动了旅游信息化的快速发展。

目前，旅游信息化建设呈现出智能化、应用多样化的发展趋势，多种技术和应用交叉渗透至旅游行业的各个方面，全面的智慧旅游时代已经到来。智慧旅游的发展趋势如图 7.58 所示。

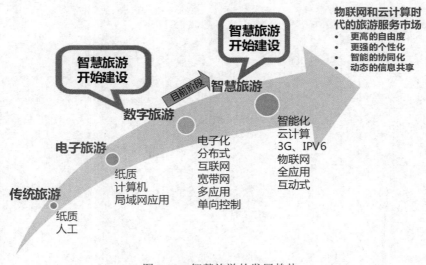

图 7.58　智慧旅游的发展趋势

7.5　小结

旅游和信息化这两种历史性潮流的结合，必将会带来旅游业的第二次革命。如果说过去互联网与旅游业的结合是旅游业的第一次革命，那么物联网、云计算等新技术将会给旅游业带来第二次革命。传统旅游信息化的点菜模式，正在随着物联网、云计算的带动转变为一种贴身服务、位置服务。根据旅游者个性需求，通过便利的手段实现更加优质的服务，这就是智慧旅游的应用前景。

参考文献

[1] 陈涛，徐晓林，吴余龙. 智慧旅游——物联网背景下的现代旅游业发展之道[M]. 北京：电子工业出版社，2012，11.

[2] 姚志国，鹿晓龙. 智慧旅游——旅游信息化大趋势[M]. 北京：旅游教育出版社，2013，6.

[3] 刘锋. 刘锋讲旅游[M]. 北京：旅游教育出版社，2013，7.

[4] 倪亚楠，朱轶. 基于移动互联技术的智慧旅游应用研发[J]. 电子商务，2014（5）.

[5] 马俊楼. 移动互联网时代旅游业发展趋势分析与思考[J]. 电子商务，2013（5）.

[6] 龚花，曾倩. 手机二维码——国内全新旅游方式的助推器[J]. 青春岁月，2013（17）.

[7] 裕豪万通. 厦门智慧旅游服务平台介绍.

[8] 巅峰智业. 智慧旅游一体化整体解决方案介绍.